"十四五"职业教育国家规划教材

锐捷网络学院系列教程
锐捷网络 1+X 职业技能等级证书配套系列教材

NETWORK
INTERCONNECTION TECHNOLOGY

网络互联技术

理论篇

汪双顶 武春岭 王津／主编

饶绪黎 李建林／副主编

余明辉 安淑梅／主审

人民邮电出版社

北京

图书在版编目（CIP）数据

网络互联技术. 理论篇 / 汪双顶，武春岭，王津主
编. -- 北京：人民邮电出版社，2017.7
锐捷网络学院系列教程
ISBN 978-7-115-43507-1

Ⅰ. ①网… Ⅱ. ①汪… ②武… ③王… Ⅲ. ①互联网
络－高等学校－教材 Ⅳ. ①TP393.4

中国版本图书馆CIP数据核字(2016)第243363号

内 容 提 要

　　本书介绍了构建企业网络工程项目过程中涉及的以太网、交换、路由、安全及无线局域网等方面的专业技术，具体包括网络基础协议、交换机安装和调试、虚拟局域网（VLAN）、生成树、静态路由、动态路由、PPP、交换机端口安全、IP ACL、NAT、WLAN 及网络规划等内容，可与《网络互联技术（实践篇）》配套使用。

　　本书具备专业性、实用性、易读性，不仅可以作为计算机及其相关专业学习网络组网课程的教材，还被选为锐捷网络工程师（Ruijie Certified Network Associate，RCNA）认证配套用书。同时，还可作为网络工程师、系统集成工程师相关技术人员的参考及培训用书。

◆ 主　　编　汪双顶　武春岭　王　津
　　副 主 编　饶绪黎　李建林
　　主　　审　余明辉　安淑梅
　　责任编辑　桑　珊
　　执行编辑　左仲海
　　责任印制　焦志炜

◆ 人民邮电出版社出版发行　　北京市丰台区成寿寺路11号
　　邮编 100164　电子邮件 315@ptpress.com.cn
　　网址 http://www.ptpress.com.cn
　　固安县铭成印刷有限公司印刷

◆ 开本：787×1092　1/16
　　印张：20.5　　　　　　　　2017 年 7 月第 1 版
　　字数：478 千字　　　　　　2024 年 9 月河北第 17 次印刷

定价：49.80 元

读者服务热线：(010)81055256　印装质量热线：(010)81055316
反盗版热线：(010)81055315
广告经营许可证：京东市监广登字20170147号

前 言 FOREWORD

随着全球信息化浪潮的到来，建立以网络为核心的工作、学习及生活方式，成为未来发展的趋势。为了提高工作效率，小到一个家庭，大到一所高校、一个企业甚至一个集团，都已经把很多的学习、工作、生活转移到网络这个平台上，建立以网络为核心的人际沟通交流及协作方式。统一网络平台的建设，为企业网络内部各部门实现内部信息共享、协同办公提供便利条件。

建立以互联网为中心的全新生活方式，就需要构建互联互通的企业网络。企业网的业务覆盖到金融、企业、教育、政府、医疗、酒店及运营商等领域；企业网构建的技术涉及交换、路由、安全、无线网、网络出口设计及广域网接入等几大类。

● 本书目标

本书详细介绍了企业网构建过程中，所涉及的网络规划、交换、路由、安全、无线，以及广域网、网络接入等领域的专业技术，包括 TCP/IP、VLAN、STP/RSTP/MSTP、RIP、OSPF、PPP、ACL、WLAN、网络出口设计等。帮助读者了解网络基础协议知识和网络建设相关技术，掌握网络设备的配置调试方法，了解网络故障的排除思路，帮助读者进行网络建议技术的积累，以便在实际工作中恰当地运用这些技术，解决实际网络建设中遇到的各种问题。

全书的每一章都以一个来自生活中的真实网络场景开始，以来自网络厂商的一个真实的网络构建的案例为依托，描述相关技术在企业建构中发生的对应场景，绘制网络拓扑结构，调试设备，排除故障，以方便读者把技术和实际工作对接。为方便读者了解技术的细节，全书每一章都详细讲解了构建企业网中使用到的相关知识，包括技术原理、协议的细节及配置案例等。

本书在介绍理论知识和技术原理的同时，还提供了大量的网络项目配置案例，以达到理论和实践相结合的目的。为更好地落实立德树人，强化科技引领，增强民族自豪感和自信心，本书每章均有和技术相关的"科技之光"小节。同时还提供"认证测试"试题，包括了相应章节的重点知识和主要技术点，帮助读者巩固所学的内容，并对学习情况进行测试，以便通过对应的 1+X"网络设备安装与维护"认证考试。

● 本书结构

本书由 15 章组成，对企业网中使用到的重要技术进行了全面介绍，具体内容包括：

网络互联技术（理论篇）

● 课程资源

为保证课程在学校的有效实施，保障课程教学资源的长期提供，如案例提供、新技术更新、新技术学习、课程技术交流和讨论等，本书的研发队伍还专门投入人力和物力，为本书搭建了专门的网络资源共享平台，以保证课程在实施过程中的项目资源的更新、疑难问题的解决、课程实施方案的讨论等一系列内容落实。读者可以访问人邮教育社区（http://www.ryjiaoyu.com/），获得配套电子课件、认证测试答案及其他更多的教学资源。

● 课程环境

为顺利实施本课程，除需要对网络有学习的热情之外，还需要具备基本的计算机基础知识。这些基础知识为学习者提供一个良好的脚手架，帮助读者理解本书中的技术原理，为学习的进阶提供帮助。

为更好地实施课程中提供的项目内容，还需要为本课程提供课程实施的环境，再现这些网络工程项目，包括二层交换机、三层交换机、模块化路由器、无线控制器、无线接入 AP，以及若干台测试计算机和双绞线（或制作工具）等。也可使用 Packet Tracer、GN3 或 EVE 模拟器工具完成实验操作内容。

虽然书中选择的工程项目来自厂商案例，但力求全部的知识诠释和技术选择都具有通用性，并遵循行业内的通用技术标准。全书关于设备的功能描述、接口的标准、技术的诠释、协议的细节分析、命令语法的解释、命令的格式、操作规程、图标和拓扑结构的绘制方法都使用行业内的标准。

● 职业资格认证

职业资格认证过程，是掌握与特定硬件系统、操作系统或者其他程序相关的知识的学习过程，然后通过一系列考试的过程。认证考试通常由厂家或专业组织开发和管理，对于寻找就业机会的人来说，认证是最常见的就业工具；对于雇主而言，职业资格认证是评估雇员工作水平的一种手段。

为提高就业竞争能力，学生在学习结束后，可以参加基于厂商的职业资格认证。证明认证者了解广泛的网络技术，比如理解协议、拓扑结构、网络硬件和具有解决网络疑难问题的能力。本课程对应的职业资格认证有网络管理员、网络工程师厂商认证。

此外，本课程对应锐捷网络的 1+X "网络设备安装与维护（中级）" 认证。每章学习完成后，本书都提供有一定数量的测试题供读者使用，读者也可以到互联网上查找相应的测试试题。

● 开发团队

本课程的开发团队主要是来自锐捷网络和部分院校的一线专业教师。他们都把各自多年来在网络专业领域中积累的网络教学和技术应用的工作经验，以及对网络技术的深刻理解，诠释成书，凝聚成本书的精华。

汪双顶、安淑梅等来自企业的工程师，积极发挥他们在企业拥有的项目资源优势，筛选来自厂商的工程项目和最新的技术，对接课程中的技术场景和工作场景，把网络行业最新的技术引入到新认证课程中，保证课程和市场的同步。

以武春岭、王津为代表的院校团队，积极发挥其在院校的课程规划及教学一线实施的优势，筛选来自企业的技术和项目，并按照课程实施的难易程度，以及学生的接受程度，进行循序渐进的规划，以适合课程的方式在院校落地实施。

此外，在本书的编写过程中，还得到了其他一线教师、技术工程师、产品经理等的大力帮助。他们积累了多年来自工程一线工作和教学的经验，为本书的真实性、专业性及在学校的教学实施提供了有力的支持。

本书前后经过多轮的修订，内容改革力度较大，远远超过策划者原先的估计，疏漏之处在所难免，敬请广大读者指正（410395381@qq.com）。本课程在使用时有任何困难，都可以通过此邮箱咨询和联系作者。

创新网络教材编辑委员会
2022 年 4 月

使 用 说 明

在全书关键技术解释和工程方案实施中，会涉及一些网络专业术语和词汇。为方便大家今后在工作中的应用，全书采用业界标准的技术和图形绘制方案。书中相关的符号、网络拓扑结构图形、命令语法规范约定如下。

- 竖线"|"表示分隔符，用于分开可选择的选项。
- 星号"*"表示可以同时选择多个选项。
- 方括号"[ ]"表示可选项。
- 大括号"{ }"表示必选项。
- 感叹号"!"表示对该行命令的解释和说明。
- 斜体字表示需要用户输入的具体值。

以下为本书中所使用的图标示例。

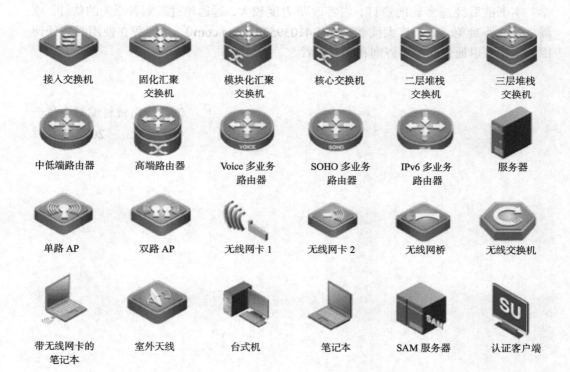

| 接入交换机 | 固化汇聚交换机 | 模块化汇聚交换机 | 核心交换机 | 二层堆栈交换机 | 三层堆栈交换机 |

| 中低端路由器 | 高端路由器 | Voice多业务路由器 | SOHO多业务路由器 | IPv6多业务路由器 | 服务器 |

| 单路 AP | 双路 AP | 无线网卡 1 | 无线网卡 2 | 无线网桥 | 无线交换机 |

| 带无线网卡的笔记本 | 室外天线 | 台式机 | 笔记本 | SAM 服务器 | 认证客户端 |

黑客 1

黑客 2

黑客 3

打印机

电话

IP 电话

磁带库

磁盘阵列

防火墙

VPN 网关

IDS 入侵检测
系统

IPS 入侵保护
系统

目录 CONTENTS

第 ❶ 章 网络基础知识

【本章背景】

晓明大学毕业后分配到中山大学网络中心，从事学校的校园网管理工作。晓明想了解和学习更多的网络专业知识，但又不知道该从哪儿学起。网络中心的陈工程师告诉晓明说："网络技术学习重在实战，需要多在实际工作中学习、锻炼，但网络基础知识还必须掌握和了解。"

晓明问："哪些是必须掌握的？最基础的网络技术是哪些呢？在最短的时间中，需要掌握哪些基础知识？"

网络中心的陈工程师思索了一会儿，很快列出了以下网络专业基础知识和专业术语。本章知识发生在以下网络场景中。

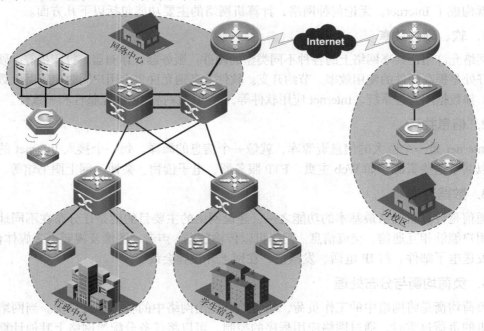

【学习目标】

◆ 计算机网络发展历史

◆ 计算机网络分类

◆ 计算机网络拓扑结构

◆ 计算机网络体系结构
◆ OSI 网络体系结构
◆ TCP/IP 网络体系结构
◆ 网络组建层次模型

1.1 计算机网络基础

20 世纪 50 年代，计算机网络的诞生引起了人们极大的兴趣。其间，随着计算机技术和通信技术的高速发展及相互渗透结合，计算机网络也迅速扩散到日常生活的各个领域，政府、军队、企业和个人都越来越多地将自己的重要业务依托于网络运行，越来越多的业务和信息都通过网络来传输。

在信息化社会中，计算机网络对信息的收集、传输、存储和处理起着非常重要的作用，对已经到来的信息社会都有着极其深刻的影响。

1.1.1 计算机网络概述

计算机网络通过使用双绞线、同轴电缆或光纤等有线通信介质，或使用微波、卫星等无线媒体，把地理上分散的多台计算机系统连接起来，并通过网络中的协议进行通信，实现资源共享的计算机系统集合。

两台计算机连接起来可以组成一个最简单的对等网络，通过光纤把全世界计算机连接起来就构成了 Internet。无论何种网络，计算机网络的主要功能包括以下几方面。

1. 软、硬件共享

网络允许用户共享网络上的各种不同类型的硬件：服务器、存储器、打印机等。硬件共享的好处是提高硬件的使用效率、节约开支。软件共享则允许多个用户同时使用网上数据和软件，如数据库管理系统、Internet 应用软件等，并可以保持数据的完整性和一致性。

2. 信息共享

Internet 是一个巨大的信息资源库，就像一个信息的海洋。每一个接入 Internet 的用户都可以共享这些资源，如 Web 主页、FTP 服务器、电子读物、微博、网上图书馆等。

3. 数据通信

通信是计算机网络最基本的功能之一，建设网络的主要目的就是让分布在不同地理位置的用户能够相互通信、交流信息。网络可以传输数据、声音、图像及视频等多媒体信息，可以发送电子邮件、打 IP 电话、发微信、在网上开视频会议等。

4. 负荷均衡与分布处理

负荷均衡是将网络中的工作负荷，均匀地分配给网络中的各计算机系统。当网络上某台主机的负荷过重时，通过网络应用程序的控制，可以将任务分配给网络上其他计算机处理，充分发挥网络系统上各台主机的作用。

5. 系统的安全与可靠性

网络系统可靠性对于军事、金融和工业过程控制等部门特别重要。计算机通过网络中的冗余部件，可大大提高可靠性。例如，工作中一台机器出了故障，可以使用网络中另一台机器替代；网络中一条通信线路出现故障，可以取道另一条线路，从而提高系统整体可靠性。

1.1.2 计算机网络发展历程

20 世纪 50 年代后期，美国半自动地面防空系统（Semi-Automatic Ground Environment, SAGE）开始了计算机技术与通信技术相结合的尝试。在 SAGE 系统中，把远程雷达和其他测控设备，由线路汇集至一台 IBM 大型计算机上进行集中的信息处理。该系统最终于 1963 年建成，被认为是计算机和通信技术结合的先驱。

随着计算机网络技术的蓬勃发展，计算机网络的发展历史大致可划分为如下几个阶段。

1. 第一代计算机网络

20 世纪 50 年代，为了使用计算机系统，科学工作者们将地理上分散的多台无处理能力的终端机（终端是一台计算机外部设备，包括显示器和键盘，无 CPU 和内存），通过通信线路连接到一台中心计算机上，排队等候，待系统空闲时使用计算机，创造了第一代计算机网络系统，如图 1-1 所示。

第一代计算机网络的主要特征是，为了增加系统的计算能力和实现资源共享，分时系统所连接的多台终端连接着中心服务器，这样就可以让多个用户同时使用中心服务器资源。当时计算机网络的定义为"以传输信息为目的而连接起来，以实现远程信息处理或进一步达到资源共享的计算机系统"。

2. 第二代计算机网络

第二代计算机网络（远程大规模互联）将多台主机之间通过通信线路实现互联，为网络中的用户提供服务。20 世纪 60 年代出现了大型主机商业应用，因而也有了对大型主机资源远程共享的要求。同时，以程控交换为特征的电信技术的发展，为这种远程通信需求提供了实现手段，如图 1-2 所示。

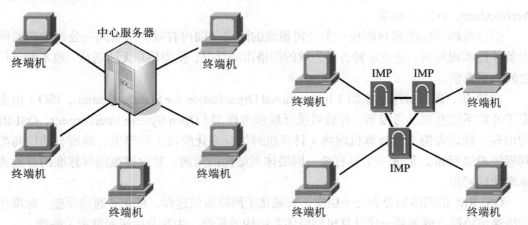

图 1-1　第一代计算机网络系统　　　　　　图 1-2　远程大规模互联网络

在这种网络中，主机之间不是直接用线路相连，而由接口报文处理机（Interface Message Processor，简称为 IMP，是路由器的前身）转接后实现互联。互联 IMP 和通信线路一起负责网络中主机间的通信任务，构成通信子网。接入到通信子网中的互联主机负责运行程序，提供资源共享，组成资源子网。这个时期，这种特征网络的概念为"以能够相互共享资源为目的，互联起来的具有独立功能的计算机集合体"。

1969 年，美国国防部高级研究计划局（Defense Advanced Research Projects Agency，DARPA）建成 ARPAnet 实验网。该网络是 Internet 的前身，当时该网络只有 4 个节点，以电话线路为主干网络。此后该网络建设的规模不断扩大，到 20 世纪 70 年代后期，网络节点已超过 60 多个，网络的范围联通了美国东部和西部许多大学和研究机构。

20 世纪 70 年代是通信网络大力发展的时期，这时的网络都以实现计算机之间的远程数据传输和信息共享为主要目的，通信线路大多租用电话线路，少数铺设专用线路。这一时期的网络以远程大规模互联为主要特点，称为第二代网络。

3. 第三代计算机网络

OSI 参考模型

随着计算机网络技术的成熟，网络应用领域越来越广泛，网络规模不断地增大，网络通信技术也变得更加复杂。各大计算机公司纷纷制定出自己公司的网络技术标准。

1974 年，IBM 推出了系统网络结构（System Network Architecture，SNA）标准，为用户提供互联成套通信。

1975 年，美国数字设备公司（Digital Equipment Corporation，DEC）宣布了数字网络体系结构（Digital Network Architecture，DNA）标准。

1976 年，UNIVAC 也宣布了分布式通信体系结构（Distributed Communication Architecture，DCA）标准。

但这些网络标准都只能在一个公司建设的网络范围内有效，只有同一公司生产的网络设备才能实现互联。企业这种各自为政的网络市场状况，使得用户无所适从，也不利于厂商之间公平竞争。

1977 年，国际标准化组织（International Organization for Standardization，ISO）出面制定了开放系统互联参考模型。开放系统互联参考模型（Open System Interconnect，OSI/RM）的出现，标志着第三代计算机网络（计算机网络标准化阶段）的诞生，即所有的厂商都共同遵循 OSI 标准，形成一个具有统一网络体系结构的局面，建设遵循国际标准的开放式和标准化的网络。

OSI/RM 把网络划分为七个层次，直观化了网络通信过程，简化了通信原理，标准化了网络通信协议，成为新一代计算机网络体系结构的基础，为普及局域网奠定了基础。

4. 第四代计算机网络

20 世纪 80 年代，PC 技术、局域网技术发展成熟，出现了光纤及高速网络传输技术。网络就像一个对用户透明的大规模计算机系统，计算机网络获得高速发展。此时，计算机网络的定义为"将多个具有独立工作能力的计算机系统，通过通信设备和线路互联在一起，由功能完善的网络软件实现资源共享和数据通信的系统"。

1980 年 2 月,美国电气和电子工程师协会(Institute of Electrical and Electronics Engineers,IEEE) 组织 802 委员会,制定了局域网 IEEE 802 标准。

1985 年,美国国家科学基金会（National Science Foundation，NSF）利用 ARPAnet 协议,建立了用于科学研究和教育的骨干网络 NSFnet。1990 年,NSFnet 取代 ARPAnet 成为国家骨干网,并走出大学和研究机构进入社会,受到广泛使用。

1992 年,Internet 委员会成立。该委员会把 Internet 定义为"组织松散的、独立的国际合作互联网络",其"通过自主遵守计算协议和规程,支持主机对主机的通信"。

现在,计算机网络及 Internet 已成为社会结构的组成部分。网络被应用于工商业各个方面,包括电子银行、电子商务、现代化的企业管理、信息服务业等。从学校远程教育到政府日常办公乃至电子社区,都离不开网络技术,网络无处不在。

5. 下一代计算机网络

下一代网络（NGN）技术简述

下一代网络（Next Generation Network，NGN）技术,是互联网、移动通信网络、固定电话通信网络的融合及 IP 网络和光网络的融合。NGN 可以提供包括语音、数据和多媒体等各种业务的综合开放的网络构架,是业务驱动、业务与呼叫控制分离、呼叫与承载分离的网络,是基于统一协议的、基于分组的网络。

NGN 的核心思想是在一个统一的网络平台上,以统一管理的方式提供多媒体业务,在整合现有的市内固定电话、移动电话的基础上,增加多媒体数据服务及其他增值型服务,其中,话音的交换将采用软交换技术,而平台的主要实现方式为 IP 技术。

NGN 朝着具有定制性、多媒体性、可携带性和开放性等方向发展。毫无疑问,下一代计算机网络将进一步提高人们的生活质量,为消费者提供种类更丰富、更高质量话音的数据和多媒体业务。

1.1.3　计算机网络分类

1. 按地理范围分类

按地理范围分类网络

按照地理范围,计算机网络可以分为局域网、城域网和广域网。

① **局域网**（Local Area Network，LAN）：局域网地理范围一般为 100 m~10 km，属于小范围连网，并实现资源共享，如一座建筑物内、一所学校内、一个工厂内等。局域网的组建简单、灵活，使用方便。

局域网传输速度通常在 10 Mbit/s~1 000 Gbit/s 之间。局域网设计通常针对一座建筑物，用于提高资源和信息的安全性，减少管理者的维护操作等。客户/服务系统（C/S，B/S）是局域网的重要应用，客户端向服务器发送请求，服务器再将处理结果返回给浏览器或客户端程序。

② **城域网**（Metropolitan Area Network，MAN）：城域网地理范围从 100 km~1 000 km，可覆盖一个城市或一个地区，属于中等范围连网。

③ **广域网**（Wide Area Network，WAN）：广域网地理范围一般在 100 km 以上，属于大范围连网，如几个城市、一个或几个国家，能实现大范围的资源共享，如国际性的 Internet。

与局域网相比，广域网的传输速度要慢得多。在传输线路连接形式上有电话线、专线（线缆）、光纤等几种。WAN 与 LAN 的区别在于，WAN 是一种通过租用运营商的线路（专线等），实现地理位置相隔很远的设备之间通信的网络。

2. 按传输介质分类

按传输介质分类

传输介质是数据传输中，发送设备和接收设备间的物理媒体，分为有线和无线两大类。

采用有线传输介质连接成的网络称为有线网，常用的有线传输介质有双绞线、同轴电缆和光纤。

① **双绞线**（Twisted Pair）：将一对以上的线缆封装在一个绝缘外套中，为了降低信号干扰，线缆中每一对线由两根绝缘铜导线相互扭绕而成，因此称为双绞线。

② **同轴电缆**（Coaxial Cable）：由一根空心外圆柱导体和一根位于中心轴线内的导线组成，内导线和圆柱导体及外界之间用绝缘材料隔开。

③ **光纤**（Optical Fiber）：用来传播光束的细小而柔韧的光介质。通过应用光学原理，发送端由光发送机产生光束，将电信号变为光信号，再把光信号导入光纤；在另一端由光接收机接收光纤上传来的光信号，并把它变为电信号。

采用无线传输介质连接成的网络称为无线网。主要采用三种传输技术：微波、红外线和卫星通信。

① **微波**（Microwave）：微波指频率大于 1 GHz 的电波。如果应用较小发射功率（约 1 W）配合定向高增益微波天线，需要每隔 16 km ~80 km 距离设置一个中继站，构筑微波通信系统。

② **人造卫星**（Satellite）：常见的通信卫星系统采用同步地球轨道（Geostationmory Earth

Orbit，GEO）。GEO 卫星始终处在赤道上方，高度大约为 22 300 mile（1mile=1 609.344 m），与地球表面保持相对位置，提供多种轨道通信。

③ 红外线（Radio）：主要用于有线无法连接情形下，10 m 以内桥接，多用于短程传输。

3. 按拓扑结构分类

令牌环工作原理　　　　　　　　　　令牌总线局域网

所谓网络拓扑结构，指用传输介质连接各种网络设备形成的物理布局，即用什么方式把网络中的计算机等设备连接起来。按照网络拓扑结构所呈现的形状，网络大致可分为以下几种。

（1）总线型拓扑结构

总线型（Bus）拓扑结构使用一条同轴电缆连接网络中的所有设备，所有的工作站均接到此主缆上，如图 1-3 所示。总线型网络的优点是，安装容易，扩充或删除一个节点容易，单个节点故障不会殃及系统。总线型网络的缺点是，由于信道共享，连接的节点不宜过多，并且总线自身的故障容易导致系统的崩溃。早期以太网采用的就是总线型网络拓扑结构。

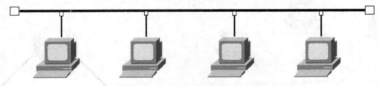

图 1-3　总线型拓扑结构

（2）星形拓扑结构

星形（Star）拓扑结构以一台中央处理设备（通信设备）为核心，其他机器与该中央设备直接连接。所有数据都必须经过中央设备转发传输，如图 1-4 所示。

星形网络拓扑结构具有便于网络集中控制、易于维护、网络延迟时间较小、传输误差较低等优点。但这种网络拓扑结构要求中心节点必须具有极高的可靠性。因为中心节点一旦损坏，整个系统便趋于瘫痪。

（3）环形拓扑结构

环形（Ring）拓扑结构中的传输媒体，从一个端用户连接到另一个端用户，直到将所有的端用户连成环形结构，如图 1-5 所示。

这种结构能有效消除各个工作站在通信时对中心设备的依赖性，但环中节点过多时，会影响信息传输速率，使网络的响应时间延长。环形网络是封闭的，不便于扩充；可靠性低，一个节点出现故障将会造成全网瘫痪；而且维护难，对分支节点故障的定位较难。

（4）网状拓扑结构

网状（Distributed Mesh）拓扑结构通常利用冗余的设备和线路，提高网络可靠性，因此节点设备可以根据当前的网络信息流量，有选择地将数据发往不同的线路，如图 1-6 所示。

但这种网络连接不经济，网状结构的安装也很复杂，但系统可靠性高，容错能力强。

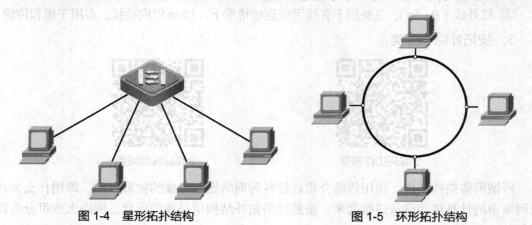

图 1-4　星形拓扑结构　　　　　　　　　图 1-5　环形拓扑结构

（5）分层树形拓扑结构

分层树形（Hierarchical Tree）拓扑结构是在星形拓扑结构基础上衍生而成，网络拓扑结构像树枝一样由根部一直向叶部发展，一层一层犹如阶梯状，如图 1-7 所示。

与星形相比，分层树形拓扑的节点易于扩充，寻找路径比较方便，但除了叶节点及其相连的线路外，任一节点或其相连的线路发生故障都会使系统受到影响。

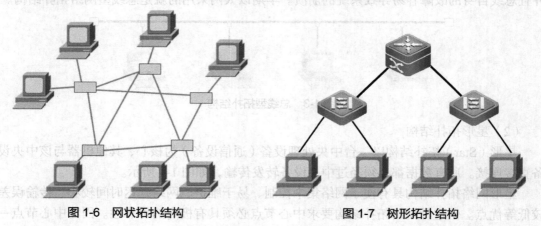

图 1-6　网状拓扑结构　　　　　　　　　图 1-7　树形拓扑结构

现在，一些网络常把主要骨干网络做成网状拓扑结构，而非骨干网络则采用星形拓扑结构。

4. 按交换功能分类

交换技术

从网络交换功能来看，将网络分为电路交换网络、报文交换网络、分组交换网络等。

① **电路交换**：在双方通信前，通过用户呼叫（即拨号），从主叫端到被叫端建立一条物理通路，然后双方进行通信；当通信结束后，自动释放掉这条物理链路，如电话就是典型的电路通信。电路交换的优点是传输速率高、可靠有保证，缺点是对带宽浪费较大。

② **分组交换**：也称包交换，通信过程中将整块数据（报文）分成一个个更小的数据段，添加首部（Header）信息形成分组，或者"包"。分组包通过首部携带目的地址、源地址等信息，经过一系列的分组交换机转发到目的地。分组交换网络具有高效、灵活、可靠等优点，缺点是分组在各个节点存储转发时，会造成一定延时，添加的分组首部控制信息也会造成额外开销等。

③ **报文交换**：报文交换也基于存储转发。报文交换直接传送整个报文，不将报文分割成为更小的分组。

1.1.4　网络传输介质

网络传输介质大致可分为有线介质（双绞线、同轴电缆、光纤等）和无线介质（微波、红外线、激光等）两类，下面分别介绍。

1. 双绞线

双绞线（Twisted Pair）是由两条绝缘的导线，按照一定规格互相缠绕而制成的网络跳线。其采用绞合结构是为了减少对相邻导线的电磁干扰。每根导线在传输中的电磁波辐射会被另一根导线上发出的电磁波抵消。美国电子工业协会（Electronic Industries Association，EIA）和电信工业协会（Telecommunications Industry Association，TIA）组织定义了标准双绞线的线序标准，具体如下。

568B 标准：白橙—1，橙—2，白绿—3，蓝—4，白蓝—5，绿—6，白棕—7，棕—8
568A 标准：白绿—1，绿—2，白橙—3，蓝—4，白蓝—5，橙—6，白棕—7，棕—8

一条双绞线的两端，如果都按照同种类型排线顺序，该双绞线就是常说的**直连线**。直连线多用于异型设备连接，如交换机和计算机连接，是局域网中最常见的网线。

如果双绞线两端排线顺序不同，一端按照 568A 标准，另一端按照 568B 标准，该双绞线就叫**交叉线**。交叉线通常用于同型设备连接，如计算机之间连接及交换机与交换机之间级联。

双绞线按是否有屏蔽层，还可分为非屏蔽双绞线和屏蔽双绞线。

屏蔽双绞线（Shielded Twisted Pair，STP）在双绞线与外层绝缘层间，增加金属屏蔽层，以减少辐射，防止信息被窃听，阻止外部电磁干扰，比非屏蔽双绞线有更高的传输速率。

非屏蔽双绞线（Unshielded Twisted Pair，UTP）则没有屏蔽层，就是普通网线，由四对不同颜色的传输线所组成，广泛用在以太网络和电话线中，如图 1-8 所示。

按照传输的效率，EIA/TIA 组织还定义了几种不同质量的双绞线型号。

① 一类线（CAT1）：最高带宽 750 kHz，只适用于语音传输。

② 二类线（CAT2）：最高带宽 1 MHz，用于语音传输，能实现最高传输速率为 4 Mbit/s 的数据传输。

图 1-8　非屏蔽双绞线和屏蔽双绞线

③ 三类线（CAT3）：最高带宽 10 Mbit/s，应用于语音、10 Mbit/s 以太网（10 BASE-T）和 4 Mbit/s 令牌环，最大网段长度为 100 m，采用注册插孔（Registered Jack，RJ）形式连接器。

④ 四类线（CAT4）：最高带宽 20 MHz，适合语音传输和最高传输速率为 16 Mbit/s 的数据传输，主要用于令牌局域网和 10 BASE-T/100 BASE-T 以太网，最大网段长为 100 m，采用 RJ 连接器，未被广泛采用。

⑤ 五类线（CAT5）：增加绕线密度，外套高质量绝缘材料，最高带宽为 100 Mbit/s，主要用于 100 BASE-T 和 1 000 BASE-T 网络，最大网段长为 100 m，是以太网最常用的网线。

⑥ 超五类线（CAT5e）：最高带宽为 1 Gbit/s，具有更高的衰减与串扰比值、更小的时延误差，性能得到很大提高，主要用于吉比特以太网（1 Gbit/s）传输。

⑦ 六类线（CAT6）：提供两倍于超五类的带宽，传输性能远远高于超五类，适用于传输速率高于 1 Gbit/s 的应用。六类线布线采用星形拓扑，要求信道长度不能超过 100 m。

⑧ 超六类或 6A（CAT6A）：带宽介于六类和七类之间，和七类线一样，还没有正式标准。

⑨ 七类线（CAT7）：传输带宽约为 600 MHz，用于今后 10 吉比特以太网。

2．同轴电缆

同轴电缆由内导体铜质芯线、绝缘层、网状编织的外导体屏蔽层及保护塑料外层组成。这种结构使它具有高带宽和极好的噪声抑制特性。

同轴电缆的带宽取决于电缆的长度，1 km 长的电缆可以达到 1 Gbit/s~2 Gbit/s 的传输速率。若使用更长的电缆，传输速率会降低，中间需要使用放大器防止传输速率降低。

同轴电缆通常利用 T 形连接头（T 形连接器）连接。T 形连接头有两种：一种是必须先把电缆剪断，然后再连接；另一种是不必剪断电缆，但需要特制的插入式分接头，利用螺丝分别将两根电缆的内外导线连接好，连接更为麻烦和昂贵，如图 1-9 所示。

图 1-9　同轴电缆和 T 形连接头

3. 光缆

光缆利用光学原理，在发送端采用发光二极管或半导体激光器，在电脉冲作用下产生出光脉冲。接收端利用光电二极管做成光检测器，若检测到光脉冲，则还原出电脉冲。

光缆电磁绝缘性能好、信号衰减小、频带宽、传输速度快、传输距离大，主要用于传输距离较长、布线条件特殊的骨干网连接。但光缆安装和维护比较困难，需要专用设备。

根据模数不同，光纤分为单模光纤和多模光纤，其中，"模"指一定角速度进入光纤的一束光。

多模光纤采用发光二极管做光源，允许多束光在光纤中同时传播，从而形成模分散。模分散技术限制多模光纤的带宽和距离，因此多模光纤芯线粗，传输速度低、距离短，传输性能差，但成本比较低，一般用于建筑物内或地理位置相邻的建筑物间布线，如图 1-10 所示。

单模光纤只允许一束光传播，所以没有模分散特性，因而纤芯较细，传输频带宽、容量大、距离长，但因其需要固体激光器做光源，成本较高，所以通常在建筑物之间或地域分散时使用。单模光纤是当前计算机网络中的重点应用产品，也是光纤通信技术的发展趋势。

图 1-10　单模光纤和多模光纤

光纤的中心是光传播玻璃芯。纤芯通常由石英玻璃制成，横截面很小，是双层同心圆柱体。它质地脆、易断裂，因此需要外加一个保护层，其结构如图 1-10 所示。在多模光纤中，纤芯直径是 15~50 μm，与人头发的粗细相当，而单模光纤纤芯的直径为 8 μm~10 μm。

芯外面包围一层折射率比芯低的玻璃封套，再外面是一层薄塑料外套。光纤通常被扎成束，外面有外壳保护，如图 1-11 所示。

4. 无线传输介质

无线传输是指利用电磁波发送和接收信号进行通信的过程。国际电信联盟（International Telecommunication Union，ITU）规定了波段的正式名称：低频（LF，长波波长为 1~10 km，频率为 30~300 kHz）；中频（MF，中波波长为 100 m~1 000 m，频率为 300 kHz~3 000 kHz）；高频（HF，短波波长为 10 m~100 m，频率为 3 MHz~30 MHz）。

人们通常利用无线电、微波、红外线等几个波段进行通信。

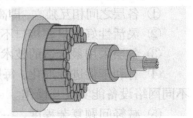

图 1-11　光纤结构

（1）无线电波

无线电波是指在自由空间（包括空气和真空）传播的射频频段的电磁波。无线电技术是通过无线电波传播声音或其他信号的技术。

（2）微波

微波指频率为 300 MHz~300 GHz 的电磁波，即波长在 1m（不含 1m）到 1mm 之间的电磁波，是分米波、厘米波、毫米波的统称。微波通信主要使用 2 GHz ~40 GHz 的频率范围。由于微波在空间中的传播主要是直线传播，因此发射端和接收端天线必须精确对齐，微波被聚成窄窄一束进行传播，可获得极高的信噪比。微波可用来传输电话、电报、图像等数据信息。

（3）红外线

红外线是太阳光线中不可见光线中的一种。红外线通信最突出的优点有：不易被人发现和截获，保密性强；抗干扰性强。此外，红外线通信机体积小，重量轻，结构简单，价格低廉。但它必须在直视距离内通信，且传播受天气影响较大。在不能架设有线线路及不方便使用无线电的情况下，使用红外线通信比较好。如电视机等家用电器的遥控器都用到了红外线通信。

1.2　计算机网络体系结构

为了明确计算机网络中所有设备之间的通信协作关系，通过网络体系（Network Architecture）的方式，可以把网络中计算机之间的互联关系、基本通信功能描述清楚。同时，采用分层网络体系结构，还可以理清设备之间的通信进程、通信的规则和约定，以及上下层及相邻层之间的接口服务关系。

1.2.1　计算机网络体系结构概述

计算机网络体系结构用分层研究的方法定义网络中各层的功能，该体系是各层协议和接口的集合。在这里，需要明确构成网络体系结构的基本概念。

① 服务：服务说明某一层为上一层提供一些什么功能。

② 接口：接口说明上一层如何使用下层的服务。

③ 协议：协议是指通信双方对传送内容的理解、表示形式及应答等，协议是通信双方遵守的一个共同约定，这些约定就是"协议"。

网络体系结构最早由 IBM 公司在 1974 年提出，名为 SNA 模型，主要解决异种网络互联时，所遇到的兼容性问题。网络层次化结构设计将一个复杂的系统设计问题，分成层次分明、容易处理的子问题。采用层次化结构设计，有如下优点。

① 各层之间相互独立，即高层不需要知道低层的结构，只要知道层间接口所提供的服务。

② 灵活性好，只要接口不变就不会因层变化（甚至是取消该层）而变化。

③ 各层采用最合适的技术实现，而不影响其他层。

④ 有利于促进标准化，每层的功能和提供的服务都有标准说明，使具备相同对等层的不同网络设备能实现互操作。

⑤ 减轻问题复杂程度，一旦网络发生故障，可迅速定位故障，便于查找和纠错。

1.2.2　重要计算机网络体系

1. OSI 协议族

开放系统互联参考模型也叫 OSI 参考模型，是 ISO（国际标准化组织）在 1985 年制订规划的网络互联模型。该体系结构标准定义了网络互联七层框架。在这一框架下进一步详细地规定了每一层的功能，以实现在开放的网络系统环境中所有设备的互联、互操作和应用。

2．TCP/IP 协议族

TCP/IP 协议族是 Internet 的基础，也是当今最流行的组网协议，是一组用于实现 Internet 网络互联的通信协议。TCP/IP 的参考模型将网络通信过程分成 4 个层次，分别是网络接口层、网际互联层、传输层和应用层。

TCP/IP 是一组协议组成的协议族，其中比较重要的协议有 PPP、IP、ICMP、ARP、TCP、UDP、FTP、DNS 协议、SMTP 等。

3．IEEE 802 协议族

IEEE 802 协议是局域网协议标准，由 IEEE 802 委员会负责起草制订，是当今最为流行的局域网标准。

IEEE 802 标准比较简单，只覆盖 OSI 模型最低两层，是基于局域网体系结构特点而制定的。局域网结构简单，在网络中都是相邻节点之间直接通信，不经过中间节点，因此不存在路由选择及拥塞问题。

局域网常以广播多点方式工作，在网络上势必会存在多点同时访问的情况，因此，该项协议主要解决多点同时访问所引起的碰撞问题。IEEE 802 规范定义了网卡如何访问传输介质，如何在传输介质上传输数据，同时定义了设备之间传输连接的建立、维护和拆除的途径。

1.3　OSI 参考模型

自 20 世纪 60 年代计算机网络技术应用以来，国际上各大厂商为了在网络领域占据主导地位，纷纷推出各自的网络架构体系和标准，例如，IBM 公司的 SNA、Novell 公司的 IPX/SPX、Apple 公司的 AppleTalk、DEC 公司的 DECnet 以及阿帕网中的 TCP/IP 标准。由于多种体系标准并存，结构和语义都不相同，造成不同厂商之间的设备大部分不能兼容，影响了互联互通。

1.3.1　OSI 参考模型概述

为了解决不同类型的网络设备之间的互联互通问题，国际标准化组织于 1984 年提出了**开放系统互联参考模型**（Open System Interconnection Reference Model，OSI/RM）。

OSI/RM 采用分层结构，描述了网络设备之间的通信协议、服务和接口标准，要求不同厂商必须遵循这一网络体系结构，否则就无法实现互联互通。

OSI/RM 在规划过程中，遵循以下原则，将整个网络的通信功能划分为如下几个层次。

① 网络中各节点，都有相同层次。

② 不同节点的同等层，具有相同功能。

③ 同一节点内相邻层之间，通过接口通信。

④ 每一层使用下层提供的服务，并向其上层提供服务。

⑤ 不同节点的同等层，按照协议实现对等层之间的通信。

1.3.2　OSI 七层参考模型

数据在各层之间的传递

OSI 参考模型共分为七层结构，分别是：第一层，物理层（Physical Layer）；第二层，数据链路层（Data Link Layer）；第三层，网络层（Network Layer）；第四层，传输层（Transport Layer）；第五层，会话层（Session Layer）；第六层，表示层（Presentation Layer）；第七层，应用层（Application Layer）。其中：

低三层（物理层、数据链路层、网络层）通常被称作面向数据传输的通信层，负责有关通信子网的工作，解决网络中的通信问题，是网络工程师所研究的对象；

高三层（会话层、表示层和应用层）为面向用户应用的控制层，负责有关资源子网的工作；

传输层是通信子网和资源子网的接口，起到连接传输和通信质量控制的作用，如图 1-12 所示。

层与层之间的联系，通过各层之间的接口来进行，上层通过接口向下层提供服务请求，而下层通过接口向上层提供服务。

两台终端计算机通过网络通信时，除了物理层通过传输媒体连接之外，其余各对等层之间，均不存在直接通信关系，而是通过各对等层协议进行通信。只有两个物理层之间才通过传输媒体连接，进行真正的物理通信。如图 1-13 所示，设备 A 将一个报文发送到设备 B，通过各层之间的协议和接口通信，中间节点作为转发设备。

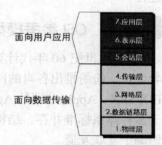

图 1-12　OSI 七层参考模型

模型中每一层都依赖上层和下层关系，实现网络信息交互。数据在每一层通信前，该层都附加上属于这一层的控制信息（封装），以便上一层或下一层知道如何处理这些数据。

信息在七层中流动过程为，数据在发送端从上到下逐层加上各层控制信息，构成比特流发送到物理信道，然后再经过网络传输到接收端的物理层，从下到上逐层去掉相应层的控制信息，数据最终传送到应用层进程。

由于通信信道具有双向性，因此数据流向也是双向的。如图 1-14 所示，设备 A 将数据发送给设备 B，必须先通过设备 A 各层封装处理数据；到了设备 B 后，再经过各层解封装。

在接收计算机上，报文要逐层被解封装，读出针对该层的控制信息。依次类推到最顶层，数据已经不带有任何控制信息，被交给应用程序直接处理。

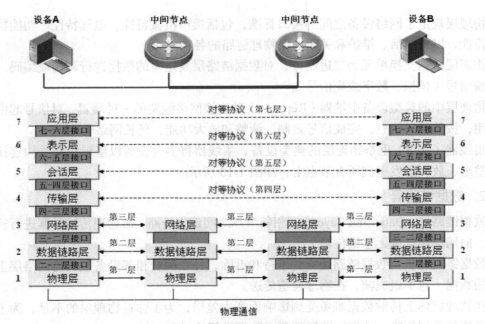

图 1-13 分层模型中的数据通信

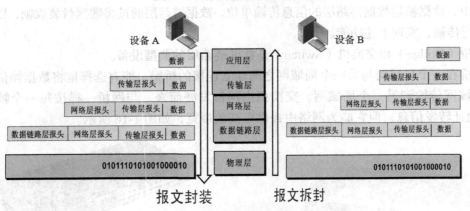

图 1-14 数据的封装与解封装

1.3.3 OSI/RM 各层功能概述

1. 物理层

中继器工作原理

物理层（Physical Layer）以及物理接口标准是 OSI/RM 的最底层，是整个开放系统的基础。物理层为设备之间的数据通信提供传输媒体，为数据传输提供标准化的物理连接。

物理层规定了网络设备之间的接口标准，包括接口机械特性、电气特性、功能特性、规程特性，以及激活、维护和关闭这条物理链路的各项操作。

物理层数据交换单元为二进制位，对数据链路层发送来的数据进行调制或编码，转换为传输信号（模拟、数字或光信号）。

物理层中的典型设备中继器（Repeater）是连接网络线路的一种装置，对信号起中继放大作用，按位传递信息，完成信号复制、调整和放大功能，延长网络长度。

集线器（Hub）也是物理层的典型设备，集线器将多台设备以星形拓扑结构连接，把信号整形、放大后发送到所有节点上，如图1-15所示。

2．数据链路层

数据链路层（Data Link Layer）在相邻节点之间建立链路，对物理传输过程进行检错和纠错，向网络层提供无差错传输。

数据链路层负责数据链路建立、维持和拆除，并在两台相邻设备上，将网络层上封装完成的数据（包）组成帧，在物理通道传送。

在物理媒体上传输数据难免受到影响而产生差错，为了弥补物理层的不足，为上层提供无差错的数据传输，数据链路层就要对数据进行检错和纠错。

其中，数据帧是数据链路层的信息传输单位，数据链路层通过将数据封装成帧，以帧为单位进行传输，实现上述功能。

网桥（Bridge）和交换机（Switch）是数据链路层的典型设备。

网桥在一个局域网与另一个局域网之间建立连接的桥梁，能有选择地将数据帧信号从一个局域网传输到另一个局域网。交换机由网桥发展而来，与网桥一样按每一个帧中的MAC地址转发信息，但它能为网络中提供更高的带宽，如图1-16所示。

图1-15　物理层的集线器设备

图1-16　数据链路层的以太网交换机

3．网络层

网络层（network layer）又称为通信子网层，是通信网络的最高层，能在数据链路层提供的服务基础上，向资源子网提供服务。网络层实现位于不同网络节点之间的数据包传输，而数据链路层只负责同一个网络中相邻两节点之间的数据帧传输。

网络层将传输层发送来的数据封装成包，再进行路由选择、差错控制、流量控制及顺序检测等处理，以保证上层发送的数据能够正确、无误地按照目标地址，传送到目的站。

网络层的核心功能是封装数据包，当有多条路径存在时，还要负责路由选择（寻径）。

网络层的典型设备是路由器，其工作方法是依据学习到的路由表，把数据包转发到不同网络之间，如图1-17所示。在网络层中交换的数据单元称为数据包（Packet）。

图 1-17　网络层的路由器

4. 传输层

传输层（Transport Layer）实现两个会话实体（又称端对端）之间的透明数据传送，并进行差错恢复、流量控制等。传输层是网络通信中资源子网和通信子网的接口，完成资源子网中两节点之间的逻辑通信，实现独立于网络通信过程中端与端的报文交换，为二端节点之间的连接提供服务。

传输层下面三层属于通信子网层，完成面向通信处理的功能。传输层上面三层是资源子网层，完成面向数据处理的功能，为用户提供与网络之间的接口。由此可见，传输层介于低三层通信子网系统和高三层资源子网之间，在 OSI/RM 中起到承上启下的作用，是整个网络体系结构的关键层。

各种通信子网在性能上，存在着很大差异，传输层需要对上层提供透明（不依赖于具体网络）可靠的数据传输，包括流控、多路技术、虚电路管理和纠错及恢复等。

传输层是一个真正的端到端通信层，其所有处理都按照从源端到目的端来进行，数据在传输层传送的基本单位是报文。

5. 会话层

会话层（Session Layer）的功能是提供一个面向用户的连接服务，使应用程序在网络中能建立和维持会话，并为会话活动提供有效的组织和同步功能，为数据传送提供控制和管理功能。

会话层同样要满足应用进程的服务要求，在传输层不能完成的那部分工作，则由会话层加以弥补。会话层的主要功能包括为会话实体间建立连接、传输数据和释放连接。

6. 表示层

表示层（Presentation Layer）的功能是对上层数据信息进行转换，以保证一台终端主机上应用层产生的信息，可以被另一台主机的应用程序接收理解。

在表示层以下的各层最关注的是如何传递数据，而表示层关注的是所传递的信息应该如何表示。不同计算机可能会使用不同的数据表示方法，为了让计算机之间能够互相通信，它们交换的数据结构必须以一种更加标准的方式来定义。

表示层的数据转换包括数据的加密、压缩、格式转换等。

7. 应用层

应用层（Application Layer）是计算机网络与最终用户间的接口，是用户利用网络资源向应用程序直接提供服务的层，为操作系统或网络应用程序提供访问网络服务的接口。

应用层包含各种协议，这些协议直接针对用户需要，如超文本传输协议（Hyper Text Transfer Protocol，HTTP）是万维网（World Wide Web，WWW）的基础传输协议。当浏览器需要一个 Web 页面时，它利用 HTTP 将所要请求的内容发送给服务器，然后服务器将请求的内容发回给浏览器。

OSI 模型数据传输

还有一些其他的应用层协议，包括文件传输协议（File Transfer Protocol，FTP）、电子邮件协议（SMTP、POP3）等。

OSI 七层模型以完整的理论，分析了网络通信过程中，数据传输的每一时段、每一步的状态，为理解计算机网络奠定了理论基础。OSI 模型的各层功能及数据形态如图 1-18 所示。

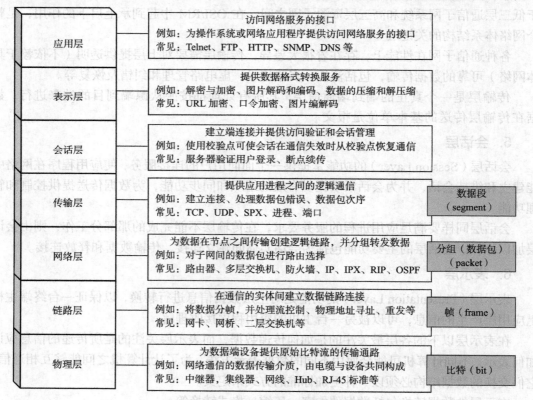

图 1-18　OSI 模型各层基本功能速览

1.4　TCP/IP 参考模型

TCP/IP（Transmission Control Protocol /Internet Protocol）是美国国防部早期为 ARPAnet 设计开发的通信标准，主要提供与底层硬件无关的网络之间的通信。目的是使不同厂商的通信设备能在同一网络环境下组网，实现网络之间的互联互通。

TCP/IP 现在得到了全世界的公认，是 Internet 的主要通信标准。

1.4.1　TCP/IP 概述

TCP/IP 工作过程模型

TCP/IP 参考模型的网络传输过程

TCP/IP 是一组通信协议的聚合，其中的每个协议都有特定的功能，可完成相应的网络通信任务。TCP/IP 标准中的部分协议如图 1-19 所示。

TCP/IP 标准得名于两个最重要的协议：传输控制协议（Transmission Control Protocol，TCP）和网际协议（Internet Protocol，IP）。TCP 是 TCP/IP 中的核心，为网络提供可靠的数据信息流传递服务。IP 又称互联网协议，是支持网间互联的数据报协议，提供网间连接的标准，规定 IP 数据报在互联网络范围内的地址格式。

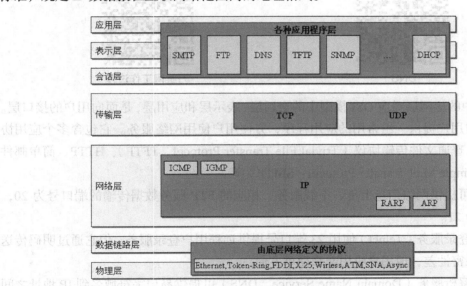

图 1-19　TCP/IP 标准

TCP/IP 是一个四层的网络体系结构，包括应用层、传输层、网际层和网络接口层。

由于设计时，并未考虑要与具体的传输媒体相关，所以没有对数据链路层和物理层做出规定，最下面的网络接口层也没有具体内容。信息传输过程与低层数据链路层和物理层无关，这也是 TCP/IP 的重要特点。TCP/IP 的特点有如下几种。

① 开放的协议标准（与硬件、操作系统（OS）无关）。

② 独立于特定的网络硬件（运行于 LAN、WAN，特别是互联网中）。

③ 统一网络编址（网络地址的唯一性）。

④ 标准化高层协议可提供多种服务。

TCP/IP 的研发比 OSI 协议早，因此，OSI 协议是在 TCP/IP 的基础上对其各项功能的进一步细化。如图 1-20 所示，显示了 OSI 协议和 TCP/IP 之间的分层对应关系。

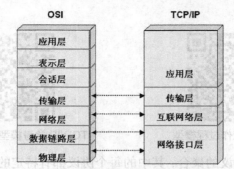

图 1-20　TCP/IP 参考模型与 OSI 七层模型的对应关系

1.4.2　TCP/IP 各层功能

1. 应用层

DNS

万维网工作过程

TCP/IP 中的应用层对应 OSI 模型中的会话层、表示层和应用层，是面向用户的接口层。

应用层向用户提供一组常用的应用程序，方便用户使用网络服务。它包含多个应用协议，如 FTP、普通文件传输协议（Trivial File Transfer Protocol，TFTP）、HTTP、简单邮件传输协议（Simple Mail Transfer Protocol，SMTP）等。

① FTP 可提供网络信息上传、下载服务，相应的 FTP 服务数据传输的端口号为 20，控制端口号为 21。

② 远程登录服务（Telnet）使用 23 端口号提供远程用户登录服务，但它通过明码传送网络信息，保密性差，但用户应用起来简单方便。

③ 域名解析服务（Domain Name Service，DNS）可提供易记字符域名到 IP 地址之间的转换，使用的端口号为 53。

④ SMTP 可提供信件发送、中转服务，使用的端口号为 25。

⑤ HTTP 可实现互联网中的 WWW 服务，使用的端口号为 80。

2. 传输层

TCP/IP 中的传输层对应 OSI 模型中的传输层。传输层提供端到端的、可靠的数据传输，负责数据报文传输过程中端到端的连接，负责提供流控制、错误校验和排序服务。传输层包括两个协议：传输控制协议和用户数据报文协议（User Datagram Protocol，UDP）。

① 传输控制协议是一个可靠的、面向连接的协议，提供面向连接的、可靠的数据传送，

具有重复数据抑制、拥塞控制及流量控制等功能。传输控制协议允许从一台机器发出的字节流，正确无误地递交到互联网中的另一台机器上，保证数据传输质量。

② 用户数据报文协议提供无连接的、不可靠的、尽力传送（Best-effort）的服务。用户数据报文协议主要用于那些"需要快速传输，能容忍某些数据丢失"的应用，不保证数据传输的质量，如传输语音和视频。

3. 网际层

TCP/IP 中的互联网络层对应 OSI 模型中的网络层。互联网络层也称为网际层（Internet Layer）或网络层（Network Layer）。网际层包括 IP、网际控制报文协议（Internet Control Message Protocol，ICMP）、网际组报文协议（Internet Group Management Protocol，IGMP），地址解析协议（Address Resolution Protocol，ARP）及反向地址解析协议（Reverse Address Resolution Protocol，RARP）几个重要协议。

该层的任务是，允许主机将 IP 数据包发送到任何网络上，这些 IP 数据包被路由器一个个独立地传送到目标端（目标端有可能位于不同网络）。IP 数据包到达的顺序可能与它们被发送时的顺序不同，最后由高层来负责重新排列这些分组 IP 数据包。

① IP 是网络层的核心协议，通过路由选择，将一个 IP 数据包封装后，交给接口层。IP 数据包是无连接服务。

② ICMP 是网络层用来检测网络是否通畅的协议。常用的"ping"命令就是发送 ICMP 发出的 Echo 包，通过回送的 Echo Relay 进行网络联通状况测试。

③ ARP 是正向地址解析协议，通过已知的 IP 寻找对应主机的 MAC 地址。

④ RARP 是反向地址解析协议，在无盘工作站中，通过 MAC 地址确定 IP 地址。

在 TCP/IP 参考模型中，网络层下的网络接口层是一片空白。它并没有明确规定这里应该有哪些内容，它只是指出，底层主机必须通过某个物理层协议连接到网络上，以便将 IP 分组发送到网络上。参考模型没有定义协议，而且不同主机、不同网络使用的协议也不尽相同。

1.4.3 重点协议介绍

TCP 和 IP 这两个协议是 TCP/IP 协议簇中的两个重要协议，下面分别对两个关键的协议进行详细的介绍。

1. IP

Internet 层的 IP（网际协议）是一种不可靠、无连接的数据报协议。IP 不提供任何校验数据，不保证数据可靠传输。

IP 是一种不可靠协议，其只提供尽力而为的服务。就像邮局尽最大努力传递邮件，如果一封非挂号信丢失，只能由发信人或预期收信人来发现，并采取补救措施。邮局本身不对每一封信跟踪，也不通知发信人信件丢失的情况。因此，IP 只尽力而为地将 IP 数据报传输到目的端，但不保证将 IP 数据传输给目的端。

IP 也是一种无连接协议，使用数据报分组交换方式。每一个 IP 分组独立传输，每一个分组可以经过不同的路由传送到终点。这些数据报有可能不按顺序到达，甚至有一些数据报也可能丢失，而有些数据在传输过程中可能会受到损伤。这时，IP 只能依靠更高层的 TCP

来解决这些问题。

在 IP 层的分组叫数据包（Packet），图 1-21 给出了 IP 数据包的格式。它由两部分组成，分别为首部和数据，其中，首部有 20~60 字节，包含有关路由选择和交互的信息；载荷数据长度可变，整个 IP 数据包的最大长度可达 65 535 字节（Bytes）。

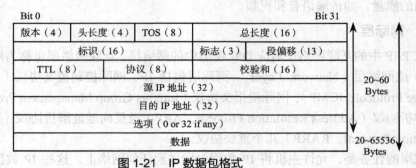

图 1-21 IP 数据包格式

关于 IP 的详细讲解，见后续章节内容。

2. TCP

TCP 建立和释放过程

滑动窗口

TCP/IP 协议栈为传输层规范了两个协议标准，分别为面向无连接的 UDP 和面向连接的 TCP。

在网络层通信中，IP 只将报文尽力传送给目的计算机，负责主机到主机的通信。但这是一种不完整的传输，因为这个报文还必须正确送到主机的进程上，实现端对端的通信，这就是 UDP 或 TCP 所在的传输层所要做的事情。

如图 1-22 所示，给出了 IP 和 TCP 的作用范围。

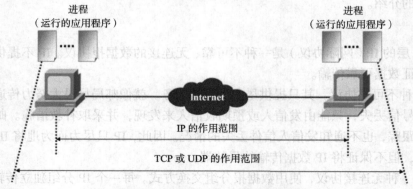

图 1-22 TCP 和 UDP 的作用范围

（1）端口

一台主机在同一时间可以支持多个不同服务，正像许多计算机在同一时间，运行多个客户程序一样。IP 地址只能标识目标主机，要定义进程，需要使用专用标识符：端口号（Port），用以区别一台主机上正在运行的多项服务进程。如果把 IP 地址比作一间房子门牌号，那端口就是出入这间房子房间的门，而真正的房子可以有多个房间，多扇门。

一台拥有 IP 地址的主机可以为互联网提供许多服务，比如 Web 服务、FTP 服务、SMTP 服务等，那么，主机是怎样区分这些不同的网络服务呢？显然不能只靠 IP 地址，实际上是通过"IP 地址+端口号"来区分不同的服务，这里的端口号就是区别不同网络的通信服务号，图 1-23 显示了这种通信关系。

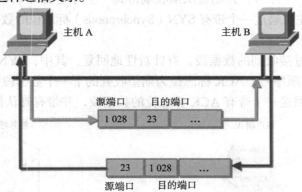

图 1-23　"IP 地址+端口号"区分不同的服务

在 TCP/IP 协议栈中，端口号的范围是 0~65 535 之间的整数。互联网地址指派机构（Internet Assigned Numbers Authority， IANA）将全部的端口号分为 3 个范围：熟知端口、注册端口和动态端口（或私有）。

① 熟知端口：0~1 023，由 IANA 指派的标准化端口号，表 1-1 显示了部分常用端口号。

② 注册端口：1 024~49 151，IANA 不指派也不控制，只能在 IANA 注册以防止重复。

③ 动态端口：49 152~65 535，IANA 既不用指派也不用注册，可以由任何进程来随机使用，是临时端口。

表 1-1　TCP 标准化端口

端口	协议	说明
7	Echo	将收到的数据报回送到发送端
20	FTP（Data）	文件传送协议（数据连接）
21	FTP（Control）	文件传送协议（控制连接）
23	Telnet	远程登录
25	SMTP	简单邮件传送协议
53	DNS	域名服务
80	HTTP	超文本传送协议

（2）传输控制协议（TCP）

TCP 是一个面向连接、端对端的全双工通信协议，通信双方需要建立由协议实现的虚连接，为网络上传输的数据报提供可靠的数据传送服务。

TCP 的主要功能是完成对数据报的确认、流量控制和网络拥塞的处理；自动检测数据报，并提供错误重发功能；将多条路由传送的数据报按原序排列，并对重复数据择取；控制超时重发，自动调整超时值；提供自动恢复丢失数据的功能。

与 UDP 不一样，TCP 是一个面向连接的协议，为了增强网络传输过程中的可靠性，TCP 通过 3 次握手技术来保证两个通信进程之间的可靠连接。如图 1-24 所示，TCP 为每个传输 IP 数据包分配一个序号，并期望从接收端得到一个肯定确认（ACK）。

① 首先，发送主机通过一个带有 SYN（Synchronous）标志位的数据段，发出一个会话请求。

② 接收主机通过接收到的数据段，有针对性地回复，其中，SYN 标志位为即将发送的数据段的起始字节顺序号，ACK 标志位为期望收到的下一个数据段的字节顺序号。

③ 发送主机再回送一个带有 ACK 标志位的数据段，并带有确认接收主机的序列号。

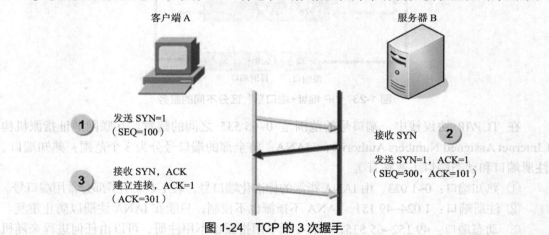

图 1-24　TCP 的 3 次握手

如果在一个规定的时间间隔内，没有收到接收主机的确认 ACK，则数据会被重传。

图 1-25 显示了一个完整的 TCP 报文格式，同样由首部和数据等两个部分组成。其中：

首部的可变长度为 20～60 字节，而数据部分的最大长度为 65 495 字节（65 535−20−20，减 20 字节 IP 头和 20 字节 TCP 头）。

源端口号（16 位）			目的端口号（16 位）	
序号（32 位）				20 ～ 60 字节
确认号（32 位）				
数据偏移（4 位）	保留（6 位）	TCP 控制位（如 SYN，ACK 等）	窗口值（16 位）	
校验和（16 位）			紧急指针（16 位）	
选项和填充				
数据				

图 1-25　TCP 报文格式

图 1-25 所示的两类端口号的含义如下。

① 源端口号（Source Port）：16 位源端口号，指明发送数据的进程。源端口号和源 IP 地址的作用是标识报文的返回地址。

② 目的端口号（Destination Port）：16 位目的端口号，指明目的主机接收数据的进程。源端口号和目的端口号组合起来表示一条唯一的网络连接。

3. 用户数据报协议（UDP）

UDP 使用在网络传输过程中的对可靠性要求不高而对传输数据质量要求高的网络应用中，如网络视频会议系统。

UDP 采用面向无连接的通信，提供不可靠的传输服务。在传输过程中，UDP 不考虑流量控制、差错控制，在收到一个错误的数据报文之后，也不重传，所有这些工作都留给用户端的进程处理。

UDP 数据报文同样由首部和数据两部分组成。UDP 报头包括 4 个域，每个域占用 2 个字节，总长度为固定的 8 字节，具体如图 1-26 所示。

源端口号（16 位）	目的端口号（16 位）
长度（16 位）	校验和（16 位）
数据	

8 字节

图 1-26　UDP 报文格式

图 1-26 显示了 UDP 报文的源端口号和目的端口号。UDP 同 TCP 一样，使用端口号为不同的应用进程提供服务。其中，数据发送方（可以是客户端或服务器端）将 UDP 数据报通过源端口发送出去，而数据接收方则通过目标端口接收数据。

1.5　网络组建层次化结构设计

无论采用什么样的组网技术来规划网络，在网络设计时，都应保证建成后的网络，在长时间内具有较强的可用性和一定的先进性，满足网络未来的扩展需求。良好的网络设计方案，除应体现出网络的优越性之外，还应体现出应用的实用性、网络的安全性，从而易于管理和扩展。

目前，大中型网络的设计普遍采用三层结构模型，如图 1-27 所示。这个三层结构模型将骨干网的逻辑结构划分为 3 个层次，即核心层、汇聚层和接入层，其中的每个层次都有其特定的功能。

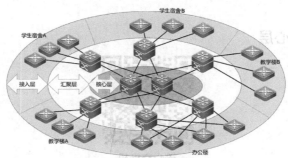

图 1-27　三层结构模型

层次化网络规划也由不同的层组成，这样可以让特定的功能和应用在不同的层面上分别执行。为获得最大的网络效能，完成特殊的网络应用，每个网络组件都被安置在分层设计的网络中。在层次化网络设计中，每一层都有不同的用途，通过与其他层协调工作获得最高的网络性能。

在网络规划设计时，应遵循分层网络设计思想。分层网络结构设计应按照功能不同，把整体网络结构分别规划到核心层（Core Layer）、汇聚层（Distribution Layer）和接入层（Access Layer）这 3 个模块中。这样分层规划，使网络有一个结构化的设计，可以针对每个层次进行模块化分析，对网络的统一管理和维护非常有帮助。

图 1-28 所示显示了分层网络设计模型结构，包括核心层、汇聚层和接入层。

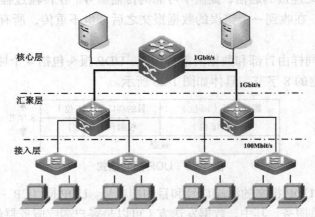

图 1-28　层次化结构网络设计

3 个层次的相关内容规划如下。

① **核心层**：核心层为网络提供骨干组件或高速交换组件。在纯粹的分层网络设计中，核心层只需要完成数据交换的特殊任务。

② **汇聚层**：汇聚层是核心层和接入层的分界面，汇聚层网络组件可完成 IP 数据包封装、过滤、寻址任务，提供策略增强和各种数据处理的能力。

③ **接入层**：接入层保障终端用户能接入到网络，同时按照优先级设定传输带宽，优化网络资源的配置。

层次化网络拓扑中的每一层通过与其他层面协调工作，能够优化网络性能，使网络具有扩充性，减少网络冗余，使业务流控制容易，同时还可限制网络出错的范围，减轻网络管理和维护的工作量。

1.5.1　组建网络核心层

核心交换机

网络的核心层就是整个网络的中心，一般位于网络顶层，负责可靠而高速地传输数据流。网络中所有网段都通向核心层，核心层的主要功能是，负责整个网络内的数据交换，以高速的交换，实现骨干网络之间的传输优化。

核心层设计任务的重点通常是使网络具有冗余能力，保障网络可靠性和实现网络的高速传输。网络内的功能控制，应尽量少在核心层上实施。核心层的设备选型，应当选用高速及功能强的路由交换机，以保障核心交换机拥有较高性能。因此，核心层设备在整个网络建设上将占投资的主要比重。图 1-29 所示的场景是为保证网络核心稳定、可靠，采用双核心层的网络拓扑结构。

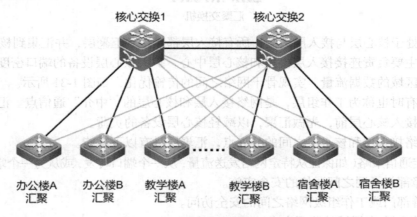

图 1-29　双核心层的网络拓扑结构

核心层是网络高速交换的骨干，对协调整个网络内部的通信流量至关重要。一般网络核心层有以下特征。

① 提供网络高可靠性。
② 提供网络冗余链路。
③ 提供网络故障隔离。
④ 保障网络自适应升级。
⑤ 提供较少的滞后和好的网络管理。
⑥ 避免网络控制或其他配置，减少影响包传输减慢的操作。

核心层是整个内部网络的高速交换中枢。核心层设备需要保证未来网络应该具有以下特性：可靠性、高效性、冗余性、容错性、可管理性、适应性、低延时性等。在核心层设备选型上，尽量采用万兆、十万兆及更高速的路由交换机。在设备规划上，经常采用双机冗余热备份架构，双机冗余热备份不仅仅能获得整个网络的稳定，还可以达到网络负荷均衡的功能，改善网络性能。

图 1-30 所示为安装在核心层的万兆交换机设备。万兆核心交换机具有高达 1.6Tbit/s 以上级的背板带宽，10 多个插槽，万兆端口密度为 32 个，二、三层转发速率为

图 1-30　核心层的万兆交换机

网络互联技术（理论篇）

572 Mpps，可配置冗余电源模块及管理引擎模块，而且所有模块支持热插拔，能够提高系统的可靠性和可用性。

1.5.2 组建网络汇聚层

汇聚交换机

汇聚层处于核心层与接入层之间，所有接入层都连接到汇聚层，并汇集到核心层。

汇聚层主要负责连接接入层接点和核心层中心，扩大核心层设备的端口密度，汇聚网络内各子网区域的数据流量，实现骨干网络之间的传输优化，如图 1-31 所示。

汇聚层有时也称为工作组层，是网络接入层和核心层的"中介"通信点。汇聚层在工作站数据流接入核心层前，先做汇聚，以减轻核心层设备的负荷。

作为网络接入层和核心层之间的分界点，汇聚层具有以下功能。

① 制定通信策略（如保证从特定网络发送流量，从一个端口转发，或从另一个端口转发）。

② 保障部门子网之间通信的安全实施。

③ 完善部门或工作组级网络之间的安全访问。

④ 完善广播/多播域的范围定义。

⑤ 完成虚拟 LAN（VLAN）之间的路由选择。

⑥ 在路由选择域之间实施路由重分布。

⑦ 实现静态和动态路由选择协议之间的选径和优化。

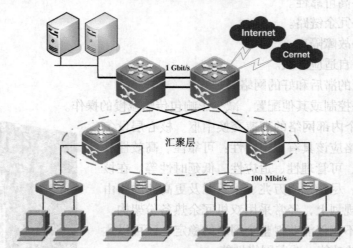

图 1-31 汇聚层的网络拓扑结构

汇聚层主要提供网络路由、过滤和 WAN 接入的功能，决定数据报怎样对核心层进行访问。在网络规划设计上，采用三层交换、三层路由及 VLAN 技术，达到网络隔离和分段的目的。

在设备选型上，汇聚层多选用三层交换机，也可视投资和核心层的交换能力而定，选择万兆路由交换机，可大大减轻核心层的路由压力，实现路由流量的负荷均衡。图 1-32 所示为安装在汇聚层的全吉比特三层交换机，可支持多个吉比特端口，具有 48 Gbit/s 以上的背板带宽，二、三层包转发率可达到 18 Mpps 以上，支持冗余电源接口。

图 1-32　汇聚层设备选型：三层交换机

1.5.3　组建网络接入层

接入交换机

接入层也称桌面层，是本地设备的汇集点，通常使用多台级连交换机或堆叠交换机组网，构成一个独立子网，控制用户对网络资源的访问，在汇聚层为各个子网之间建立路由。

接入层可向本地网络提供工作站接入的功能。在接入层中能够减少同一网段的工作站数量，向本地网段提供高速带宽，如图 1-33 所示。接入层的主要功能如下。

① 对汇聚层的访问控制和安全策略进行支持。

② 为本地网段建立独立的冲突域。

③ 建立本地网段与汇聚层的网络连接。

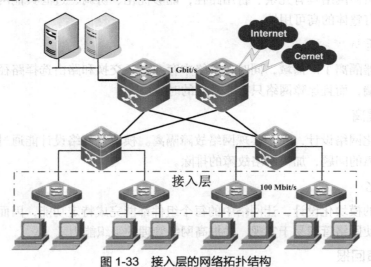

图 1-33　接入层的网络拓扑结构

作为二层交换网络，接入层可为本地工作站设备提供网络接入服务。接入层在整个网络中接入交换机的数量最多，具有即插即用的特性。对此类交换机的要求有四点：一是价格合理；二是可管理性好，易于使用和维护；三是有足够的吞吐量；四是稳定性好，能够在比较恶劣的环境下稳定地工作。

图 1-34 所示为接入层交换机，接入层设备多为普通百兆、吉比特交换机，一般具有全线速、可堆叠及智能化的特点，可以配置百兆、吉比特模块或堆叠模块。

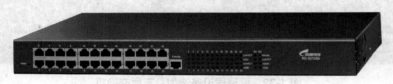

图 1-34　接入层交换机

1.5.4　层次化网络设计模型的优点

层次化网络设计

层次化网络设计模型具有以下优点。

1. 可扩展性

由于分层设计的网络采用模块化设计，路由器、交换机和其他网络互联设备能在需要时方便地加到网络组件中。

2. 高可用性

层次化网络使网络具有冗余、备用路径，能够优化、协调、过滤其他网络数据，使得层次化网络具有整体的高可用性。

3. 低时延

由于路由器隔离了广播域，同时，网络中存在多条交换和路由选择路径，数据流能快速传送到目的端，而且保障网络只有非常低的时延。

4. 故障隔离

使用层次化网络设计，易于实现网络故障隔离。模块化网络设计能通过合理的方式解决网络组件分离的问题，加快网络故障的排除。

5. 模块化

分层网络的模块化设计，让网络中的每个组件都能完成特定功能，因而可以增强网络系统的性能，使网络管理易于实现，并提高网络管理的组织能力。

6. 高投资回报

通过系统优化及改变数据的交换路径和路由路径，可在分层网络中提高带宽利用率。

7. 网络管理

如果建立的网络高效而完善，则对网络组件的管理更容易，实现化程度更高。这将大大地节省雇佣员工和人员培训的费用。

层次化结构设计也有一些缺点，出于对网络冗余能力和要采用特殊的交换设备的考虑，层次化网络的初次投资要明显高于平面型网络建设的费用。正是由于分层设计的高额投资，认真选择路由协议、网络组件和处理步骤就显得极为重要。

1.6 认证测试

以下每道选择题中，都有一个正确答案或者是最优答案，请选择出正确答案。

1. 网桥处理的是（　　）。

   A. 脉冲信号　　　　　B. MAC 帧　　　　　C. IP 包　　　　　D. ATM 包

2. 下列 MAC 地址中正确的是（　　）。

   A. 00-06-5B-4F-45-BA　　　　　　B. 192.168.1.55

   C. 65-10-96-58-16　　　　　　　　D. 00-16-5B-4A-34-2H

3. 局域网中通常采用的网络拓扑结构是（　　）。

   A. 总线型　　　　　B. 星型　　　　　C. 环型　　　　　D. 网状

4. OSI 参考模型从下至上的排列顺序为（　　）。

   A. 应用层、表示层、会话层、传输层、网络层、数据链路层、物理层

   B. 物理层、数据链路层、网络层、传输层、会话层、表示层、应用层

   C. 应用层、表示层、会话层、网络层、传输层、数据链路层、物理层

   D. 物理层、数据链路层、传输层、网络层、会话层、表示层、应用层

5. 已知同一网段内一台主机的 IP 地址，可（　　）获取 MAC 地址。

   A. 通过发送 ARP 请求　　　　　B. 通过发送 RARP 请求

   C. 通过 ARP 代理　　　　　　　　D. 通过路由表

1.7 科技之光：迎接 5G 网络时代

【扫码阅读】迎接 5G 网络时代

第 **2** 章 交换技术基础

【本章背景】

晓明大学毕业后分配到中山大学网络中心，从事学校网络管理工作。在网络中心陈工程师的指导下，晓明掌握了一些网络专业技术，懂得了网络设备的基本功能。

在新岗位工作一段时间后，晓明对工作中出现的很多专业术语感到很疑惑。

网络中心的陈工程师在了解到晓明的困惑后，思考了一会儿，列出了与这些日常术语相关的交换技术，让晓明学习相关的知识内容。

本章知识发生在以下网络场景中。

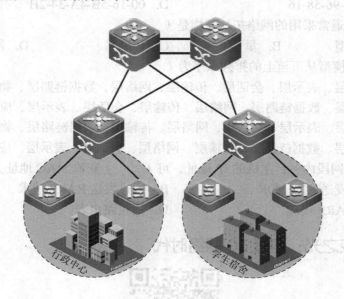

【学习目标】

◆ 局域网体系结构

◆ 以太网基础

◆ 交换技术基础

◆ 认识交换机设备

◆ 交换机设备工作原理

局域网技术最早于 20 世纪 60 年代在美国诞生，在其后的发展过程中，出现过许多局域网组网模型，如以太网（Ethernet）、令牌环（Token Ring）、令牌总线（Token Bus）及承担骨干网功能的光纤分布数据接口（Fiber Distributed Data Interface，FDDI）等。

其中，由施乐（Xerox）公司创建，并由 Xerox、Intel 和 DEC 公司联合开发的以太网（Ethernet）技术规范，是当今局域网中最通用的组网标准，在局域网组网中占据统治地位。随着技术的发展，以太网的传输速度已从最初的 10 Mbit/s 提高到吉比特，甚至太比特。

2.1　局域网体系结构

1980 年 2 月，电器和电子工程师协会（Institute of Electrical and Electronics Engineers INC，IEEE）组织成立了 IEEE 802 委员会，制定了一系列局域网标准，称为 IEEE 802 标准。目前，许多 802 标准已经成为 ISO 国际标准。

2.1.1　什么是局域网

局域网（Local Area Network，LAN）是一种在有限的地理范围（如一所学校或机关）内将大量 PC 及各种设备互联在一起，实现高速数据传输和资源共享的计算机网络。社会对信息资源的广泛需求及计算机技术的广泛普及，促进了局域网技术的迅猛发展。在当今计算机网络技术中，局域网技术已经占据十分重要的地位。

组建局域网需要考虑的 3 个要素分别是：网络拓扑、传输介质与介质访问控制方法。

区别于广域网（WAN），局域网具有以下特点。

① 地理分布范围较小，一般为数百米至数千米，可覆盖一幢大楼、一所校园或一个企业。

② 数据传输速率高，一般在 100 Mbit/s 以上，目前已出现速率高达 100 Gbit/s 的局域网。

③ 误码率低，局域网通常采用短距离基带传输，使用高质量传输媒体，从而提高了数据传输质量。

④ 以 PC 为组网主体，包括终端及各种外设，网络中一般不设中央主机系统。

⑤ 局域网可以支持多种传输介质。

⑥ 一般只包含 OSI 参考模型中的低 3 层功能，即只涉及通信子网的内容。

⑦ 组网协议简单，建网的成本低，周期短，便于管理和扩充。

2.1.2　局域网体系结构简介

和 OSI 模型相比，由于局域网不需要大规模的路由选择，所以没有针对网络层的规则，只规划了最低两层，即物理层和数据链路层。其中，数据链路层细分为两个子层，分别为介质访问控制子层和逻辑链路子层。

图 2-1 所示为 IEEE 802 标准中的局域网体系结构，包括物理层（Physical，PHY）、媒体访问控制层（Media Access Control，MAC）和逻辑链路控制层（Logical Link Control，LLC）。其中，每层的主要功能如下。

1. 物理层

和 OSI 参考模型中的物理层功能一样，主要处理物理链路上传输的比特流，实现比特流的传输与接收，建立、维护和撤销物理连接，处理机械、电气和过程的特性。

2. 媒体访问控制 MAC 子层

局域网体系结构中的 MAC 子层负责介质访问控制机制的实现，即处理局域网中各站点对共享通信介质争用的问题，不同类型的局域网，使用不同的介质访问控制规则。另外，

MAC 子层还涉及局域网中的物理寻址。

3. 逻辑链路控制 LLC 子层

LLC 子层负责屏蔽掉 MAC 子层连接介质的差别，将其变成统一的 LLC 层，向网络层提供一致的服务。在 IEEE 802 标准中，LLC 子层为底层共用，而 MAC 子层则依赖于各标准自已规定的物理层。

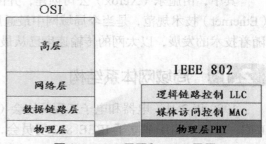

图 2-1　LLC 子层和 MAC 子层

数据链路层由 LLC 子层和 MAC 子层构成，共同完成 OSI 模型中的数据链路层的功能，将数据封装成帧，然后在物理网络中进行传输；在物理传输的过程中，对数据帧进行顺序控制、差错控制和流量控制，把不可靠的物理链路变为可靠的链路。

2.1.3　MAC 子层功能

局域网在发展的过程中，出现了种类繁多的组网模式，其物理媒体接入控制的方法也各不相同。数据链路层中的 MAC 子层靠近物理层，作为连接网络媒体接口，利用 MAC 地址识别物理设备，需要和传输媒体协同通信。

MAC 子层在通信中的主要功能如下。

① 数据帧的封装和解封装。

② MAC 寻址和错误检测。

③ 传输介质管理，包括介质分配（避免碰撞）和竞争裁决（碰撞处理）。

除以上功能之外，MAC 子层还提供物理地址的识别功能。

在 IEEE 802 标准中，MAC 地址是网络设备进行唯一标识的硬件地址，记录在硬件的芯片中，因此 MAC 地址又被称为硬件地址或物理地址。

MAC 地址的长度为 48 位（即 6 字节），通常采用 16 进制书写表示，具体如下。

```
MM:MM:MM:SS:SS:SS 或 MM-MM-MM-SS-SS-SS
```

MAC 地址的前 24 位是网络设备厂家的标识，需要厂家向 IEEE 组织申请，叫组织唯一标识符（Organizationally Unique Identifier，OUI）；后 24 位是厂家生产设备的序列标识，如图 2-2 所示。因此出厂的网络设备中，全世界没有两个一模一样的 MAC 地址，MAC 地址可以唯一标识局域网中的一台终端或一个接口。

通常网络设备生产之后，MAC 地址就随设备记录在设备芯片组中，无论网络设备安装于何处，MAC 地址固定不变。

图 2-2　MAC 地址的结构

2.1.4　LLC 子层功能

LLC 子层位于 MAC 子层之上，主要控制信号交换和数据流量通信。LLC 子层向上层的网络层提供面向连接或者无连接的服务，解释上层网络层通信协议传来的命令，并给出响应，克服在传输过程中可能发生的种种问题，如数据发生错误，重复收到相同的数据，接收数据的顺序与传送的顺序不符等。

为了达到上述功能，LLC 子层提供服务访问点（Service Access Point，SAP），通过它可以简化数据转送处理过程。为了能够辨认出 LLC 子层通信协议间传送的数据属于谁，每一个 LLC 数据封装中都有目的服务访问点（Destination Service Access Point，DSAP）和源服务访问点（Source Service Access Point，SSAP），一对 DSAP 与 SSAP 之间即可形成通信连接。

2.1.5　局域网网络标准

局域网（LAN）的组网模式主要有 3 种类型，分别是以太网（Ethernet）、令牌环（Token Ring）、令牌总线（Token Bus），以及这 3 种网的骨干网——光纤分布数据接口（FDDI）。

它们遵循的都是 IEEE（美国电子电气工程师协会）组织制定的以 802 开头的 IEEE 802 协议标准。常用的 11 个与局域网有关的标准如下所示。

① IEEE 802.1——通用网络概念及网桥标准等。
② IEEE 802.2——逻辑链路控制标准等。
③ IEEE 802.3——CSMA/CD 访问方法及物理层规定。
④ IEEE 802.4——令牌总线结构、访问方法及物理层规定。
⑤ IEEE 802.5——Token Ring 访问方法及物理层规定等。
⑥ IEEE 802.6——城域网的访问方法及物理层规定。
⑦ IEEE 802.7——宽带局域网标准。
⑧ IEEE 802.8——光纤局域网（FDDI）标准。
⑨ IEEE 802.9—— ISDN 局域网标准。
⑩ IEEE 802.10——网络的安全。
⑪ IEEE 802.11——无线局域网标准。

2.2　以太网基础

2.2.1　以太网概述

以太网指由 Xero 公司创建，并由 Xero、Intel 和 DEC 公司联合开发的局域网标准，是众多局域网组网类型中应用最为广泛的一种，也是当今局域网组建中最通用的通信标准。

最初，以太网使用一根粗同轴电缆作为共享介质传输连接，长度可达到 2.5 km（每 500 米安装一个中继器）。在网络传输中，计算机采用广播的方式传输信息：无论哪一台主机发送数据，都需要把要传输的信息广播到公共信道上，所有主机都能够收到（也就是共享式以太网），但网络中只有一台计算机的网卡能识别信号，这种通信方式称为载波监听多路访问（Carrier Sense Multiple Access，CSMA）传输标准，如图 2-3 所示。

CSMA 标准的通信方式是所有设备都连到一条物理信道上，信道是以"多路访问"的方式传输，站点以帧的形式发送数据，帧的头部含有目的和源节点的 MAC 地址。帧在信道上以广播方式传输，所有连接在信道上的设备随时能检测到帧，当目的站点检测到目的 MAC 地址为本站地址时，就接收帧中所携带的数据，并给源站点返回一个响应信号，然后释放共享通道。

因此，就可能出现这样的情况：一台主机正在发送数据的时候，另一台主机也开始发送数据，或者两台主机同时开始发送数据，它们的数据信号就会在信道内碰撞在一起，称为碰撞。如图 2-4 所示为因为碰撞而形成干扰，造成原有的信号不能识别。

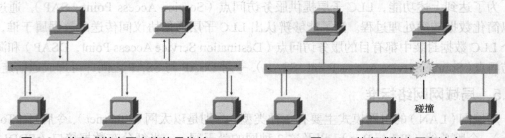

图 2-3　共享式以太网内的信号传输　　　　图 2-4　共享式以太网和冲突

为了解决以太网中多台计算机同时发送数据而产生的冲突，设计者让计算机在传输数据之前，先监听电缆上的信号，看是否有其他计算机也在传输。如果有，则计算机先等待一段随机时间后，再次开始尝试，直到该电缆空闲。这样做可以避免干扰现有传输任务，从而获得比较高的传输效率。这种在共享信道内解决冲突的方法，被称为带有冲突检测的载波监听多路访问（Carrier Sense Multiple Access/Collision Derect，CSMA/CD）。

2.2.2　以太网技术发展

以太网技术发展历史

Xero 公司开发的以太网技术规范获得巨大成功。1978 年，DEC 公司、Intel 公司和 Xero 公司拟定了针对 10Mbit/s 以太网的标准，称为 DIX 标准。经过两次修改以后，该标准在 1983 年变成 IEEE 802.3 协议簇中最主要的标准。

之后，以太网组网技术得到不断发展，传输电缆的技术也得以改进，特别是交换技术和其他网络通信技术的发展，都推动了以太网技术的发展，100 Mbit/s、吉比特，甚至太比特以太网技术标准都相继出台，下面分别予以介绍。

1. 10 BASE5

最早使用的粗同轴电缆以太网，称为 **10 BASE5**，其中，10 代表以 Mbit/s 为单位速度，BASE 代表使用基带传输，BASE 后面代表传输介质。此处"5"指电缆的最大长度（不使用中继器）。**10 BASE5** 的含义是运行在 10 Mbit/s 速率上、使用基带、支持的分段长度为 500 m。

2. 10 BASE2

使用细同轴电缆的以太网，由于细缆比粗缆更容易弯曲，因此使用 T 形接头也更可靠，造价低，容易安装。但细同轴电缆每一段的最大长度只有 185 m，每一网段只能容纳 30 台机器。

3. 10 BASE-T

由于使用同轴电缆，故障监测、电缆断裂、电缆超长、接头松动等故障都易造成网络瘫痪，就导致了星形拓扑结构的产生。星形拓扑结构网络中的所有节点都连接到集线器（HUB）上。因为使用双绞线，所以此种以太网也就被称为 **10 BASE-T**，T 代表双绞线。

4. 10 BASE-F

由于双绞线传输距离有限，所以 XERO 公司又开发出 **10 BASE-F** 以太网，F 代表光纤。使用光纤作为传输介质的成本很高，这种以太网具有良好的抗噪声性能和安全性（防窃听），传输距离也很远（上千米），适用于远距离之间的网络连接。

5. 100 BASE-T4

IEEE 802.3 组织委员会于 1995 年推出了 IEEE 802.3u 标准，即**快速以太网（Fast Ethernet）**标准。为了向后兼容以太网，该标准保留原来的帧格式、接口，和 10 BASE-T 一样使用集线器和交换机作为连接设备，传输介质除 3 类双绞线和光纤外，还增加 5 类双绞线。

使用 3 类双绞线的快速以太网称为 **100 BASE-T4**，使用 5 类双绞线的快速以太网被称为 100 BASE-TX，使用光纤的快速以太网则称为 **100 BASE-FX**，F 代表光纤。

6. 吉比特以太网（Gigabit Ethernet）

1998 年 6 月，IEEE 802.3 组织委员会推出了**吉比特以太网（Gigabit Ethernet）**规范 IEEE 802.3z。这时，以太网速度提升了 10 倍，且仍与现有的以太网标准保持兼容。

吉比特以太网工作在**全双工模式**，允许在两个方向上同时通信。所有线路都具有缓存能力，每台计算机或者交换机在任何时候都可以自由发送帧，不需要事先检测信道是否有别人正在使用，因为根本不可能发生竞争，冲突也就不存在。因此，全双工模式下，不需要使用 CSMA/CD 协议监控信号冲突，电缆长度由信号强度来决定。

吉比特以太网既支持双绞线，也支持光纤。运行于双绞线上的吉比特以太网称为 **1000 BASE-T**，运行于光纤网络上时，根据使用光纤规格的不同，有 **1000 BASE-SX**（多模光纤，最大段距离为 550 m）和 **1000 BASE-LX**（单模或者多模光纤，最大段距离为 5 000 m）两种。

7. 万兆以太网

2002 年 7 月，IEEE 通过万兆以太网标准 IEEE 802.3ae。万兆以太网开始仅采用全双工与光纤技术，同年 11 月，IEEE 就提出使用铜缆实现万兆以太网的建议，并成立专门的研究小组。

万兆以太网仍属于以太网家族，和其他以太网技术兼容，不需要修改现有以太网的 MAC 子层协议或帧格式，就能够与 10 Mbit/s/100 Mbit/s 或吉比特以太网无缝地集成在一起直接通信。万兆以太网技术适合于企业和运营商网络建立交换机到交换机的连接（如在园区网），或交换机与服务器之间互联（如数据中心）。

8. 太比特以太网

2007 年 IEEE 组织又提出 IEEE 802.3ba 技术标准，目标为设计 40 Gbit/s 或 100 Gbit/s 以太网规范。

以太网技术发展 30 多年以来，逐渐发展成为主流局域网建设的标准。以太网之所以有如此强大的生命力，和其本身具备的组网简单特征分不开。简单带来的网络组建可靠、廉价、易于维护等特性，使得在网络中增加新设备非常容易。另外以太网和 IP 协议能够很好配合，而这时 TCP/IP 标准也已经在以太网中得到广泛应用。

2.2.3　CSMA/CD 协议

在传统的以太网中，如何保证在共享传输介质的网络中有序、高效地传输信息，是以太网介质访问控制协议的 MAC 子层要解决的问题。以太网中使用 CSMA/CD 协议，采用争用介质访问方法，决定对传输信道的访问权协议，从而有效地解决了网络传输过程中冲突的发生。

CSMA/CD 的工作原理是发送数据前，先侦听信道是否空闲，若空闲，则立即发送数据；若信道忙碌，则等待一段时间，等待信道中的信息传输结束后，再发送数据；如在上一段信息发送结束后，同时有两个或两个以上的节点，都提出发送请求，则判定为冲突；若监听到冲突，则立即停止发送数据，等待一段时间，再重新尝试。

上述原理简单总结为先听后发，边发边听，冲突停发，随机延迟后重发。这里有 3 个关键技术术语的含义解释如下。

① 载波监听：发送节点在发送数据之前，监听传输介质（信道）是否处于空闲状态。

② 多路访问：具有两种含义，表示多个节点可以同时访问信道，也表示一个节点发送的数据可以被多个节点接收。

③ 冲突检测：发送节点在发出数据的同时，还必须监听信道，判断是否发生冲突（同一时刻，有无其他节点也在发送数据）。

2.2.4　以太网帧

在计算机网络中传输的信息是由 "0" 和 "1" 构成的二进制数据。一组相关的二进制数据组合成的信息称为帧（Frame）。帧是网络传输的最小单位，是数据链路层的数据单位。

当数据在网络层被封装成 IP 数据包，传输到数据链路层时，IP 数据包被加上帧头和帧尾，就构成了由数据链路层封装的以太网数据帧。虽然帧头和帧尾所用的字节固定不变，但根据被封装数据帧的大小的不同，以太网数据帧的长度也随之变化。

以太网帧的大小在一定范围内浮动，最大帧可达 1 518 字节，但最小帧不能小于 64 字节。在实际应用中，帧的大小由设备的最大传输单位（Maximum Transmission Unit，MTU）决定，即由设备每次能传输的最大字节数来确定。

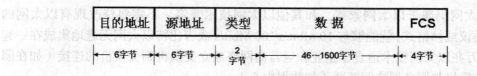

图 2-5　Ethernet II 标准的以太网帧结构

最常见的以太网帧结构是 Ethernet II 格式。该帧用 "类型/长度" 字段值来区分（即源地址的后 2 字节内容）。标准的 Ethernet II 以太网帧结构如图 2-5 所示，其中各个字段的意义如下。

① 目的地址：接收端的 MAC 地址，长度为 6 字节。

② 源地址：发送端的 MAC 地址，长度为 6 字节。

③ 类型：数据帧的类型（即上层协议的类型），长度为 2 字节。

④ 数据：被封装的 IP 数据包，长度为 46~1 500 字节。

⑤ 校验码：帧错误检验，长度为 4 字节。

2.2.5 以太网广播和冲突

1. 广播域

早期以太网使用网络共享介质传输，处于同一个网络中的所有设备，如果需要把信息传给另一台设备，就需把信息广播到共享介质上，以告知其他设备自己的存在。也就是说，广播信息会传播到网络中除自己之外的每一个端口，即使交换机、网桥也不能完全阻止广播。

当网络中的设备越来越多，广播占用的时间也会越来越多时，便会影响网络上正常信息的传输。轻则造成信息延时，重则造成整个网络堵塞、瘫痪，这就是广播风暴，如图 2-6 所示。

一般把网络中能接收任何一台设备发出的广播帧的所有设备的集合，称为**广播域**（**Broadcast Domain**）。广播域中的任何一个节点传输一个广播帧，则其他所有设备都能收到这个帧的广播信号，所以这些设备都被认为是该广播域的一部分。由于许多设备都极易产生广播，如果不维护，就会消耗大量的网络带宽，从而降低网络的传输效率。消除这个问题，必须由更高层的设备（如路由器）去解决。

广播网络指网络中所有的节点都可以收到传输的数据帧，不管该帧是否是发给这些节点。非目的节点的主机虽然收到该数据帧但不做处理。

2. 冲突域

在以太网传输中，如果网络上两台计算机同时通信，就会发生冲突。共享介质上所有节点在竞争同一带宽传输信息时，都会发生冲突。这个冲突范围就是**冲突域**（**Collision Domain**）。

处于冲突域里的某台设备在某个网段中发送数据帧，强迫该网段的其他设备注意这个帧。而在某一个相同时间里，不同设备尝试同时发送帧，那么将在这个网段导致冲突的发生。冲突会降低网络性能，冲突越多，网络传输效率会越低。如图 2-7 所示。

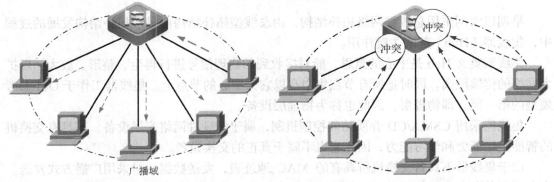

图 2-6 以太网帧广播和广播域   图 2-7 以太网帧冲突和冲突域

使用交换机可有效避免冲突，而集线器则不行。因为交换机可以利用物理地址表进行选路，交换机收到一个帧后，会查看帧中的目标地址，判断应从哪一个接口转送出去。它的每一个接口即为一个冲突域。而集线器由于不具有选路功能，只是将接收到的数据帧以广播的形式发出，极其容易产生广播风暴。它的所有接口为一个冲突域。

2.3 交换技术基础

为了适应网络应用深化带来的挑战，网络规模和速度都在急剧发展，传统共享式以太网由于采用单总线、共享介质传输，所以网络扩展性很差。对用户来说，需在降低成本的前提下，保证网络具有高可靠、易维护、易扩展性能。解决这个问题的思路是，通过减少每个网段上用户的数量，来消除网络中冲突和设备争用带宽的问题。基于这样思想，交换式以太网应运而生。

交换式局域网技术使用专用带宽，为用户所独享，极大地提高了局域网的传输效率。

2.3.1 什么是交换技术

交换技术是将用户发送来的数据，按一定规格，把数据分割为许多小段，即进行数据分组，在每个分组数据上增加标识，形成分组头。增加用以指明该分组数据被发送和接收的地址，后面还要增加控制信息。在一条物理线路上采用动态复用技术，同时传送多个数据分组。

交换设备把用户发来的数据，暂存在交换设备存储器内，按照地址在网内转发，当到达接收端时，再去掉分组头，将各数据字段按顺序重新装配成完整的报文。

从广义上讲，一般谈到交换，数据的转发都可以叫做交换。但是狭义第二层交换技术，仅包括数据链路层帧的转发，而狭义第三层交换技术，仅指网络层 IP 数据包交换。

2.3.2 二层交换设备

1. 集线器

集线器工作原理

早期以太网采用总线型网络拓扑结构，由总线型拓扑结构向星形拓扑结构发展的过程中，集线器（Hub）起着关键作用。

集线器英文 Hub 是中心的意思，能对接收到的物理信号进行再生、整形、放大，以扩大网络的传输距离，同时把所有节点集中在以它为中心的节点上。集线器工作于 OSI 参考模型的第一层，即物理层，因此也称为物理层设备。

集线器采用 CSMA/CD 介质访问控制机制，属于纯硬件网络底层设备，不具有交换机的智能记忆能力和学习能力，因此它也不属于真正的交换设备。

由于集线器不具备交换机所具有的 MAC 地址表，发送数据帧时采用广播方式发送。当它要向某节点发送数据帧时，不是直接把数据帧发送到目的节点，而是把数据帧广播到与集线器相连的所有节点上。这不仅占用带宽，而且造成的冲突现象也很多，使得网络传输效率低下，如图 2-8 所示。

2. 网桥

网桥（Bridge）是数据链路层设备，具有智能化功能，能识别信号中携带的 MAC 地址，因此能创建两个或多个 LAN 分段，其中，每一个分段都是一个独立冲突域。网桥将两个相似的网络连接起来，能解析接收到的数据帧信息，按帧中 MAC 地址对帧信号进行转发，过滤掉局域网中冗余的通信流，使得本地通信流保留在本地，而只转发属于其他局域网分段的通信流。

网桥会记录连接在网络中每一边设备的 MAC 地址，从而形成 MAC 地址表，然后基于这张 MAC 地址表作出转发决策。如图 2-9 所示，网络 A 和网络 B 通过网桥连接。网桥接收网络 A 发送的数据包，检查数据帧中的 MAC 地址，如果地址属于网络 A，它就将其放弃；如果地址属于网络 B，它就转发送给网络 B。这样利用网桥隔离网络，可以将同一个网络划分成多个网段。由于实现了网络分段，各网段相对独立，所以一个网段故障不会影响到另一个网段运行。

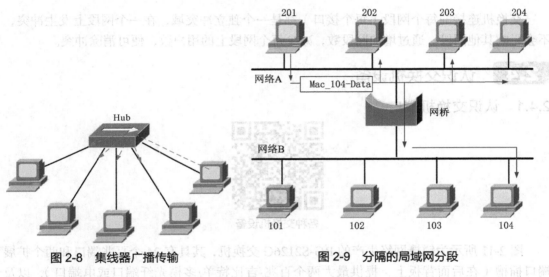

图 2-8　集线器广播传输　　　　　图 2-9　分隔的局域网分段

3. 交换机

交换机工作原理

普通交换机（Switch）也叫第二层交换机，或称为局域网交换机，用于替代集线器，以优化网络传输效率。像网桥一样，交换机也连接局域网分段，利用一张 MAC 地址表来转发数据帧，从而减少通信量，但交换机的处理速度比网桥要高得多。

与网桥相似，第二层交换机也是数据链路层设备，能把多个局域网分段，互联成更大的网络。交换机也基于 MAC 地址表信息对通信帧进行转发。由于交换机通过硬件芯片转发，所以交换速度要比网桥通过软件执行交换的速度快得多。交换机把每一个交换接口都当作一个微型网桥，从而为每一台主机提供全部带宽。连接在交换机的每一台主机都可以获得全部带宽，不必跟其他主机竞争可用带宽，所以不会发生冲突。图 2-10 所示的为一个网段被交换机分隔成的多个微分段。

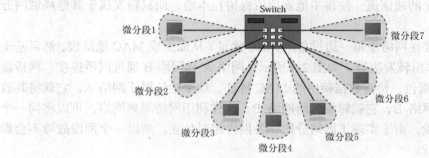

图 2-10　交换机分隔的微分段

交换机连接的每个网段（每个接口）都是一个独立冲突域，在一个网段上发生冲突，不会影响其他网段。通过增加网段数，减少每个网段上的用户数，便可消除冲突。

2.4　认识交换机设备

2.4.1　认识交换机端口

各种交换机设备

图 2-11 所示为锐捷网络生产的 RG-S2126G 交换机，其具有 24 个百兆端口和两个扩展端口插槽（在后面背板上，提供最大两个百兆/吉比特单/多模光纤端口或电端口），以及 Console 端口（控制口）。此外，还有一系列的 LED 指示灯。

图 2-11　锐捷 RG-S2126G 系列增强型安全智能交换机

交换机前面板以太接口编号由两部分组成，分别为插槽号和接口在插槽上的编号，默认前面板固化端口插槽编号为 0，接口编号为 3，则该接口标识为 Fa0/3。

交换机配置端口 Console 端口是一个特殊端口，是控制交换机设备的端口，能实现设备初始化或远程控制。连接 Console 端口需要专用配置线，连接至计算机的 COM 串口上，利用终端仿真程序（如 Windows 系统"超级终端"），进行本地配置。

交换机不配置电源开关，电源接通就启动。当交换机加电后，前面板 Power 指示灯点亮成绿色。前面板上多排指示灯是接口连接状态灯，代表所有接口的工作状态。

2.4.2　认识交换机组件

传统的交换机从网桥发展而来。交换机是一台简化、低价、高性能和高端口密集的网络互联设备，能基于目标 MAC 地址，智能化转发、传输信息。

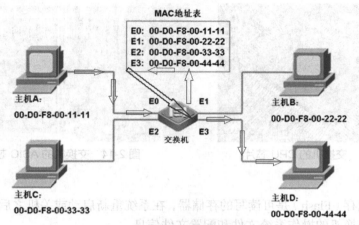

图 2-12　基于 MAC 地址交换机转发信息

如图 2-12 所示，交换机维护一张设备 MAC 地址和交换机接口的映射表。它对接收到所有帧进行检查，读取帧中的源 MAC 地址字段后，根据帧中的目的 MAC 地址，按照学习来的 MAC 地址表进行转发。每一帧都能独立地从源接口送至目的接口，避免了和其他接口发生碰撞，只有在地址表中没有查询到地址帧时，才转发给所有的接口。

交换机和集线器相比有很大差别。首先从 OSI 体系结构来看，集线器属于 OSI 模型中第一层物理层设备，而交换机属于 OSI 模型第二层数据链路层设备。集线器只能起信号放大和传输作用，不能对信号进行处理，在传输过程中容易出错。而交换机则具有智能化功能，除了拥有集线器所有的特性外，还具有自动寻址、交换、处理帧的功能。

以太网交换机和计算机一样也由硬件和软件系统组成。虽然不同交换机产品由不同硬件构成，但组成交换机的基本硬件一般都包括处理器（Central Processing Unit，CPU）、随机存储器（Random-Access Memory，RAM）、只读存储器（Read Only Memory image，ROM）、可读写存储器（Flash）、接口（Interface）等组件组成。

1．CPU 芯片

如图 2-13 所示，交换机的 CPU 主要控制和管理所有网络通信的运行，理论上可以执行任何网络功能，如执行生成树、路由协议、ARP 解析等。但在交换机中，CPU 应用通常没有那么频繁。因为大部分帧的交换和解封装均由一种叫做专用集成电路（Application Specific Intergrated Circuit，Asic）的专用硬件来完成。

2．ASIC 芯片

交换机的 ASIC 芯片，是连接 CPU 和前端接口的硬件集成电路，能并行转发数据，提供高性能的基于硬件的帧交换功能，主要提供对接口上接收到数据帧的解析、缓冲、拥塞避免、链路聚合、VLAN 标记、广播抑制等功能，如图 2-14 所示。

3. RAM

和计算机一样，交换机的随机存储器（RAM），在交换机启动时按需随意存取。RAM在断电时将丢失存储内容，主要用于存储交换机正在运行的程序。

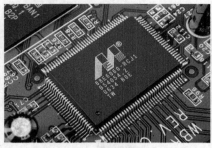
图 2-13　交换机的 CPU 芯片

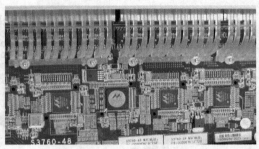
图 2-14　交换机的 ASIC 芯片

4. Flash

交换机的闪存（Flash）是可读写的存储器，在系统重新启动或关机之后仍能保存数据，一般用来保存交换机的操作系统文件和配置文件信息。

5. 交换机背板

交换机背板是交换机最重要的硬件组成，背板是交换机高密度端口之间的连接通道，类似 PC 中的主板。交换机背板带宽是交换机接口处理器或接口卡和数据总线间所能吞吐的最大数据量。背板带宽标志交换机总的数据交换能力，单位为 Gbit/s，也叫交换带宽。

6. RJ-45 接口

这是应用最广的接口类型，属于以太网接口类型。不仅能在基本 10 Base-T 以太网中使用，并且在主流 100 Base-TX 快速以太网和 1 000 Base-TX 吉比特以太网中也都得到广泛使用，如图 2-15 所示。

7. 光纤接口

光纤传输介质早在 100 Base 以太网中就开始采用，虽说具有百兆速率，但价格比双绞线高许多，所以在 100 Mbit/s 时代并没有得到广泛应用。从 1 000 Base 技术标准实施以来，光纤技术得以全面应用，各种光纤接口也层出不穷，且都通过模块形式出现，如图 2-16 所示。

图 2-15　RJ-45 接口

图 2-16　光纤接口

8. Console 端口

每台可管理的交换机上都有一个 Console 端口，用于对交换机进行配置和管理。通过 Console 端口和 PC 连接，配置交换机。Console 端口类型如图 2-17 所示，串行 Console 端口则如图 2-18 所示。它们都需要用专门的 Console 线连接至配置计算机的串行 COM 口，还需要配置连接的 PC，作为其仿真终端。

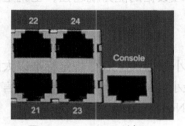 

图 2-17 Console 端口　　　　　　　　图 2-18 Console 端口

9. 交换机模块

交换机模块顾名思义，就是在原有板卡上预留出小槽位，为客户未来进行设备业务扩展预留接口。常见的物理模块类型可以分为以下几类：光模块（Gigabit Interface Converter，GBic）、电口模块、光转电模块、电转光模块。

其中，SFP 模块是 Small Form-Factor Pluggable 的缩写，为 GBIC 的升级版本。SFP 模块体积比 GBIC 模块少一半，在相同面板上多出一倍以上的端口数。SFP 模块的其他功能和 GBIC 相同，有些交换机厂商称 SFP 模块为小型化 GBIC。图 2-19 所示为扩展 RJ-45 以太接口的扩展模块和 SFP 模块。

图 2-19 扩展 RJ-45 以太接口的扩展模块和 SFP 模块

2.4.3 衡量交换机性能的参数

交换机的性能参数是用户衡量交换机用途、性能的重要参考依据。任何一个网络在施工前都必须经过严格的论证，论证的过程就包括网络拓扑的分析、设备功能的选型等环节。

交换机性能的参数是设备选型时的主要参考标准，通常从这些参数中就能了解该设备的主要性能。衡量交换机性能的参数有很多，但主要有以下几种。

1. 背板带宽

交换机的背板带宽是交换机接口处理器或接口卡和数据总线间所能吞吐的最大数据量。背板带宽标志着交换机的数据交换能力，单位为 Gbit/s，也叫交换带宽。

一般的交换机背板带宽从几 Gbit/s 到上百 Gbit/s 不等。一台交换机的背板带宽越高，所能处理数据的能力就越强，但同时设计成本也会越高。

2. 包转发率

包转发率是交换机转发数据包能力大小的标志，单位一般为 pps（包每秒）。一般交换机的包转发率在 10 Kpps~1 000 Mpps 不等。包转发速率指交换机能同时转发的数据包数量，体现了交换机的交换能力。

决定包转发率的一个重要指标就是交换机的背板带宽，背板带宽标志着交换机的总数据交换能力。一台交换机的背板带宽越高，所能处理数据的能力就越强，也就是包转发率越高。

3．线速交换

线速交换指理论上单位时间内发送 64 Bytes 最小数据帧（RFC 规定标准以太网帧尺寸在 64~1 518 字节之间）的个数，线缆中能流过的最小帧的个数。对网络设备而言，线速转发意味着无延迟地处理线速收到的帧，即无阻塞（Nonblocking）地交换。

4．支持 VLAN 数量

虚拟局域网（Virtual Local Area Network，VLAN）技术，是一种将局域网设备从逻辑上划分（注意，不是从物理上划分）成一个个网段（或者说是更小的局域网），从而实现虚拟工作组（单元）的数据交换技术。

一台交换机上支持的 VLAN 个数越多，所消耗的资源也越多，性能越优秀。

5．MAC 地址表

MAC 地址数量是指交换机 MAC 地址表中，可以存储 MAC 地址的最大数量。存储的 MAC 地址数量越多，那么数据转发的速度和效率也就就越高。

此外，交换机每个接口也需要足够的缓存记忆 MAC 地址，所以缓存（Buffer）容量大小也决定了交换机记忆 MAC 地址数的多少，越高档的交换机能记住 MAC 地址的数就越多。

除此之外，交换机是否支持堆叠，路由表的容量大小，背板支持的模块个数多少，插槽数量的多少等，都决定了交换机的性能和价格。

2.5 交换机工作原理

交换机工作在数据链路层，拥有一条很高带宽的背板总线和内部交换矩阵。

交换机的所有接口都挂接在这条背板总线上，前端/ASIC 芯片控制电路收到数据帧以后，会查找内存中的 MAC 地址对照表，确定目的 MAC 地址连接在哪个接口上，通过内部交换矩阵，迅速将数据帧传送到目的接口；若目的 MAC 地址不存在，则广播到其他所有的接口。

2.5.1 交换机基本功能

交换机连接的每个网段（每个接口）都是一个独立的冲突域，相应网段上发生的冲突不会影响其他网段。通过增加网段数，减少每个网段上的用户数，可减少网络内部冲突，从而优化网络的传输环境。

第二层交换机通过源 MAC 地址表，来获悉与特定接口相连的设备的地址，并根据目的 MAC 地址来决定如何处理这个帧。交换机的主要功能如下。

1．智能学习

交换机通过查看接收到的每个帧的源 MAC 地址，来学习每个接口上连接设备的 MAC 地址。建立地址到接口的映射关系，存储在被称为 MAC 地址表的数据库中，从而学习到整个网络布局。

2. 过滤式转发

收到帧后，交换机通过查找 MAC 地址表，确定通过哪个接口可以到达目的地。如果在 MAC 地址表中找到目标地址，则将该帧转发到相应接口；如果没有找到，则将帧广播到除入站接口外的所有接口。

3. 消除网络环路

当网络中有多条路径冗余相连形成环路时，网络中的环路会导致帧在物理网络循环传输，直到耗尽网络带宽。在一个交换网络中，必须防止帧在多条路径之间不断传输，交换机通过默认开启生成树协议（Spanning Tree Protocol，STP）可避免产生环路；同时通过冗余路径形成环路以增强网络的健壮性。

2.5.2　交换机地址学习和转发策略

MAC 地址表形成过程

交换机通过以太网帧的源地址确定设备位置。交换机通过学习、更新和维护一张 MAC 地址表，根据这张表决定将收到的信息帧转发到哪个接口上。

1. 地址学习

交换机中的初始 MAC 地址表都为空。初始化之前，交换机不知道主机连接的是哪个接口。交换机收到帧后，数据帧广播到除了发送接口之外的所有接口，称为泛洪。

如图 2-20 所示，主机 A 要给主机 C 发送数据帧，帧源地址是主机 A 的 MAC 地址00-D0-F8-00-11-11，目的地址是主机 C 的 MAC 地址 00-D0-F8-00-33-33。初始的 MAC 地址表为空，所以交换机收到该帧的处理方法是把帧从 E1、E2、E3 这 3 个接口广播出去。

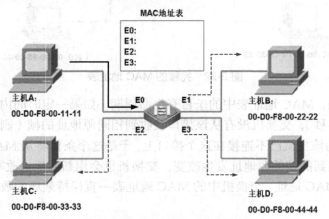

图 2-20　初始的 MAC 地址表

同时，交换机通过解析帧获得这个帧的源地址，将该 MAC 地址和发送接口建立起映射关系，记录在 MAC 地址表中。至此交换机就学习到主机 A 位于接口 E0，如图 2-21 所示。

网段上的其余主机通过广播也收到这个帧，但会丢弃该帧，只有目的主机 C 响应这个帧，并按照要求返回响应帧。该帧的目的 MAC 地址为主机 A 的 MAC 地址。

返回的响应帧到达交换机后，由于这个目的 MAC 地址已经记录在 MAC 地址表中，交换机就按照表中对应的接口 E0 转发出去。同时，交换机通过解析响应帧，学习到帧的源 MAC 地址（主机 C 的 MAC 地址），把其和接口 E2 建立关系，记录在 MAC 地址表中。

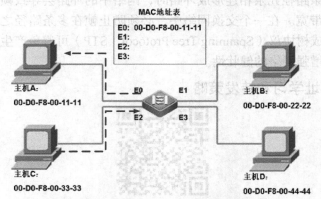

图 2-21　在 MAC 地址表中添加地址

随着网络中主机不断发送帧，这个学习过程也不断进行下去。最终，交换机得到一张整个网络完整的 MAC 地址表，将被用于进行转发和过滤决策，如图 2-22 所示。

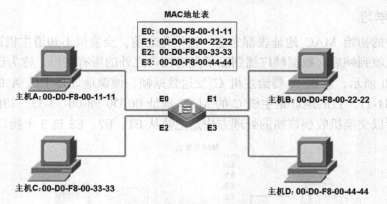

图 2-22　完整的 MAC 地址表

需要注意的是，MAC 地址表中的条目有生命周期。如果一定时间内（交换机 MAC 地址老化时间为 300 秒），交换机没有从该接口接收到相同源地址的帧（刷新 MAC 地址表记录），交换机会认为该主机已不连接在这个接口上，于是这个条目将从 MAC 地址表中移除。

如果该接口收到的帧的源地址发生改变，交换机也会用新源地址改写 MAC 地址表中的该接口对应的 MAC 地址。交换机中的 MAC 地址表一直保持最新的数据，以提供更准确的转发依据。

2．过滤式转发决策

交换机收到目标 MAC 地址后，将按照记录在 MAC 地址表的映射信息，将接收到的帧从相应接口转发出去。

如图 2-23 所示，主机 A 再次将一个帧发送给主机 C。主机的网卡首先封装数据帧：帧头+MAC-C+MAC-A+Data+校验位。

该帧传输到交换机上时，交换机的 ASIC 芯片解析帧，由于目标 MAC 地址（主机 C 的 MAC 地址为 00-D0-F8-00-33-33）记录在 MAC 地址表中，交换机按照查找到的 MAC 地址，将帧从相应接口转发出去。

主机 A 向主机 C 发送帧的过程可以描述如下。

① 交换机将帧的目的 MAC 地址和 MAC 地址表中的条目比较。

② 发现帧可通过接口 E2 到达目的主机，便将帧从该接口转发出去。

通过交换机 MAC 地址表的过滤，交换机不再将该帧广播到接口 E1 和 E3。这就减少了网络中的传输流量，优化了带宽，这种操作被称为帧过滤。

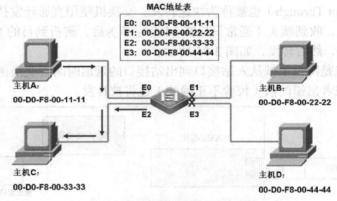

图 2-23　交换机的转发/过滤决策

如果交换机接口连接的是一台集线器，下面还有多台主机与集线器相连，当交换机学习到这些主机的地址后，在这些主机之间传输的帧，交换机也会将它们转发到连接的集线器接口，如图 2-24 所示。

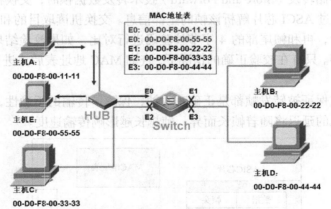

图 2-24　交换机接口连接多台主机

2.5.3 交换机帧转发方式

MAC 地址查找

交换机收到帧后，必须根据 MAC 地址表中的映射信息，将帧从合适的接口转发出去。交换机在接口之间传递帧的方式被称为转发模式或交换模式，主要的转发模式有 3 种，分别为直通转发、存储转发和无碎片直通转发。

1. 直通转发

直通转发（Cut Through）也被称为快速转发。交换机使用直通转发技术转发帧时，交换机的 ASIC 芯片，收到帧头（通常只检查 14 个字节）后，解析到目的 MAC 地址，立刻查询 MAC 地址表，然后转发，如图 2-25 所示。

该技术的优点是降低了帧从入站接口到出站接口的延迟时间，交换速度较快。该技术的缺点是碎片帧或者出错的帧（校验不正确的）也将被转发。

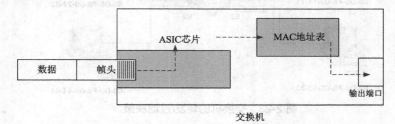

图 2-25 交换机的直通转发

2. 存储转发

交换机使用存储转发（Store and Forward）技术转发数据帧时，交换机需要在收到完整的数据帧之后，通过 ASCI 芯片解析该帧的全部信息。交换机读取目的和源 MAC 地址，执行循环冗余校验后，再和帧尾部的 4 字节校验码进行对比，如果校验结果不正确，则该帧为错误帧将被丢弃。只有在校验正确的情况下，查询 MAC 地址表后才进行转发，如图 2-26 所示。

存储转发方式保证被转发帧都是正确有效帧，保障了传输的正确性，但增加了转发延时。帧穿过交换机的延迟将随着帧长而异，帧越长越影响传输速度。

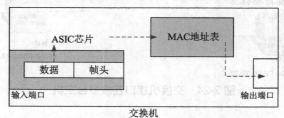

图 2-26 交换机的存储转发

存储转发是使用最为广泛的技术之一。虽然它处理帧的延迟时间比较长，但它能对进入交换机的数据帧进行错误检测，支持不同速度的输入、输出接口间数据的交换。比如，需要把数据从 10Mbit/s 接口传送到 100 Mbit/s 接口时，使用缓存保存低速接口的数据帧，然后再以 100Mbit/s 速度发送数据帧。

3. 无碎片直通转发

无碎片直通转发（Fragment Free Cut Through）也被称为分段过滤。这种转发方式介于前两种方式之间。交换机使用无碎片直通转发技术转发数据帧时，交换机需要读取前 64 个字节后才开始转发，如图 2-27 所示。

因为按照以太网传输规则，网络冲突通常在前 64 个字节内发生。通过读取帧的前 64 个字节，交换机能够过滤掉大部分由于冲突产生的帧碎片。不过校验不正确的帧依然会被转发。

该方式的数据处理速度比存储转发方式快，但比直通式慢。由于能够避免部分残帧的转发，所以，此方式被广泛应用于低档交换机中。

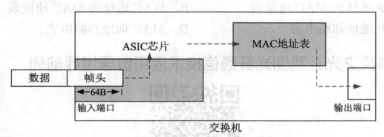

图 2-27　交换机无碎片直通转发

2.6　认证测试

以下每道选择题中，都有一个正确答案或者是最优答案，请选择出正确答案。

1. 网桥处理的是（　　　）。
   A. 脉冲信号　　　　　B. MAC 帧　　　　　C. IP 包　　　　　D. ATM 包

2. Ethernet Hub 的介质访问协议为（　　　）。
   A. CSMA/CA　　　B. Token-Bus　　　C. CSMA/CD　　　D. Token-Ring

3. （　　　）是正确的 MAC 地址书写格式。
   A. 00-06-5B-4F-45-BA　　　　　　B. 192.168.1.55
   C. 65-10-96-58-16　　　　　　　　D. 00-16-5B-4A-34-2H

4. MAC 地址的另一个名字是（　　　）。
   A. 二进制地址　　　B. 八进制地址　　　C. 物理地址　　　D. TCP/IP 地址

5. 交换机的硬件组成部分不包括（　　　）。
   A. Flash　　　　　B. NVRAM　　　　　C. RAM　　　　　D. ROM

6. 当交换机处在初始状态下时，连接在交换机上的主机间的通信采用（　　　）方式。
   A. 单播　　　　　　B. 广播　　　　　C. 组播　　　　　D. 不能通信

7. 多台主机连接 Hub 时，主机间发送数据遵循（　　　）工作机制。
   A. CDMA/CD　　　B. CSMA/CD　　　C. IP　　　　　D. TCP

8. 交换机的作用不包括（　　　　）。

    A. 可以解决局域网的长度问题

    B. 可以完全隔离不必要的流量

    C. 可以隔离网络的某一部分，提高安全性

    D. 可以防止单个节点故障影响整个网络

9. LLC 子层的功能是（　　　　）。

    A. 数据帧的封装和解封装

    B. 控制信号交换和数据流量

    C. 介质的管理

    D. 解释上层通信协议传来的命令并且产生响应

    E. 克服数据在传送过程中可能发生的种种问题

10. 交换机依据（　　　　）决定如何转发数据帧。

    A. IP 地址和 MAC 地址表　　　　　　B. MAC 地址和 MAC 地址表

    C. IP 地址和路由表　　　　　　　　　D. MAC 地址和路由表

2.7 科技之光：我国光纤通信技术应用位居世界前列

【扫码阅读】我国光纤通信技术应用位居世界前列

第 3 章 配置交换机设备

【本章背景】

晓明在中山大学网络中心网络管理员岗位工作半年多的时间后，初步适应了网络中心的日常网络管理工作，对校园网络的具体应用有了一定熟悉，同时也对网络中心安装的许多网络设备有了进一步了解。

晓明想更进一步熟悉网络互联设备功能，希望像陈工程师一样，能熟练配置网络中心的这些设备。网络中心的陈工程师在了解到晓明的想法后，列出了以下需要晓明学习的关于配置交换机的基本知识内容。

本章知识发生在以下网络场景中。

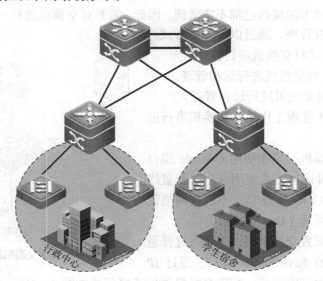

【学习目标】

◆ 交换机的访问方式

◆ 通过带外方式管理交换机

◆ 使用命令行方式管理交换机

◆ 了解配置交换机的管理方式

◆ 了解交换机文件系统的管理

◆ 掌握交换机的基础配置

◆ 配置交换机的安全登录

◆ 配置交换机系统升级

集线器使用广播方式传输信息，连接在集线器上的任何一台设备都会收到通过集线器传输的广播信号，因此使用集线器连接网络容易形成广播风暴，设备越多，冲突也就越多。使用交换机替代集线器，由于交换机按照 MAC 地址表传输信息，可以把一个大冲突域，分隔成多个小冲突域，减少网络冲突，从而提升网络传输效率。此外，网络管理员通过配置和管理智能化的交换机操作系统，更能优化网络传输环境。

3.1 启动交换机

集线器工作原理

和集线器一样，交换机可以不经过任何配置，在加电后直接在局域网内使用。不过这样浪费了可管理型交换机提供的智能网络管理功能，局域网内传输效率的优化，安全性、网络稳定性与可靠性等的提高也都不能实现。因此，需要对交换机进行一定的配置和管理。

对交换机的配置管理，通过以下 4 种方式进行。

① 通过带外方式对交换机进行管理。

② 通过 Telnet 对交换机进行远程管理。

③ 通过 Web 对交换机进行远程管理。

④ 通过 SNMP 管理工作站对交换机进行远程管理。

第一次配置交换机，只能使用 Console 端口来配置交换机。这种配置方式使用专用的配置线缆，连接交换机的 Console 端口，不占用网络带宽，因此称为带外管理（Out of band）。

其他 3 种方式配置交换机时，均要通过普通网线，连接交换机的 Fastethernet 接口，通过 IP 地址实现，因此称为带内方式。配置交换机硬件连接环境如图 3-1 所示。

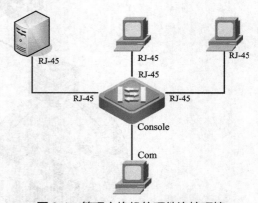

图 3-1　管理交换机的硬件连接环境

1. 通过带外方式管理交换机

不同类型交换机的 Console 端口所处位置不同，但该端口都有 Console 字样标识，如图 3-2 所示。利用交换机附带的 Console 线缆，如图 3-3 所示，将交换机的 Console 端口与配置主机的串口连接。

图 3-2　交换机上的 Console 端口

图 3-3　交换机配置线缆

　　早期的 Windows 操作系统提供超级终端程序配置交换机，后来为了安全考虑，从 Windows 7 系统开始微软官方不提供超级终端软件。用户可使用第三方程序 SecureCRT 工具配置交换机。

　　在 Windows 系统桌面上用鼠标右键单击"此电脑"图标，选择"管理"命令，打开设备管理器，查看 console 口所在的 COM 口，当 USB 转接口正常工作后会出现对应的 COM 接口，如图 3-4（a）所示。

　　打开 CRT 软件，新建一个会话向导，在 SecureCRT 软件选择 Serial 口。打开图 3-4（b）所示的对话框，设置"端口"为 COM6，"波特率"为 9600。需要注意：配置串口信息时，不要勾选"RTS/CTS"。设置好通信参数后，单击"下一步"按钮即可进入到设备命令行界面。

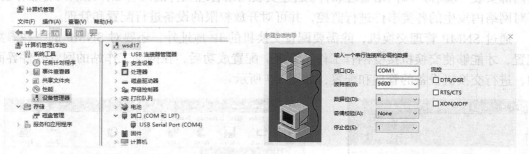

（a）在设备管理器中确定 COM 编号　　　　　（b）配置 secureCRT 串口信息

图 3-4　设置通信参数

2. 通过 Telnet 方式管理交换机

　　通过 Console 端口对交换机进行初始化配置：配置交换机管理 IP 地址、特权密码、用户账号等，开启 Telnet 服务后，就可以通过网络以 Telnet 远程方式登录，远程配置管理交换机。Telnet 协议是一种远程访问协议，用它可登录远程计算机、网络设备。

　　Windows 系统自带 Telnet 连接工具，使用方法是"开始"→"运行"→输入"CMD"命令，转到 DOS 命令行界面，输入"telnet IP"命令，如图 3-5（a）、（b）所示。在系统确认密码、权限登录成功后，即可利用 DOS 命令界面配置管理交换机。

（a）通过 Windows 的 Telnet 工具连接　　　（b）Telnet 远程登录到交换机

图 3-5　通过 Telnet 方式管理交换机

3. 通过 Web 方式管理交换机

　　通过 Web 方式管理交换机，就像访问 Internet 上的网站一样，在浏览器中直接输入交换机的管理地址，在交换机和 PC 间实现人机交互界面管理交换机。

　　在浏览器地址栏中输入管理交换机的地址，弹出身份验证对话框，输入账号密码，即可进入交换机管理界面，如图 3-6 所示。

通过 Web 界面，可以对交换机的许多参数进行修改和设置，并可查看交换机的运行状态。不过，在利用 Web 浏览器访问交换机之前，需要配置交换机的管理 IP 地址，拥有管理权限和密码，并开启 HTTP 服务。

4. 通过 SNMP 方式管理交换机

简单网络管理协议（Simple Network Manager Protocol，SNMP），适合对网络环境整体监控。利用 SNMP，网络管理员可以对网络中的所有节点，进行信息查询、网络配置、故障定位、容量规划等操作。

目前，大部分网管交换机都支持 SNMP。通过 SNMP 应用程序管理交换机，需要在网络内部安装一套客户端网络管理软件。通过安装网络管理软件的网管工作站或网管服务器，可对网络内发生的各类事件进行监控，并可对开放权限的设备进行配置和管理。

通过 SNMP 管理交换机，除需要配置交换机的 IP 地址外，还要对 SNMP 的一些参数配置，才能够使交换机接受网管工作站管理。配置成功后，在网管工作站的网管软件界面内，进行交换机设备的管理和配置，如图 3-7 所示。

图 3-6　通过 Web 方式访问交换机

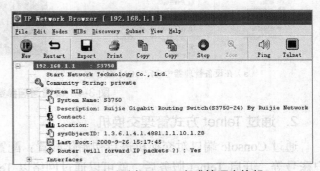

图 3-7　通过 SNMP 方式管理交换机

3.2　交换机命令行界面

交换机工作原理

1. 命令模式

交换机的配置管理界面可分成若干模式，根据配置管理功能不同，网络交换机可分为 3 种工作模式，分别为用户模式、特权模式及配置模式（全局模式、接口模式、VLAN 模式、线程模式等）。

当用户和设备建立一个会话连接时，首先处于用户模式。在用户模式下，只可以使用少量命令，相应命令的功能也受到限制。

若要使用更多配置命令，则必须进入特权模式。在特权模式下，用户可使用更多的特权命令。

由此进入全局配置模式。此时，需使用配置模式（全局配置模式、接口配置模式等）命令。如用户保存配置信息，这些命令将被保存下来，并在系统重启时，对当前运行的配置产生影响。

表 3-1 列出了各种命令模式、访问每种模式的方法及每种命令模式的提示符。

表 3-1 交换机的各种命令管理模式

用户模式		提示符	示例
特权模式		Switch#	Switch>enable
配 置 模 式	全局模式	Switch(config)#	Switch#configure terminal
	VLAN 模式	Switch(config-vlan)#	Switch(config)#vlan 100
	接口模式	Switch(config-if)#	Switch(config)#interface fa0/0
	线程模式	Switch(config-line)#	Switch(config)#line console 0

下面对每一种工作模式，进行详细解释和说明。

（1）用户模式

访问交换机时首先进入的模式，使用该模式进行基本测试、显示系统信息。

（2）特权模式

在用户模式下，使用 "enable" 命令进入该模式。

（3）全局配置模式

在特权模式下，使用 "configure" 或 "configure terminal" 命令进入该模式。要返回到特权模式，输入 "exit" 命令或 "end" 命令，或者输入 "Ctrl+Z" 组合键退出。

（4）接口配置模式

在全局配置模式下，使用 "interface" 命令进入该模式，使用该模式配置接口参数。

（5）VLAN 配置模式

在全局配置模式下，使用 "vlan" 命令进入该模式，可以配置 VLAN 参数。

2．获得帮助

用户在命令提示符下输入 "?"，可以列出每条命令模式支持的所有命令。

用户也可以列出相同开头字母的命令的关键字字符串，或者每个命令的参数信息。当然，用户还可以使用 "TAB" 键，以便自动补齐剩余命令，详细的使用方法如表 3-2 所示。

表 3-2 配置交换机获得帮助的方法

命令	说明
Help	在任何命令模式下，获得帮助系统的摘要描述信息
命令字符串+?	获得相同开头字母的命令的关键字字符串，格式如下。 Switch# di? dir disable

命令	说明
命令字符串+"Tab"键	使命令关键字完整，格式如下。 Switch# show conf \<Tab> Switch# show configuration
?	列出该命令的下一个关联关键字，格式如下。 Switch# show ?
命令 ？	列出该关键字关联的下一个变量，格式如下。 Switch(config)# snmp-server community ? WORD SNMP community string

3．简写命令

为简化操作，可以使用简写命令，即只需要输入命令的一部分字符，能唯一识别该命令的关键字即可。如"show running-config"命令，可以简写成如下样式。

```
Switch# show run
```

如果输入的命令字符不足以让系统唯一标识，则系统给出"Ambiguous command:"错误提示。

如要查看"access-lists"命令信息，按如下格式输入，则系统认为输入不完整。

```
Switch# show access
%  Ambiguous command: "show access"
```

4．使用命令"no"和"default"选项

所有配置管理的命令都有"no"功能选项。使用"no"命令选项，禁止设备某项功能，执行与该命令相反的操作，相关实例代码如下。

```
Switch#configure terminal
Switch(config)#interface fastethernet 0/4
Switch(config-if)#shutdown          ! 使用 shutdown 命令关闭接口
Switch(config-if)#no shutdown       ! 使用 no shutdown 命令打开接口
```

配置命令大多有"default"选项，该选项将命令设置恢复为默认值。在许多情况下，"default"选项作用和"no"选项相同，如上述"shutdown"命令。

5．理解错误提示信息

表 3-3 列出了使用配置管理设备时，命令行界面（Commmand-Line Interface，CLI）的几个常见的错误提示信息。

表 3-3 常见的 CLI 错误信息

错误信息	含义	如何获取帮助
% Ambiguous command: "show c"	用户没有输入足够字符，网络设备无法识别唯一命令	重新输入命令和发生歧义的单词后，输入一个问号，可能的关键字将被显示出来
% Incomplete command.	用户没有输入该命令必需的关键字或变量参数	重新输入命令后，输入空格，再输入问号，可能的关键字或变量参数将被显示出来
% Invalid input detected at '^' marker.	用户输入命令错误，符号"^"指明产生错误的位置	在命令模式提示符下输入一个问号后，该模式允许命令关键字显示出来

6. 使用历史命令

交换机系统可提供最近输入命令的记录，从历史命令记录中重新调用输入过的命令，相关操作及执行结果如表 3-4 所示。

表 3-4　使用历史命令

操作	结果
"Ctrl+P"组合键或上方向键	在历史命令表中浏览前一条命令。从最近一条记录开始，重复使用该操作可以查询更早的记录
"Ctrl+N"组合键或下方向键	使用"Ctrl+N"组合键或下方向键操作之后，使用历史命令表中后一条命令。重复使用该操作可以查询更近记录

3.3　交换机基础配置

交换机的基本配置

使用 Console 线缆，将交换机的 Console 端口和计算机上的 Com1 端口连接，如图 3-8 所示。再给交换机插上电源，启动计算机超级终端程序，正确配置好参数。交换机的初始化启动信息会显示在超级终端屏幕上，如交换机的型号、操作系统版本和相关交换机硬件参数。

图 3-8　配置交换机控制台特权密码

交换机成功引导之后，将进入初始配置。使用"**enable**"命令进入特权模式后，再使用"**configure terminal**"命令进入全局配置模式，就可以开始配置。

1. 配置主机名

配置交换机名称，帮助管理者区分网络内每一台交换机的命令如下。

```
Switch>                         ！普通用户模式
Switch>enable                   ！进入特权模式
Switch# configure terminal      ！进入全局配置模式
Switch(config)# hostname  S2628G ！设置网络设备名称
S2628G (config)#                ！名称已经修改
```

交换机名称长度不能超过 255 个字符。在全局配置模式下使用"**no hostname**"命令，可将系统名称恢复为默认值。

2．设置系统时间

执行表 3-5 所示操作，设置网络设备的时钟。设备时钟将以设置时间为准一直运行下去，即使设备断电，网络设备时钟仍能继续运行。所以设备时钟设置一次后，原则上不再设置，除非需要修正设备时间。

表 3-5　使用系统时钟

命令	作用
Switch# clock set hh:mm:ss month day year	设置系统的日期和时钟

如把系统时间改成"2013-1-30，05:54:43"的设置方法如下。

```
Switch# clock set 05:54:43 1 30 2013      ！设置系统时间和日期
Switch# show clock                        ！查看修改系统时间
…… ……
```

3．配置每日提示信息

执行表 3-6 所示的操作，配置用户每天登录网络设备时，系统可以告诉用户一些必要信息。通过设置标题（Banner）实现每日通知和登录标题。

① 每日通知：针对所有连接到网络设备的用户，当用户登录设备时，将通知消息显示在终端上。利用每日通知可以发送一些较为紧迫的消息（如系统即将关闭等）给网络用户。

② 登录标题：显示在每日通知之后，提供一些常规登录提示信息。默认情况下，每日通知和登录标题均未设置。

表 3-6　设置系统提示信息

命令	作用
Switch(config)# banner motd & message &	设置每日通知（Message of the Day）文本。"&"表示分界符，这个分界符可以是任何字符，如"&"字符。 输入分界符"&"后，按"回车"键，就可以输入文本，再键入分界符"&"，按"回车"键，就可以结束文本输入。需要注意的是，通知信息文本中不能出现分界符"&"，文本长度不能超过 255 个字节

下面是配置一个每日通知，使用"#"作为分界符的例子。

每日通知信息为"Notice: system will shutdown on July 6th."，配置如下。

```
Switch(config)# banner motd  #                          ！开始分界符
Enter TEXT message.    End with the character '#'.
Notice: system will shutdown on July 6th.#              ！结束分界符
Switch(config)#
```

在全局配置模式下，使用"no banner motd"命令，可删除配置每日通知。

4．配置交换机端口速度

快速以太网交换机端口速度，默认为 100 Mbit/s，全双工。在网络管理工作中，在交换机端口配置模式下，可使用如下命令来设置交换机端口速度。

```
Switch# configure terminal
Switch(config)#interface  fastethernet 0/3      ! Fa0/3 的端口模式
Switch(config-if)#speed  10                      ! 配置端口速度为 10Mbit/s
! 端口速度参数有 100（100Mbit/s）、10（10Mbit/s）、auto（自适应），默认是 auto
Switch(config-if)#duplex  half                   ! 配置端口的双工模式为半双工
! 双工模式有 full （全双工）、half（半双工）、auto（自适应），默认是 auto
Switch(config-if)#no shutdown                    ! 开启该端口，转发数据
```

5. 配置管理 IP 地址

二层接口不能配置 IP 地址，但可以给交换虚拟接口（Switch Virtual Interface，SVI）配置 IP 地址，作为该交换机的管理地址，管理员通过该管理地址管理设备。默认交换虚拟接口 VLAN 1 是交换机管理中心，交换机所有的接口都默认归属此下。给 VLAN 1 配置的地址可连通到所有接口，相当于给该台交换机配置了一个 IP 地址。

二层交换机的管理 IP 地址只能有一个生效。使用以下命令来配置交换机管理 IP 地址。

```
Switch> enable
Switch# configure terminal
Switch (config) # interface vlan 1              ! 打开 VLAN 1 交换机管理中心
Switch (config-if) # ip address 192.168.1.1 255.255.255.0
                                                ! 给该台交换机配置一个管理地址
Switch (config-if) # no shutdown
Switch (config-if)#end
```

6. 查看并保存配置

在特权模式下，使用 "**show running-config**" 命令，查看当前生效的配置。如果需要对配置进行保存，可以使用 "write" 命令保存配置。

```
Switch#show version             ! 查看交换机的系统版本信息
…… ……
Switch#show running-config      ! 查看交换机的配置文件信息
…… ……
Switch#show vlan 1              ! 查看交换机的管理中心信息
…… ……
Switch#show interfaces fa0/1    ! 查看交换机的 Fa0/1 端口信息
…… ……
```

使用以下命令，来保存交换机的配置文件信息。

```
Switch # write memory
```
或者：
```
Switch # write
```
或者：
```
Switch# copy running-config startup-config
```

7. 设置系统重启

如果遭遇交换机系统死机，可以使用 "reload" 命令立即重启设备，还原系统配置文件

信息。

在特权模式下直接键入"reload"命令，来重启系统。

```
Switch # reload      ! 重启系统
```

在特权模式下，执行表 3-7 所示的操作，删除已设置的重启计划。

表 3-7　设置系统重启信息

命令	作用
Switch# reload cancel	设置系统重新启动

3.4　配置交换机的安全登录

1. 配置特权模式密码

通过如下命令格式，配置登录交换机控制台的特权密码。

```
Switch(config)# enable secret [level level] 0|5 encrypted-password
```

设置安全口令加密算法，将口令加密为密文保存，需注意以下几点。

① 关键参数"0"：表示输入一个明文口令。

② 关键参数"5"：表示输入一个已经加密的口令。

③ 参数"level"：表示用户级别（可选），其范围从 1~15，其中，"1"是普通用户级别，如果不指明用户的级别，则默认为 15 级（最高授权级别）。

以下命令可配置交换机的特权密码。

```
Switch >enable
Switch # configure terminal
Switch(config)# enable secret level 15 0 star
! "15"表示口令适用特权级别
! "0"表示输入明文形式口令，"1"表示输入密文形式口令
```

2. 配置 Telnet 远程登录

除通过 Console 端口管理设备外，还可以使用 Telnet 程序，通过交换机 RJ-45 端口实现远程连接，使用远程登录方式管理交换机设备，如图 3-9 所示。如果以 Telnet 方式远程配置交换机，则需要提前开启交换机 Telnet 服务的相关配置。

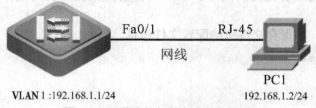

图 3-9　配置交换机控制台特权密码

系统默认交换机上 Telnet 服务是开启的，如果没有开启，则使用下面命令开启。

```
Switch(config)# enable service telnet-server
```

通过在可网管交换机上建立一个 Telnet 连接，对 Telnet 连接进行参数设置，可同时开

启多条远程连接。在全局配置模式下，用 "**line vty**" 命令配置进入交换机的线程数。

```
Switch (config)#line vty 0 4                    ! 启动 4 条线程
```

另外，Telnet 远程登录认证功能，默认是关闭的。可通过交换机本地密码（enable secret level 1 密码）进行验证，配置密码的命令如下。

```
Switch(config)# enable secret level 1 0|5 encrypted-password
```

如下是配置交换机远程登录密码的几个步骤。

（1）配置交换机远程登录地址

交换机的管理 IP 地址一般加载在交换机的管理中心 VLAN 1 上，也可以给其他 VLAN 配置合适的管理地址，相关代码如下。

```
Switch >enable
Switch # configure terminal
Switch (config)#vlan 10
Switch (config)#interface vlan 10              ! 配置远程登录交换机的管理地址
Switch (config-if)#ip address 192.168.10.1 255.255.255.0
Switch (config-if)#no shutdown
```

（2）配置交换机的登录密码

```
Switch # configure terminal
Switch(config)#enable secret level 1 0 star    ! 配置远程登录密码
Switch (config)#enable secret level 15 0 star  ! 配置进入特权模式的密码
! "level 1" 表示口令所适用的特权级别，"0" 表示输入的是明文形式口令
```

（3）启动交换机的远程登录线程密码

```
Switch # configure terminal
Switch (config)#line vty 0 4                    ! 启动 4 条线程
Switch (config-if)#password Switch             ! 配置线程密码
Switch (config-if)#login                        ! 激活线程
```

3. Telnet 远程登录应用

为保护网络安全，需要给交换机配置远程登录密码，以禁止非授权用户的访问，方便管理员通过远程方式管理交换机。

如图 3-9 所示，通过网线连接到交换机网口（Fastethernet），另一端连接到配置计算机网卡口，配置计算机和交换机管理 VLAN 具有相同的网络 IP 地址，实现网络联通。

在网络联通情况下，实现交换机的远程登录管理。

通过如下命令格式，配置交换机远程登录服务，开启交换机远程登录管理功能。

```
Switch >enable
Switch # configure terminal
Switch (config)#interface vlan 1               ! 配置远程登录交换机的管理地址
Switch (config-if)#ip address 192.168.1.1 255.255.255.0
Switch (config-if)#no shutdown
Switch (config-if)#exit
```

```
Switch(config)#enable secret level 1 0 star      ! 配置远程登录密码
Switch (config)#enable secret level 15 0 star    ! 配置进入特权模式的密码

Switch (config)#line vty 0 4                      ! 启动线程
Switch (config-if)#password Switch               ! 配置线程密码
Switch (config-if)#login                          ! 激活线程
```

3.5 配置交换机系统升级

交换机系统升级维护是指，在命令行界面下，进行主程序或者 CTRL 程序的升级，或者文件的上传和下载操作。配置交换机系统升级通常有两种手段：一种是使用简单文件传输协议（Trivial File Transfer Protocol，TFTP），通过网口进行升级；另一种是使用异步文件传输协议（Xmodem Protocol），通过串口进行升级。

3.5.1 通过 TFTP 传输文件

一种是从主机端下载文件到设备，另一种是从设备上传文件到主机端。

1. 下载文件到本地

在 CLI 命令模式下，按如下步骤完成文件下载。

下载前，首先在本地主机端打开 TFTP Server 软件，选定要下载文件所在的目录，再登录到设备，在特权模式下使用以下命令下载文件。如果没有指明文件位置，则需单独输入 TFTP Server 的 IP 地址。

```
Switch# copy tftp: //location/filename  flash: filename
! 下载主机端 URL 指定文件 filename 到设备
```

2. 上传文件到交换机

在 CLI 命令模式下，按如下步骤完成文件上传。

上传前，首先在本地主机端打开 TFTP Server 软件，在主机端选定要上传文件所在的目录，而后在特权模式下使用以下命令上传文件。

```
Switch# copy flash: filename tftp: //location/filename
! 从设备端上传文件到主机端指定目录下，可重设文件名
```

3.5.2 通过 Xmodem 协议传输文件

通过 Xmodem 协议传输文件，可以通过两种方式完成：一种是从主机端下载文件到设备，另一种是从设备上传文件到主机端。

1. 下载文件到本地

在 CLI 命令模式下，按如下步骤完成文件下载。

下载前，首先通过 Windows 超级终端登录设备的带外管理界面；然后在特权模式下使用以下命令下载文件，其相关的操作命令如下所示。

```
Switch# copy xmodem flash:filename
! 从主机端下载文件到设备端并命名为 filename
```

而后在本地机 Windows 超级终端中，选择"传送"菜单中的"发送文件"功能，如图 3-10 所示。

在弹出的对话框的文件名中，选择本地主机要下载的文件，协议选择"Xmodem"，单击"发送"按钮，则 Windows 超级终端上会显示发送的进度以及数据包，如图 3-11 所示。

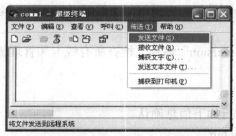
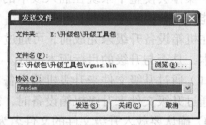

图 3-10　"传送"菜单中的"发送文件"功能　　图 3-11　通过"Xmodem"协议发送文件

2. 上传文件到交换机

在 CLI 命令模式下，按如下步骤完成文件上传。

上传前，首先，通过 Windows 超级终端登录到设备带外管理界面，在特权模式下使用以下命令上传文件。

```
Switch# copy flash:filename xmodem
! 从设备端上传文件 filename 到主机端
```

然后，在本地机 Windows 超级终端中，选择"传送"菜单中的"接收文件"功能，如图 3-12 所示。

最后，在弹出的对话框中选择上传文件的存储位置，接收协议选择"Xmodem"，单击"接收"按钮，如图 3-13 所示，超级终端会进一步提示用户本地存储文件名称，单击"确认"按钮后开始接收文件。

图 3-12　完成文件上传　　　　　　图 3-13　通过"Xmodem"接收文件

3.5.3　升级交换机系统

不论是盒式交换机，还是机箱式交换机，都可以使用上述 TFTP 或 Xmodem 协议，将升级文件传输到设备上。传输成功后，重新启动设备，升级文件会自动完成当前系统的检测和升级，这个过程不需要人工干预和介入。

升级文件在盒式设备和机箱设备上升级的过程有所不同，主要有以下几方面。

① 盒式设备升级只完成自己单板系统升级操作，升级完毕，系统自动复位，机器再次启动正常运行。

② 机箱设备包含管理板、线卡及多业务卡，要通过一个升级文件完成整套系统升级。待管理板端升级完毕，系统复位。机器再次启动时，版本自动同步功能会启动起来，完成线卡和多业务卡系统升级。

任何时候，升级机箱设备主管理板，都会同时升级管理板，从而保持版本一致性。升级线卡操作会使整个系统在插入线卡的同时得到升级。在升级结束提示前，不可断电，否则可能导致升级程序丢失。

在机箱设备升级未完成前，可通过"show version"命令，检查所有线卡和管理板的软件版本，是否与升级的目标版本一致。

（1）通过升级文件来升级机箱设备

通过升级文件来升级机箱设备时，需要进行如下信息确认。

① 确认要载入升级文件的文件名为"rgos.bin"。

② 使用上述"copy"命令，将此文件下载到设备上。

如果设备上存在管理板，则需要等待管理板主程序升级成功，成功时将有以下提示。

```
Upgrade Slave CM MAIN successful!! Upgrade CM MAIN successful!!
```

接下来，执行以下系统升级操作。

① 执行一次整机复位操作。

② 系统再次启动后，升级文件会开始运行，将会看到类似以下提示。

```
Installing is in process ......
Do not restart your machine before finish !!!!!!
......
```

③ 在升级操作完成后，将会看到类似以下提示。

```
Installing process finished ......
Restart machine operation is permitted now !!!!!!
```

④ 升级文件运行完毕后，系统会自动复位，出现以下提示。

```
System restarting, for reason 'Upgrade product !
```

⑤ 系统再次启动后，管理板整个系统会完成升级，然后加载管理板单板升级文件，出现以下提示。

```
System load main program from install package ......
```

直接从升级文件中加载管理板的主程序。

⑥ 主程序正常运行后，自动升级功能就会启动，会看到以下提示。

```
A new card is found in slot [1].
System is doing version synchronization checking ...... Current software version in slot [1] is synchronous.
System needn't to do version synchronization for this card ......
```

或者以下提示。

```
System is doing version synchronization checking ...... Card in slot [3] need to do version synchronization ......
Version synchronization begain ......
Keep power on, don't draw out the card and don't restart your machine before
```

```
finished !!!!!!
    Transmission is OK, now, card in slot [3] need restart ... Software
installation of card in slot [3] is in process ......
    !!!!!!!!!!!!!!!!!!!!!!!!!!!!!!!!!!!!!!!!!!!!!!!!!!!!!!!!!!!!!!
    !!!!!!!!!!!!!!!!!!!!!!!!!!!!!!!!!!!!!!!!!!!!!!!!!!!!!!!!!!!!!!
    !!!!!!!!!!!!!!!!!!!!!!!!!!
Software installation of card in slot [3] has finished successfully ......
The version synchronization of card in slot [3] get finished successfully.
```

上述两种情况中，一种表示线卡版本已经同步，不需要再次自动升级，另一种表示线卡版本还需要自动升级，然后做升级操作。

系统会依次对每一个模块完成上述操作。系统完成所有模块版本一致检查和升级操作后，系统便可正常工作。

需要注意的是，在升级或者自动升级过程中，会有不允许重启的提示。一旦出现类似提示，请务必不要断电或者复位系统，也不要随便插拔其他模块。

（2）通过升级文件来升级盒式设备

盒式设备的升级，只需要完成上述步骤①~步骤⑥，系统自行复位后，盒式设备就会正常运行。

3.6　认证测试

以下每道选择题中，都有一个正确答案或者是最优答案，请选择出正确答案。

1. 下面的（　　）提示符表示交换机现在处于特权模式。

  A. Switch>   B. Switch#

  C. Switch（config）#   D. Switch（config-if）#

2. 在第一次配置一台新交换机时，只能通过（　　）的方式进行。

  A. 控制口连接进行配置   B. Telnet 连接进行配置

  C. Web 连接进行配置   D. SNMP 连接进行配置

3. 要在一个接口上配置 IP 地址和子网掩码，正确的命令是（　　）。

  A. "Switch（config）#ip address 192.168.1.1"

  B. "Switch（config-if）#ip address 192.168.1.1"

  C. "Switch（config-if）#ip address 192.168.1.1 255.255.255.0"

  D. "Switch（config-if）#ip address 192.168.1.1 netmask 255.255.255.0"

4. 为（　　）接口配置 IP 地址，以便管理员可以通过网络连接交换机进行管理。

  A. Fa0/1   B. Console   C. Line vty 0   D. VLAN 1

5. 在交换机中，启动配置文件保存在（　　）存储器中。

  A. DRAM   B. Flash Memory   C. NVRAM   D. ROM

6. MAC 地址表是交换机转发网络中数据的依据，在交换机中，查看交换机 MAC 地址表的命令是（　　）。

  A. "show mac-port-table"   B. "show mac-address-table"

C. "show address-table"   D. "show L2-table"

7. 要将交换机配置更改保存到 Flash Memory，应该执行（   ）命令。

A. "Switch # copy running-config flash"

B. "Switch（config）# copy running-config flash"

C. "Switch # copy running-config startup-config"

D. "Switch（config）# copy running-config startup-config"

E. "Switch # copy startup-config running-config"

F. "Switch（config）# copy startup-config running-config"

8. （   ）命令不能将交换机当前运行的配置参数保存。

A. "write"   B. "copy run star"

C. "write memory"   D. "copy VLAN flash"

9. 下列配置方式中，不是配置交换机采用的方法的是（   ）。

A. Console 线命令行方式   B. Console 线菜单方式

C. Telnet   D. Aux 方式远程拨入

E. Web 方式

10. （   ）命令可将交换机的登录密码配置为 "star"。

A. "enable secret level 1 0 star"   B. "enable password star"

C. "set password star"   D. "login star"

3.7 科技之光：我国交换机生产量位列全球首位

【扫码阅读】我国交换机生产量位列全球首位

第 4 章 虚拟局域网

【本章背景】

晓明在中山大学网络中心工作一段时间后，经常听到有人反映学校的网络速度太慢，学生宿舍的网络内部有很多干扰，经常掉线，有学生越权访问教务处的网络并篡改了服务器中的数据，ARP 病毒在校园网络中到处传播等。

晓明把相关信息整理出来，提交给网络中心的陈工程师看，想和陈工程师讨论下，产生这些网络应用障碍的原因是什么。如何来改变目前的这些网络现状，优化校园网的环境。

网络中心的陈工程师在看了晓明的调查报告后表示，校园网要经过一次大的改造，才能更加优化。然后，在纸上列出了需要晓明学习的知识内容。

本章知识发生在以下网络场景中。

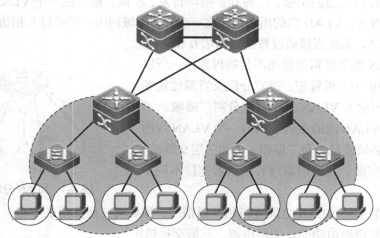

VLAN 10　VLAN 20　VLAN 10　VLAN 20　VLAN 10　VLAN 20　VLAN 10　VLAN 20

【学习目标】

- ◆ 掌握配置交换机 VLAN 的方法
- ◆ 掌握配置交换机干道技术的方法
- ◆ 掌握实现交换机 VLAN 之间通信的方法

随着信息化技术的发展，局域网的应用范围越来越广泛。但由于局域网内使用广播传输的工作机制，随着局域网内的主机数量日益增多，网络内部大量的广播和冲突带来的带宽浪费、安全等问题，变得越来越突出。

为了解决局域网内部广播和安全的问题，行之有效的方法之一就是使用三层网络设备，将网络改造成由三层设备连接的多个子网，隔离广播和冲突域，但这会改造企业的网络架构，增加企业网设备的投入成本。在三层交换技术发展初期，还有一种行之有效的解决方案，就是在现有的二层架构网络基础上，采用虚拟局域网（Virtual Local Area Network，VLAN）技术进行改造。

4.1 VLAN 概述

交换式局域网络技术，从结构上说是一种平面网络。使用交换机可以很容易地将系统互联起来，组建企业内部网络，但企业内部网络如果规划成平面网络，明显存在着很多不足，如广播通信问题、安全问题、本地管理问题等。因此，虚拟局域网技术被引入到按照平面交换网络设计的企业网中，可以将平面广播分割成多个子广播域，形成树形结构，构建早期子网模型。

4.1.1 VLAN 技术概述

VLAN 技术是利用二层交换设备，把一个平面的局域网逻辑地而不是物理地划分成一个个子网段的技术，也就是把一个物理网络划分出多个逻辑网络。一个 VLAN 可组成一个逻辑子网，形成一个逻辑广播域，并且允许处于不同地理位置的网络用户加入到一个逻辑子网中。VLAN 技术分隔出的逻辑子网有着和普通物理网络同样的属性。

一个 VLAN 内二层的单播、广播和多播帧转发、扩散，都只在一个 VLAN 内，而不会进入其他 VLAN 中。VLAN 内的用户就像在一个真实局域网内一样可以互相访问，但不同的 VLAN 内的用户，无法直接通过数据链路层互相访问。

由于 VLAN 基于逻辑连接而不是物理连接，所以它提供灵活的用户/主机管理、带宽分配及资源优化等服务。图 4-1 所示为 VLAN 从逻辑上分割广播域。

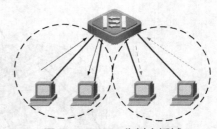

如果一台 VLAN 内的主机想同另一个 VLAN 内的主机通信，则必须通过一台三层设备（如三层交换机、路由器）才能实现，其通信原理和路由器连接不同子网的原理一样。

图 4-1　VLAN 分割广播域

当网络中的不同 VLAN 之间进行相互通信时，需要有三层路由的支持。这时需要增加三层路由设备实现路由功能，如路由器、三层交换机。

4.1.2 VLAN 的用途

同一个 VLAN 中的计算机之间的通信就好像在同一台交换机上一样，同一个 VLAN 中的广播，只有 VLAN 内的成员才能听到，不会传输到其他 VLAN 中。VLAN 技术可以有效地控制局域网内不必要的广播扩散，提高网络内的带宽资源利用率，减少主机接收不必要的广播所带来的资源浪费。

在企业网络中，由于地理位置和部门不同，对网络中的数据和资源，有不同的访问权限要求。如在企业网中，财务部和人事部网络中的数据不允许其他部门人员监听截取，以提高网络内部数据的安全性。但在普通二层设备上，由于无法实现广播隔离容易造成安全隐患。可利用交换机的 VLAN 技术，限制不同工作部门用户的二层互访。图 4-2 所示为企业内部网络通过 VLAN 技术实现不同部门的安全隔离。

此外，VLAN 的划分还可以依据网络中用户的组织结构，形成一个个虚拟工作组，网络中的工作组可以突破地理位置限制，完全根据管理功能划分。这种基于工作组的组网模式，大大提高了网络管理功能。图 4-3 所示为使用 VLAN 技术构造与物理位置无关的逻辑子网络，并按照企业组织结构划分出虚拟工作组的工作模式。

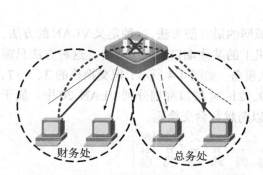

图 4-2　VLAN 实现不同部门的安全隔离

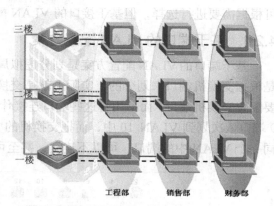

图 4-3　与物理位置无关的 VLAN

通过 VLAN 技术构造的虚拟局域网，若没有三层路由设备，则不同 VLAN 之间不能相互通信。通过配置 VLAN 之间的三层路由技术，可实现企业内部不同部门之间的信息互访，从而实现部门之间的网络安全访问需求。

4.1.3　VLAN 的优点

1. 限制广播

根据交换机转发原理，如果一个数据帧找不到从哪个接口转发，交换机就会将该帧向所有接口发送，形成数据帧泛洪，带来极大的网络干扰。VLAN 技术能够限制广播，减少干扰，将数据帧限制在一个 VLAN 内传输，不会影响其他 VLAN，在一定程度上节省了带宽。

2. 安全

二层网络配置 VLAN 技术后，一个 VLAN 内的广播帧，不会发送到另一个 VLAN 中，能够确保该 VLAN 中的信息不会被其他 VLAN 窃听，从而实现信息安全传输。

3. 虚拟工作组，减少移动和改变

虚拟工作组的目标是建立一个动态网络组织环境。如从一个办公地点换到另一个办公地点，部门没有改变，仅仅位置发生改变，此时使用 VLAN 技术，无须改变物理位置就能实现网络动态管理。网络动态管理能减少移动和改变网络架构代价，也就是说，当一个用户从一个位置移动到另一个位置时，网络属性不需要重新配置。这种动态管理网络给网络管理带来极大好处，一个用户无论在哪里，都能不做任何修改地接入网络。

4.2　定义 VLAN 的方法

定义 VLAN 的方法有很多种，常见的包括以下几种。

① 基于端口划分 VLAN。

② 基于 MAC 地址划分 VLAN。

③ 基于网络层划分 VLAN。

④ 基于 IP 组播划分 VLAN。

不同的 VLAN 定义方法适用于不同的场合，不同的 VLAN 配置方案都有各自的优缺点，可根据需要进行选择，但基于接口的 VLAN 配置方案应用范围最为广泛。

4.2.1 基于端口的 VLAN 配置方案

基于端口的 VLAN 配置方案是划分虚拟局域网的最方便方法，这种定义 VLAN 的方法，是根据交换机端口来划分的，实际上就是交换机上的某些端口形成了集合。这种方法只需要配置交换机端口，而不用管这些端口连接什么设备。如图 4-4 所示，把交换机的 3、5、7、9 端口依次划到 VLAN 10 中，而把交换机的 19、21~24 端口都划分到 VLAN 20 中。属于同一个 VLAN 中的端口，可以不连续，甚至可以跨越数台交换机。

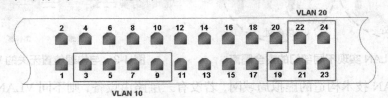

图 4-4　基于接口的 VLAN 配置方案

4.2.2 基于 MAC 地址的 VLAN 配置方案

基于 MAC 地址划分 VLAN 的方法，是根据每台主机 MAC 地址来划分的，即每个 MAC 地址属于一个 VLAN。

这种划分 VLAN 的方法的优点是，当用户的物理位置移动时，即从一台交换机切换到其他交换机时，VLAN 不用重新配置。

基于 MAC 地址划分 VLAN 的缺点是，当设备初始化时，所有主机的 MAC 地址都必须被记录下来，然后才能划分 VLAN，如果有几百个甚至上千个用户，配置工作量巨大，那么这种划分方法也会导致交换机的执行效率降低，因为在每一个交换机接口中，都可能存在多个 VLAN 组成员，这样就无法限制广播包的数量。

4.2.3 基于网络层的 VLAN 配置方案

基于网络层划分 VLAN 的方法，是根据每台主机的网络地址或协议类型（如果支持多协议）进行划分的。

这种方法的优点是，用户的物理位置改变时，不需要重新配置所属 VLAN，而且还可以根据协议类型来划分 VLAN。基于网络层划分 VLAN，不需要附加帧标签来识别 VLAN，这样可以减少网络通信量。

这种方法的缺点是效率低，因为交换机要检查每一个数据包的网络地址，非常费时（相对于前面两种方法），一般交换机芯片都可以自动检查网络上的以太网帧头，但要让芯片能检查 IP 包头，需要设备具有更高的性能。

4.2.4 基于 IP 组播的 VLAN 配置方案

IP 组播实际上也是一种 VLAN 定义方法，即认为一个组播组就是一个 VLAN。

这种划分 VLAN 的方法，可把 VLAN 配置延伸到广域网，具有更大的灵活性，但这种配置方案需要通过三层路由进行扩展，和直接使用三层设备子网技术相比，繁琐而且效率不高。

4.3　配置基于接口的 VLAN

根据接口划分是目前定义 VLAN 的最广泛方法，这种方法只要将接口定义一次就可以。它的缺点是，如果某个 VLAN 中的用户离开原来的接口，移到一个新的接口时必须重新定义，如图 4-5 所示。

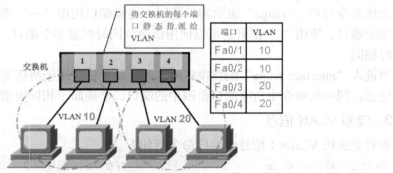

图 4-5　交换机按端口划分 VLAN

1. 创建 VLAN

如图 4-5 所示，在特权模式下，使用"VLAN"命令进入 VLAN 配置模式，创建或者修改一个 VLAN。

```
Switch#configure terminal
Switch(config)#vlan 10                    ! 启用 VLAN 10
Switch(config-vlan)#name test1            ! 把 VLAN 10 命名为 test1
Switch(config-vlan)#exit
Switch(config)#vlan 20                    ! 启用 VLAN 20
Switch(config-vlan)#name test2            ! 把 VLAN 20 命名为 test2
Switch(config-vlan)# exit
```

上述命令行中，VLAN_ID 的数字范围是 1~4094，其中，VLAN 1 是系统默认存在的管理中心，且不能被删除。

"name"命令可为 VLAN 取一个指定名称，如果没有配置名称，则交换机自动为该 VLAN 起一个默认名字，格式为"VLAN xxxx"，如"VLAN 0004"就是 VLAN 4 的默认名字。

如果想把 VLAN 的名字改回默认，输入"no name"命令即可。

2. 分配接口给 VLAN

在特权模式下，利用命令"**interface** *interface-id*"，可将一个接口分配给一个 VLAN，如将交换机的 Fa0/1 端口指定到 VLAN 10 的命令如下。

```
Switch#configure terminal
Switch(config)# interface fastEthernet 0/1     ! 打开交换机的端口 1
Switch(config-if)# switchport access vlan 10   ! 把该接口分配到 VLAN 10 中
```

```
Switch(config-if)#no shutdown
Switch(config-if)#end
```

如果有大量端口要加入同一个 VLAN，可以使用 "**interface range {*port-range*}**" 命令，批量设置端口。

```
Switch(config)#interface range fastEthernet 0/2-8, 0/10
                                          ！打开交换机接口 2—8，以及 10
Switch(config-if)# switchport access vlan 10   ！把该接口分配到 VLAN 10 中
Switch(config-if)#no shutdown
```

上述命令行中，"range" 表示端口范围，连续端口用由 "—" 连接起止编号，单个、不连续的端口，使用 "," 隔开。可以使用该命令同时配置多个端口，配置属性和配置单个端口时相同。

当进入 "interface range" 配置模式时，此时设置将应用于所选范围内的所有端口。

注意：同一条命令中所有端口范围中的端口，必须属于相同类型。

3. 查看 VLAN 信息

查看交换机 VLAN 1 信息内容的命令行如下。

```
Switch #show vlan                       ！查看 VLAN 配置信息
…… ……
```

如果需要保存 VLAN 配置，可以用 "write" 命令或 "copy" 命令。

也可以使用如下命令查看端口信息，来检查配置是否正确。

```
Switch#show interfaces fastEthernet 0/1  switchport
…… ……
```

4. 删除 VLAN 信息

在特权模式下，使用 "**no vlan *vlan-id***" 命令，可删除配置好的 VLAN。

```
Switch#configure terminal
Switch(config)#no  vlan 10             ！删除 VLAN 10
```

所有交换机默认都有一个 VLAN 1，VLAN 1 是交换机管理中心。在默认情况下，交换机所有的端口都属于 VLAN 1 管理，VLAN 1 不可以被删除。

在一台交换机上添加 VLAN 10、VLAN 20、VLAN 30 这 3 个 VLAN，并 VLAN 10、VLAN 20 分别命名为 gongcheng、caiwu，其命令行如下。

```
Switch#configure terminal
Switch(config)#vlan 10
Switch(config-vlan)#name gongcheng

Switch(config-vlan)#vlan 20
Switch(config-vlan)#name caiwu
Switch(config-vlan)#exit

Switch(config)#vlan 30
Switch(config-vlan)#exit
```

```
Switch#show vlan 10
...... ......

Switch#show vlan 20
...... ......

Switch#show vlan 30
...... ......

Switch#show vlan
...... ......
```

如图 4-6 所示，将端口 1~10 和端口 15~20，增加到刚建立的 VLAN 10 和 VLAN 20 中，命令行如下。

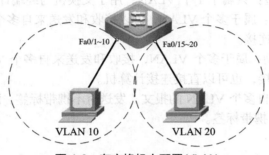

图 4-6 在交换机上配置 VLAN

```
Switch#configure terminal
Switch(config)#interface fastEthernet 0/1
Switch(config-if)#switchport access vlan 10
Switch(config-if)#exit

Switch(config)#interface range fastEthernet 0/2-10
Switch(config-if-range)#switchport access vlan 10
Switch(config-if-range)#exit

Switch(config)#interface range fastEthernet 0/15-20
Switch(config-if-range)#switchport access vlan 20
Switch(config-if-range)#exit

Switch#show vlan 10
...... ......
Switch#show vlan 20
......
Switch#show vlan 30
...... ......
Switch#show vlan
...... ......
```

下列命令行演示了在刚才的例子中删除 VLAN 20 的过程。

```
Switch#configure terminal
Switch(config)#no vlan 20
Switch(config)#exit
```

4.4 VLAN 干道技术

交换机上的二层端口称为 Switch Port，由单个物理端口构成，具有二层交换功能。该接口类型是 Access 端口（UnTagged 接口），即接入端口，用来接入计算机设备。但不是所有的交换机端口都用来连接计算机，如图 4-7 所示。根据端口应用功能的不同，交换机支持的以太网端口链路类型有 3 种。

① Access 端口类型：只属于 1 个 VLAN，用于交换机与终端计算机之间的连接。

② Trunk 端口类型：属于多个 VLAN，可以接收和发送来自多个 VLAN 的报文，用于交换机与交换机之间的连接。

③ Hybrid 端口类型：属于多个 VLAN，接收和发送来自多个 VLAN 的报文。用于交换机与交换机之间的连接，也可以直接连接计算机。

Hybrid 端口允许来自多个 VLAN 的报文，发送时不携带标签，而 Trunk 端口只允许发送默认 VLAN 报文时不携带标签。

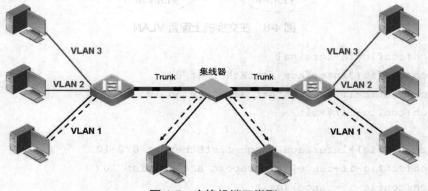

图 4-7　交换机端口类型

4.4.1　Access 端口

默认情况下，Access 端口用来接入终端设备，如 PC、服务器等。交换机的所有端口默认都是 Access 端口，Access 端口只属于一个 VLAN。

Trunk 端口在收到数据帧时，会判断是否携带有 VLAN ID 号，如果没有，则打上 VLAN ID 号，再进行交换转发，接收端的 Trunk 端口在收到数据帧时，先将数据帧中的 VLAN ID 号剥离，再发送出去。

如图 4-8 所示，由于交换机的 Fa0/1 端口属于 VLAN 10，所以所有属于 VLAN 10 的数据帧，会被

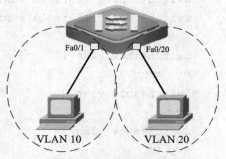

图 4-8　Access 接入端口

交换机中的 ASIC 芯片转发到 Fa0/1 端口上。由于交换机的 Fa0/1 端口属于 Access 端口类型，所以当发往 VLAN 10 的数据帧通过这个端口时，可以转发给 VLAN 10 中的所有计算机，但其他 VLAN 不能收到这个广播。

4.4.2 Trunk 端口

Access 端口只属于一个 VLAN，而 Trunk 端口则属于多个 VLAN，通常用来连接骨干交换机之间的端口，Trunk 端口将传输所有 VLAN 中的帧。为了减轻网络中的设备负荷，减少带宽的浪费，可通过设置 VLAN 许可列表，限制 Trunk 端口只传输指定的 VLAN 帧。

Trunk 端口可实现分布在多台交换机中的同一个 VLAN 内成员的相互通信。如图 4-9 所示，如果一个 VLAN 内的部分成员分布在不同的交换机上，则它们之间相互通信时，需要在每个 VLAN 内都连接一条链路，这必然会造成交换机端口的极大消耗，Trunk 端口可以避免这种浪费。

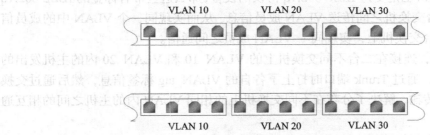

图 4-9 跨越多台交换机的同 VLAN 内的通信

4.4.3 干道协议

IEEE 802.1q 原理

由于同一个 VLAN 的成员可能会跨越多台交换机进行连接，而多个不同 VLAN 的数据帧，都需要通过连接交换机上的同一条链路进行传输，这样就要求跨越交换机的数据帧，必须封装上一个特殊标签，以声明它属于哪一个 VLAN，方便转发传输。

为了让同一部门的 VLAN 能够分布在多台交换机上，实现同一 VLAN 中的成员之间相互通信，就需要采用干道端口技术将两台交换机连接起来。如图 4-10 所示，Trunk 主干链路是连接不同交换机的一条骨干链路，可同时承载来自多个 VLAN 的数据帧信息。

干道协议——IEEE 802.1q，为标识带有 VLAN 成员信息的帧建立了一种标准，是解决 Trunk 干道端口实现多个 VLAN 通信的方法。干道 IEEE 802.1q 协议完成以上功能的关键在于在帧中添加标签（Tag）。通过在交换机上配置指定端口为 Trunk 端口，为每一个通过该端口上的数据帧增加和拆除 VLAN 的标签信息。

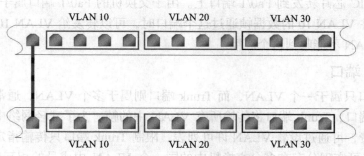

图 4-10　使用 Trunk 主干链路

配置了 IEEE 802.1q 协议的干道端口，可以传输带标签帧或无标签帧。IEEE 802.1q 协议把一个包含 VLAN 标签（Tag）的字段，插入到以太网数据帧中，形成新的 IEEE 802.1q 数据帧。如果对端端口也是支持 IEEE 802.1q 协议的设备，那么这些带有标签的 IEEE 802.1q 数据帧，可以在多台交换机之间传送 VLAN 成员信息，从而实现同一个 VLAN 中的成员信息，可以分布在多台交换机上，实现同一 VLAN 成员之间通信。

如图 4-11 所示，连接在二台不同交换机上的 VLAN 10 和 VLAN 20 内的主机发出的 IEEE 802.3 数据帧，通过 Trunk 端口时打上了各自的 VLAN_tag 标签信息，然后通过交换机之间的骨干链路传输，解决了分布在不同交换机上的相同 VLAN 内的主机之间的相互通信问题。

干道端口技术也很好地解决了同一 VLAN 内的成员位置分散的问题，干道端口技术使得一条物理线路可以传送多个不同 VLAN 的数据，如图 4-11 所示。

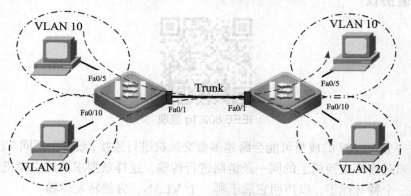

图 4-11　Trunk 主干链路实现通信

IEEE 组织规划的 IEEE 802.1q 协议，为交换机之间的 Trunk 端口提供了技术支持。

每一台支持 IEEE 802.1q 协议的交换机设备，在转发数据帧时，都在原来的以太网 IEEE 802.3 数据帧的源 MAC 地址后，增加一个 4 字节的 IEEE 802.1q 帧头信息，之后再接上原来的以太网数据帧，形成新的 IEEE 802.1q 帧，如图 4-12 所示。

增加的 4 字节包含两个字节的标签协议标识（Tag Protocol Identifier，TPID），它的值是 0x8100，和两个字节的标签控制信息（Tag Control Information，TCI）。其中，TPID 是 IEEE 定义的新类型，表明这是 IEEE 802.1q 的标签数据帧，图 4-13 显示了 IEEE 802.1q 帧

头的详细内容。

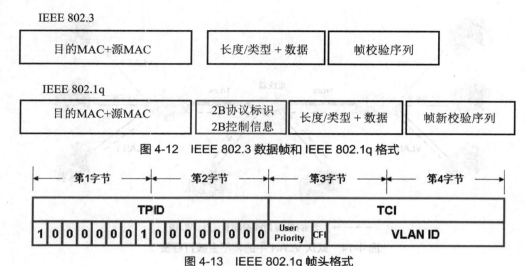

图 4-12 IEEE 802.3 数据帧和 IEEE 802.1q 格式

图 4-13 IEEE 802.1q 帧头格式

IEEE 802.1q 帧头中的信息解释如下。

① TPID：标签协议标识字段，值固定为 0x8100，说明该帧是 IEEE 802.1q 帧。

② TCI：标签控制信息字段，包括用户优先级（User Priority）、规范格式指示器（Canonical Format Indicator，CFI）和 VLAN Identified（VLAN ID）。

③ User Priority：3 位，指明帧优先级。决定交换机拥塞时，优先发送哪个数据帧。

④ CFI：1 位，用于总线型以太网与 FDDI、令牌环网帧格式。在以太网中，CFI 总被设置为 0。

⑤ VLAN ID：12 位，指明 VLAN 的 ID 编号，支持 IEEE 802.1q 协议的交换机干道端口发送帧时包含这个域，指明属于哪一个 VLAN。该字段为 12 位，理论上支持 4096（2^{12}）个 VLAN。除去预留值，最大值为 4094。

4.4.4 交换机 Native VLAN

Trunk 端口允许来自多个不同 VLAN 中的信息通过,其发出的数据帧都需要增加 VLAN 标签信息来区别，可以接收和发送来自多个不同 VLAN 的报文。此外，该端口还增加了本帧（Native VLAN）属性，使其不仅支持来自多个不同 VLAN 的流量（有标记流量），也支持来自 VLAN 以外的流量（无标记流量）。Native VLAN 属于 VLAN 的特例，如果交换机端口配置 Native VLAN 属性，则该端口可以产生无标记流量。

所有的 IEEE 802.3 帧在 Trunk 端口中传输时，都需要打上标记，封装成 IEEE 802.1q 帧格式，此外，Trunk 端口还允许未增加标记的来自 Native VLAN 中的 IEEE 802.3 帧通过。来自 Native VLAN 中的帧，在进入 Trunk 端口时如果没有标记，那么 Trunk 端口就会给其打上 Native VLAN 标记，该帧在干道中就以 Native VLAN 的身份传输。

Native VLAN 属性用于在 Trunk 链路中传输不带标签的数据帧,以提高某些特殊 VLAN 中的数据传输速度，不用增加和拆除标签，就可以快速通过 Trunk 端口。每台交换机上默认只允许一个 VLAN 是 Native VLAN。由于 VLAN 1 是交换机的管理中心，因此默认为

Native VLAN，如图 4-14 所示，也可以设置其他帧为 Native VLAN。

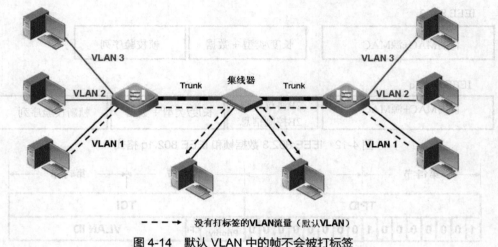

--- → 没有打标签的**VLAN**流量（默认**VLAN**）

图 4-14 默认 VLAN 中的帧不会被打标签

4.5 配置交换机 Trunk 端口

交换机上的端口默认工作在第二层，一个二层端口的默认模式是 Access 端口。在特权模式下，利用如下步骤可以将端口配置成 Trunk 端口。

```
Switch#configure terminal                        ! 进入全局配置模式
Switch(config)# interface interface-id           ! 输入端口 interface id
Switch(config-if)#switchport mode trunk          ! 定义该端口类型为 Trunk 端口
Switch(config-if)#switchport trunk native vlan vlan-id（可选）
! 指定默认 Native VLAN。如果不指定，默认是 VLAN 1
```

注意 1：Trunk 链路的两端端口要保持一致，否则会造成 Trunk 链路不能通信。

注意 2：如把一个 Trunk 端口复位成默认值，可使用 "**no switchport trunk**" 命令。

```
Switch(config-if)#no switchport mode trunk       ! 还原端口类型为 Access 端口
```

或者

```
Switch(config-if)#switchport mode access         ! 定义端口类型为 Access 端口
```

如图 4-15 所示，有两台交换机通过 Fa0/1 端口进行连接，以下配置演示了如何将其中一台交换机上的 Fa0/1 端口，配置成 Trunk 端口，其他配置类似。

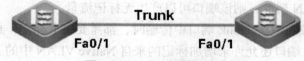

图 4-15 Trunk 配置拓扑图

```
Switch#configure terminal
Switch(config)#interface fastEthernet 0/1
Switch(config-if)#switchport mode trunk
Switch(config-if)#end
```

```
Switch#show vlan           ! 查看 VLAN 配置信息
…… ……                       ! Fa0/1 口出现在所有 VLAN 中，说明是 Trunk 端口

Switch#show interfaces fastEthernet 0/1 switchport
…… ……
Switch#show interfaces fastEthernet 0/1 trunk
…… ……
```

4.6　配置交换机 Trunk 端口安全

一个 Trunk 端口默认支持所有 VLAN（1~4094）流量，但也可以在 Trunk 端口，设置只允许部分 VLAN 通过列表，限制某些 VLAN 流量不能通过 Trunk 端口，提高带宽和安全。

在特权模式下，利用如下步骤，配置一个 Trunk 端口许可 VLAN 列表。

```
Switch#configure termina                    ! 进入全局配置模式
Switch(config)# Interface interface-id       ! 打开端口编号
Switch(config-if)#switchport mode trunk
!（可选），定义端口为 Trunk 端口，如果该端口已是 Trunk 端口，则该步骤省略

Switch(config-if)#switchport trunk allowed vlan { all | [add | remove |
except] } vlan-list
! 配置 Trunk 端口许可 VLAN 列表
```

其中，参数 VLAN-list 是一个 VLAN 的 ID，也可以是一系列 VLAN 的 ID，以较小 VLAN ID 开头，以较大 VLAN ID 结尾，中间用 "-" 连接，其他参数的含义如下。

① all 是许可 VLAN 列表，包含所有支持的 VLAN。

② add 表示将指定 VLAN 列表加入许可 VLAN 列表。

③ remove 表示将指定 VLAN 列表从许可 VLAN 列表中删除。

④ except 表示将除列出的 VLAN 列表外的所有 VLAN 加入到许可 VLAN 列表中。

注意：不能将 VLAN 1 从许可 VLAN 列表中移出。

图 4-16 所示为网络拓扑结构，以下配置演示了如何定义 Trunk 端口许可 VLAN 列表，并在配置 Trunk 端口时，将 VLAN 20 从许可列表中删除。

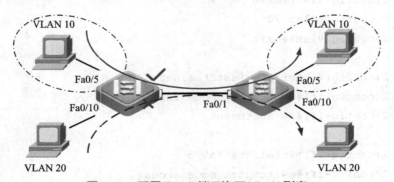

图 4-16　配置 Trunk 端口许可 VLAN 列表

1. 配置交换机 Switch-1 上的 VLAN 信息

```
Switch#configure terminal
Switch(config)#hostname switch-1
Switch-1(config)#vlan 10
Switch-1(config-vlan)#exit
Switch-1(config)#vlan 20
Switch-1(config-vlan)#exit

Switch-1(config)#interface fastEthernet 0/1
Switch-1(config-if)#switchport mode trunk
Switch-1(config-if)#no shutdown

Switch-1(config-if)#interface fa0/5
Switch-1(config-if)#switchport mode access
Switch-1(config-if)#switchport access vlan 10
Switch-1(config-if)#no shutdown

Switch-1(config-if)#interface fa0/10
Switch-1(config-if)#switchport mode access
Switch-1(config-if)#switchport access vlan 20
Switch-1(config-if)#no shutdown
Switch-1(config-if)#end

Switch-1#show vlan
...... ......
```

2. 配置交换机 Switch-2 上的 VLAN 信息

```
Switch#configure terminal
Switch(config)#hostname switch-2
Switch-2(config)#vlan 10
Switch-2(config-vlan)#exit
Switch-2(config)#vlan 20
Switch-2(config-vlan)#exit

Switch-2(config)#interface fastEthernet 0/1
Switch-2(config-if)#switchport mode trunk
Switch-2(config-if)#no shutdown

Switch-2(config-if)#interface fa0/5
Switch-2(config-if)#switchport mode access
Switch-2(config-if)#switchport access vlan 10
```

```
Switch-2(config-if)#no shutdown

Switch-2(config-if)#interface fa0/10
Switch-2(config-if)#switchport mode access
Switch-2(config-if)#switchport access vlan 20
Switch-2(config-if)#no shutdown
Switch-2(config-if)#end

Switch-2#show vlan
...... ......
```

3. 配置交换机 Switch-1 上的许可 VLAN 列表

```
Switch-1(config)#interface fastEthernet 0/1
Switch-1(config-if)#switchport trunk allowed vlan remove 20
Switch-1(config-if)#end

Switch-2#show vlan
...... ......                ! 可以看到，Fa0/1 端口现在已经不属于 VLAN 20
Switch-2#show interfaces fastEthernet 0/1 switchport
...... ......
Switch-2#show interfaces fastEthernet 0/1 trunk
...... ......                ! Fa0/1 端口的 VLAN lists 中已经没有了 VLAN 20
```

4. 配置交换机 Switch-2 上的许可 VLAN 列表

```
Switch-2(config)#interface fastEthernet 0/1
Switch-2(config-if)#switchport trunk allowed vlan remove 20
Switch-2(config-if)#end

Switch-2#show vlan
...... ......                     ! 可以看到，Fa0/1 端口现在已经不属于 VLAN 20
Switch-2#show interfaces fastEthernet 0/1 switchport
...... ......
Switch-2#show interfaces fastEthernet 0/1 trunk
...... ......                 ! Fa0/1 端口的 VLAN lists 中已经没有了 VLAN 20
```

4.7 配置 VLAN 之间通信

在交换网络中实施 VLAN 的主要目的是隔离本地网络中的广播，优化网络传输效率，但 VLAN 的实施也使得网络中原本互相通信的设备之间产生了隔离。

按照 VLAN 属性，如果在二层交换机上配置了 VLAN，则不同 VLAN 内的主机不能互相通信。如果需要实现不同 VLAN 之间的通信，必须要使用三层路由设备。

实现不同 VLAN 之间的通信，需要配置 VLAN 之间的路由，这就需要在网络中安装一

网络互联技术（理论篇）

台路由器或者三层交换机，才能形成三层路由。

4.7.1 利用三层交换机实现 VLAN 间通信

三层交换机 VLAN 间转发

三层交换机本质上是带有路由功能的交换机，可以将它看成一台路由器和一台二层交换机的叠加。三层交换机将二层交换机的交换功能和路由器的三层路由功能的优势结合起来，在各个层次提供线速转发。在一台三层交换机内通常安装有交换模块和路由模块，由于内置路由模块与交换模块也使用 ASIC 硬件处理路由，因此与传统路由器相比，三层交换机可以实现高速路由。另外，路由模块与交换模块在交换机内部的汇聚链路，属于内部总线连接，可确保从路由模块到交换模块的高带宽传输。

三层交换机像路由器一样，具有三层路由功能，因此可以利用三层交换机模块路由功能来实现 VLAN 之间的通信。

在图 4-17 所示的网络拓扑结构中，在三层交换机上划分了两个 VLAN：VLAN 10 和 VLAN 20。其中，VLAN 10 内的某一台工作站的 IP 地址为 192.168.1.10/24；VLAN 20 内的某一台工作站的 IP 地址为 192.168.2.10/24。由于划分了二层 VLAN，因此造成两个不同 VLAN 之间的隔离，VLAN 10 和 VLAN 20 内的设备之间不能通信。

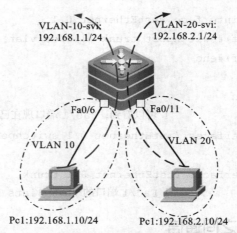

图 4-17 利用三层交换机实现 VLAN 间的通信

如何利用三层路由功能实现不同 VLAN 之间相互通信？实现不同 VLAN 之间相互通信，可采用三层交换机或者路由器设备。在路由器上，通常使用单臂路由技术；在三层交换机上，通常使用交换机虚拟接口（Switch Virtual Interface，SVI）技术，都可以开启不同 VLAN 间的路由功能，实现不同 VLAN 之间相互通信。两种技术的区别是，使用单臂路由技术解决时，速度慢（受到路由器接口带宽限制），转发速率低（路由器采用软件转发方式，转发速率比采用硬件转发方式的交换机慢），容易产生瓶颈。因此，在实际网络安装中，一般都采用三层交换机的 SVI 技术，以三层交换方式来实现不同的 VLAN 之间相互通信。

具体实现方法是，在三层交换机上，创建各个 VLAN 的 SVI，并设置 IP 地址，作为其对应二层 VLAN 内设备的网关。这里的 SVI 作为一个虚拟网关，是各个 VLAN 的虚拟子接口，可实现三层设备跨 VLAN 之间的路由。

通过以下步骤，配置三层交换机的 SVI，实现不同的 VLAN 之间相互通信。

① 为 VLAN 10 规划子网段 192.168.1.0/24，其 SVI 的 IP 地址为 192.168.1.1/24。

② 为 VLAN 20 规划子网段 192.168.2.0/24，其 SVI 的 IP 地址为 192.168.2.1/24。

③ 将所有 VLAN 内主机配置相应的子网段地址，其网关指向对应 SVI 的 IP 地址即可。

```
Switch#configure terminal
Switch(config)# interface vlan vlan-id          ! 进入 SVI 配置模式
Switch(config-if)# ip address ip-address mask
! 给 SVI 配置 IP 地址，作为 VLAN 内主机的网关
Switch#show running-config
Switch#show ip route
! 检查 SVI 所在网段是否已经出现在路由表中
```

注意：配置完 IP 地址的 SVI 所在的网段，是作为直连路由出现在三层交换机路表中的；只有 VLAN 内有激活接口时（即有主机连在 VLAN 上），该 SVI 所在网段才会出现在路由表中。

按照图 4-17 所示的网络拓扑结构，在三层交换机上，配置 VLAN 10、VLAN 20，将端口 Fa0/6~Fa0/10、Fa0/11~Fa0/15 分别划分到不同的 VLAN 中，并分别为不同 VLAN 的 SVI 配置 IP 地址，实现 VLAN 间路由。

```
Switch# configure terminal
Switch(config)# hostname S3750
S3750(config)#vlan 10
S3750(config-vlan)#vlan 20
S3750(config-vlan)#exit

S3750(config)#interface range fastEthernet 0/6-10
S3750(config-if-range)#switchport access vlan 10
S3750(config-if-range)#exit

S3750(config)#interface range fastEthernet 0/11-15
S3750(config-if-range)#switchport access vlan 20
S3750(config-if-range)#exit

S3750(config)#interface vlan 10
S3750(config-if)#ip address 192.168.10.1 255.255.255.0
S3750(config-if)#no shutdown
S3750(config-if)#exit
```

```
S3750(config)#interface vlan 20
S3750(config-if)#ip address 192.168.20.1 255.255.255.0
S3750(config-if)#no shutdown
S3750(config-if)#end

S3750#show vlan                    ！查看交换机的 VLAN 配置结果
...... ......
S3750#show ip route                ！查看三层交换机上的路由表
...... ......
S3750#show running-config          ！查看交换机的配置信息
...... ......
```

配置完成后，各 VLAN 内主机以相应 VLAN 的 SVI 地址作为网关。使用 "ping" 命令，在计算机上测试网关地址，以及对端的计算机地址，看是否实现了互联互通。

4.7.2 利用路由器实现 VLAN 间的通信

跨 VLAN 的 ARP 学习

利用路由器设备的路由功能，也能实现不同的 VLAN 之间相互通信。如图 4-18 所示，将路由器和二层交换机相连，在路由器上，启动子端口（在物理端口上启动虚拟端口），并在该端口上启用 IEEE 802.1q 协议，使其能和二层设备的对应干道口连接。这种利用路由器实现不同 VLAN 之间通信的方式称为单臂路由技术。

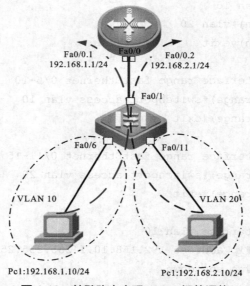

图 4-18　单臂路由实现 VLAN 间的通信

　　把路由器作为不同 VLAN 之间的转接设备,就是利用其三层路由功能,把某一个 VLAN 内的数据,转发到另外一个 VLAN 上。由于路由器的一个物理端口连接两个 VLAN,要实现 VLAN 间的路由,必须在路由器的物理端口上启用子端口;分别映射成两个不同的 VLAN 网关。单臂路由技术可解决一个物理端口连接两个不同 VLAN 网关的配置问题。

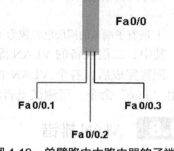

　　单臂路由技术通过使用子端口技术将路由器上的一个物理端口划分为多个逻辑、可编址子端口,实现和多个不同的 VLAN 连接。其中,每个 VLAN 对应一个子端口,单臂路由技术利用这些子端口,配置成路由器端口的干道模式,实现不同 VLAN 之间联通。

　　如图 4-19 所示,展示了单臂路由技术原理。在路由器的物理端口上启用子端口技术,Fa0/0 端口被划分为 3 个子端口,分别为 Fa0/0.1、Fa0/0.2、Fa0/0.3,每个子端口分别为一个 VLAN 提供网关服务,作为 VLAN 接入到三层路由的通道。

　　路由器的连接、登录、基础配置过程及工作模式,和配置交换机的过程基本相似,后续将进行描述。

图 4-19 　单臂路由中路由器的子端口

　　利用以下步骤,配置路由器子端口技术。

```
Router#configure terminal
Router(config)# Interface interface-id                    ! 打开路由器接口
Router(config-if)#no ip address (可选)
! 去掉端口 IP 地址,如果端口上没有 IP 地址,则可省略
Router(config)#interface fastethernet  interface-number.subinterface-number
! Interface-number 为物理端口序号,Subinterface- number 为子端口序号,由 "." 连接
! 该命令可为物理端口创建一个子端口


Switch(config-subif)#encapsulation dot1q VlanID
! 封装 IEEE 802.1q 协议,并指示子端口承载哪个 VLAN 的流量
```

　　子端口上的 IP 地址一般作为一个 VLAN 内主机的网关。这些子端口所在的网段作为直连路由,出现在路由表中。

　　如图 4-18 所示,二层交换机上已配置了 VLAN 10、VLAN 20,二层交换机和路由器通过 Fa0/0 端口相连,该端口已设置成 Trunk 端口。以下命令为在一台路由器上划分子端口,配置 IP 地址,并封装 IEEE 802.1q 协议,实现 VLAN 间路由。

```
Router#configure terminal
Router(config)#interface fastEthernet 0/0
Router(config-if)#no ip address
Router(config-if)#exit


Router(config)#interface fastEthernet 0/0.10
Router(config-subif)#encapsulation dot1q 10
```

```
Router(config-subif)#ip address 192.168.10.1 255.255.255.0
Router(config-subif)#exit

Router(config)#interface fastEthernet 0/0.20
Router(config-subif)#encapsulation dot1q 20
Router(config-subif)#ip address 192.168.20.1 255.255.255.0
Router(config-subif)#exit

Router#show ip route
…… ……
! 所有子端口的网段已经成为了路由表里面的直连路由
```

其中，二层设备的 VLAN 配置此处省略，见上一节配置。

配置完成后，各个 VLAN 内的主机，将以对应的路由器子端口的 IP 地址作为网关。使用"ping"命令，可测试是否实现了互联互通。

4.8　VLAN 排错

跨交换机实现 VLAN

ICMP 网络故障检测图解

VLAN 技术由于在一个大的广播域中实施安全隔离，具有简单、有效的优点，所以在各类二层交换网络中应用非常普遍，为网络工程师规划设计底层接入网络提供了很大便利，能提高园区网络性能。

下面来看一下使用 VLAN 组网过程中，遇到的常见的一些问题，以及网络技术人员在遇到这些问题时排错处理的方法。

图 4-20 展示了使用 VLAN 技术组建交换网络中，遇到故障时的一般排查思路。

① 首先查看物理连接是否正确，然后查看局域网内交换机、路由器的配置是否正确（如是否正确给子端口或者 SVI 配置了 IP 地址），最后查看关于 Trunk 端口的配置和 VLAN 的配置是否正确。

② VLAN 配置错误是交换网络中比较常见的故障。辨认问题的症状，确定一个解决计划，是下一步要做的事情。

③ 当面对吞吐量很低的问题时，需要检查存在的错误类型，如网卡故障。

④ 如果发现大量的帧校验错误，长度小于 64 字节等问题，往往是端口之间双工不匹配造成的，原因可能是设备之间自动协商或是双方连接错误，此时可以检查交换机在双工方面的设置是否匹配。

使用下面这条命令进行双工设置，使用该命令的"**no**"选项可将该设置恢复为默认。

```
Switch(config-if)#duplex {auto | full | half}
```

上述命令中，"auto"表示全双工和半双工自适应，"full"表示全双工，"half"表示半双工，默认值是"auto"。

如果 VLAN 内的主机不能和其他 VLAN 通信，则有可能是以下原因造成的。

① 主机上错误的网关、IP 地址和子网掩码设置。

② 主机所连接的端口被划分到了错误的 VLAN。

③ 交换机上的 Trunk 端口设置错误，比如，默认 VLAN 设置不匹配，允许 VLAN 列表不正确等。

④ 路由器子端口或三层交换机 SVI 的 IP 地址和子网掩码设置错误。

⑤ 路由器或者三层交换机可能需要添加到达其他子网的路由。

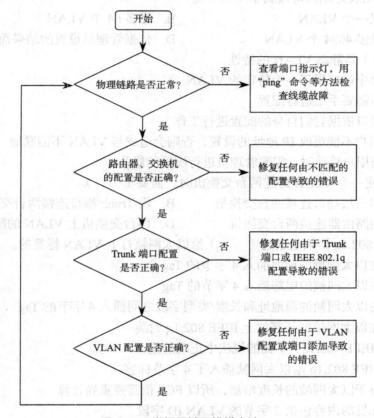

图 4-20 常规局域网排错方法

这时，需要按照以下步骤一步步进行排查。

① 检查主机的网络设置是否匹配和正确。

② 通过"show vlan"命令，确定 VLAN 内的端口划分是否正确。

③ 通过"show interface trunk"命令，检查 Trunk 链路两端的 Trunk 端口设置是否匹配且正确。

④ 通过"show interface"命令，确定是否设置了正确的 IP 地址和子网掩码。

⑤ 通过"show ip route"命令，确定各个子网是否都能够正确地出现在路由表中。

⑥ 通过 "show interface *subinterface*" 命令，检查路由器的子端口是否正确封装了 IEEE 802.1q，并指定到了正确的 VLAN。

⑦ 通过 "show interface" 命令，检查主机和交换机端口的速度和双工设置是否匹配。

总之，可以应用系统的方法来排除 VLAN 故障。

为了隔离问题，第一步应当检查物理层（例如查看交换机的端口指示灯），然后继续检查第二层和第三层的问题。

4.9　认证测试

以下每道选择题中，都有一个正确答案或者是最优答案，请选择出正确答案。

1. 一个 Access 端口可以属于（　　　）。

  A. 仅一个 VLAN   B. 最多 64 个 VLAN

  C. 最多 4094 个 VLAN   D. 依据管理员设置的结果而定

2. （　　　）是静态 VLAN 的特性。

  A. 每个端口属于一个特定的 VLAN

  B. 不需要手工进行配置

  C. 端口依据它们自身的配置进行工作

  D. 用户不能更改 IP 地址的设置，否则会造成与 VLAN 不能联通

  E. 当用户移动时，需要管理员进行配置的修改

3. 当要使一个 VLAN 跨越两台交换机时，需要（　　　）。

  A. 用三层端口连接两台交换机   B. 用 Trunk 端口连接两台交换机

  C. 用路由器连接两台交换机   D. 两台交换机上 VLAN 的配置必须相同

4. IEEE 802.1q 协议是通过（　　　）给以太网帧打上 VLAN 标签的。

  A. 在以太网帧的前面插入 4 字节的 Tag

  B. 在以太网帧的尾部插入 4 字节的 Tag

  C. 在以太网帧的源地址和长度/类型字段之间插入 4 字节的 Tag

  D. 在以太网帧的外部加上 IEEE 802.1q 封装

5. 关于 IEEE 802.1q，下面的说法中正确的是（　　　）。

  A. IEEE 802.1q 给以太网帧插入了 4 字节标签

  B. 由于以太网帧的长度增加，所以 FCS 值需要重新计算

  C. 标签的内容包括 2 字节的 VLAN ID 字段

  D. 对于不支持 IEEE 802.1q 的设备，可以忽略这 4 字节的内容

6. 交换机的 Access 端口和 Trunk 端口的区别为（　　　）。

  A. Access 端口只能属于 1 个 VLAN，而 Trunk 端口可以属于多个 VLAN

  B. Access 端口只能发送不带 Tag 的帧，而 Trunk 端口只能发送带有 Tag 的帧

  C. Access 端口只能接收不带 Tag 的帧，而 Trunk 端口只能接收带有 Tag 的帧

  D. Access 端口的默认 VLAN 就是它所属的 VLAN，而 Trunk 端口可以指定默认 VLAN

7. 在交换机上配置 Trunk 端口时，如果要从许可 VLAN 列表中删除 VLAN 5，所运行的命令是（　　　）。

  A. "Switch（config-if）#switchport trunk allowed remove 5"

  B. "Switch（config-if）#switchport trunk vlan remove 5"

  C. "Switch（config-if）#switchport trunk vlan allowed remove 5"

  D. "Switch（config-if）#switchport trunk allowed vlan remove 5"

8. （　　　）命令可以正确地为 VLAN 5 定义一个子端口。

  A. "Router（config-if）#encapsulation dot1q 5"

  B. "Router（config-if）#encapsulation dot1q vlan 5"

  C. "Router（config-subif）#encapsulation dot1q 5"

  D. "Router（config-subif）#encapsulation dot1q vlan 5"

9. 关于 SVI 的描述正确的是（　　　）。

  A. SVI 是虚拟的逻辑接口

  B. SVI 的数量是由管理员设置的

  C. SVI 可以配置 IP 地址作为 VLAN 的网关

  D. 只有三层交换机具有 SVI

10. 在局域网内用 VLAN 所带来的好处是（　　　）。

  A. 可以简化网络管理员的配置工作量

  B. 广播可以得到控制

  C. 局域网的容量可以扩大

  D. 可以通过部门等将用户分组而打破了物理位置的限制

4.10　科技之光：中国北斗卫星导航系统覆盖全球

【扫码阅读】中国北斗卫星导航系统覆盖全球

第 ❺ 章 局域网中冗余链路

【本章背景】

中山大学网络中心的校园网络最近一段时间很不稳定，经常掉线，网络内部有大量的广播现象存在，严重干扰了网络传输的效率。不断有学生和老师来网络中心反映学校的网络故障，希望校园网络能随时随地上线，保持上网的稳定性。

为此，中山大学网络中心管理员晓明把收集到的投诉信息，以及网络故障现象向网络中心的陈工程师反映。网络中心的陈工程师在了解到校园网络的故障现象后，经过分析和查找，给晓明分析了网络出现故障的原因，是由于校园网骨干链路没有布置冗余链路。陈工程师列出了需要晓明学习的知识内容。

本章知识发生在以下网络场景中。

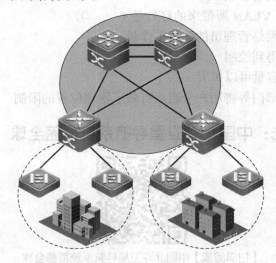

【学习目标】

◆ 了解生成树协议 STP、RSTP、MSTP 的原理
◆ 会配置 STP 和 RSTP
◆ 会配置 MSTP
◆ 会配置以太网链路聚合

随着信息时代的到来，网络对人们的工作和生活越来越重要。尤其在无纸化办公环境中，办公网系统、邮件系统、库存管理系统等，都需要网络支撑才能使用，一旦网络发生故障就无法正常工作。随着对网络依赖性增强，网络工程人员在规划设计网络时，如何增强企、事业单位网络的可靠性和稳定性，就成了前期网络规划的一项重要的课题。

5.1　冗余拓扑

在骨干网络中，核心设备连接时，单一链路连接很容易因为简单故障造成网络的中断。在实际网络组建的过程中，为了保持网络的稳定性，组建由多台交换机组成的网络环境时，通常都使用一些备份连接链路，以提高网络的健壮性、稳定性。

这里的备份连接链路也称为备份链路或者冗余链路，备份链路之间的交换机经常互相连接，形成一个环路，通过环路可以在一定程度上实现冗余。使网络更加可靠，减少故障影响的一个重要方法就是"冗余"。在网络中出现单点故障时，还有其他备份的组件可以使用，整个网络基本不受影响。

冗余链路是在核心网络建设规划时必需的要素，其拓扑结构可以减少网络因停机而进行抢修的时间，使用户应用不受影响。单条链路、单个端口或是单台网络设备都有可能发生故障，影响整个网络的正常运行。而备份的链路、端口或者设备，就可以很好地解决这些问题，能尽量减少连接丢失造成的损失，从而保障网络不间断地运行。使用冗余备份能够为网络带来健壮性、稳定性和可靠性等好处，提高网络容错性能。

5.1.1　冗余交换模型

图 5-1 所示的场景是一个具有冗余拓扑结构的交换网络，SW1 交换机的 Fa0/1 接口与交换机 SW3 的 Fa0/1 接口之间的链路是一个冗余备份连接。当主链路（SW1 的 Fa0/2 与 SW2 的 Fa0/2 接口之间的链路，或 SW2 的 Fa0/1 与 SW3 的 Fa0/2 之间的链路）出现故障时，访问文件服务器流量会从备份链路传输，从而提高了网络可靠性、稳定性。

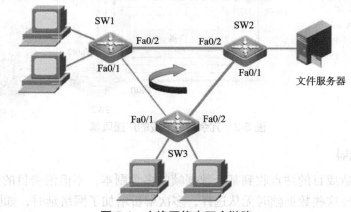

图 5-1　交换网络中冗余链路

网络冗余拓扑结构的目的是减少网络因单点故障而引起的网络故障，所有骨干网络都需要利用网络冗余，提高网络可靠性。但冗余拓扑结构会使物理网络形成环路，物理层环路容易引起网络广播风暴、多帧复制和 MAC 地址表抖动等问题，从而导致网络不可用。

5.1.2　广播风暴

默认情况下，交换机对网络中生成的广播帧不进行过滤，它将目的地址看作广播地址信息广播到所有接口。如果网络中存在环路，这些广播信息将在网络中不停转发，甚至形成广播风暴。广播风暴会导致交换机出现超负荷运转现象（如 CPU 过度使用，内存耗尽等），最终耗尽所有带宽资源，导致网络中断。

环路形成广播风暴过程

图 5-2 所示显示了网络中广播风暴形成的过程。首先，主机 A 发送一个广播帧（如 ARP 广播帧），这个广播帧会被交换机 SW1 接收。交换机 SW1 在收到这个帧，查看目的 MAC 地址是广播地址后，会向除接收接口之外的所有接口转发。

交换机 SW2 分别从端口 Fa0/1 和 Fa0/2 收到广播帧的两份副本，会向除接收端口之外的所有接口转发。因此，从端口 Fa0/1 接收广播帧转发给端口 Fa0/2 和主机 B；从端口 Fa0/2 接收广播帧转发给端口 Fa0/1 和主机 B。

交换机 SW2 从端口 Fa0/1 和 Fa0/2 转发广播帧，再次被交换机 SW1 收到，SW1 同样把从端口 Fa0/1 接收到的广播帧，转发给端口 Fa0/2 和主机 A；从端口 Fa0/2 接收到的广播帧转发给端口 Fa0/1 和主机 A。这个过程在 SW1 和 SW2 之间循环往复、永不停止，直到耗尽交换机 CPU 资源，网络中断为止。

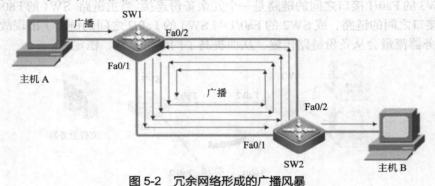

图 5-2　冗余网络形成的广播风暴

5.1.3　多帧复制

多帧复制会造成目的站点收到某个数据帧的多个副本，不但浪费目的主机资源，还导致上层协议在处理这些数据帧时无从选择，多次解析增加了网络延时，如图 5-3 所示。

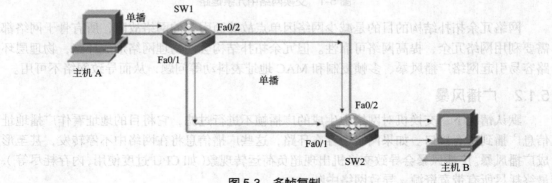

图 5-3　多帧复制

当主机 A 发送一个单播帧给主机 B 时，交换机 SW1 的 MAC 地址表中如果没有主机 B 的地址记录，就会把这个单播帧从端口 Fa0/1 和 Fa0/2 广播出去。因此，交换机 SW2 就会从端口 Fa0/1 和 Fa0/2，分别收到两个发给主机 B 的单播帧。

如果交换机 SW2 的 MAC 地址表中已有主机 B 的地址记录，就会将这两个帧分别转发给主机 B，主机 B 就收到同一个帧的两份副本，形成了多帧复制。目的主机可能会收到某个数据帧的多个副本，此时，会导致上层协议在处理这些数据帧时无从选择，产生迷惑：究竟该处理哪个帧。严重时还可能导致网络连接的中断。

5.1.4 MAC 地址表抖动

MAC 地址表抖动现象是指交换机中的 MAC 地址表出现不稳定，这是由于相同帧的副本在同一台交换机的两个不同端口被接收引起的，会造成设备反复刷新地址表。如果交换机将资源都消耗在复制不稳定的 MAC 地址表上，数据转发功能就可能被削弱。

如图 5-3 所示，当交换机 SW2 从端口 Fa0/1 收到主机 A 发出的单播帧时，会将端口 Fa0/1 与主机 A 的对应关系写入 MAC 地址表，当交换机 SW2 随后又从端口 Fa0/2 收到主机 A 发出的单播帧时，会将 MAC 地址表中主机 A 对应的端口改为 Fa0/2，这就造成 MAC 地址表抖动。当主机 B 向主机 A 回复一个单播帧后，同样的情况也会发生在交换机 SW1 中。

图 5-4 展示了地址表抖动的过程。交换机 SW2 的 MAC 地址表中关于主机 A 的地址记录，会在端口 Fa0/1 和 Fa0/2 间不断刷新跳变，交换机 SW1 的 MAC 地址表中主机 B 的地址记录，同样也会在端口 Fa0/1 和 Fa0/2 间不断刷新跳变，无法稳定下来，造成网络传输效率下降。

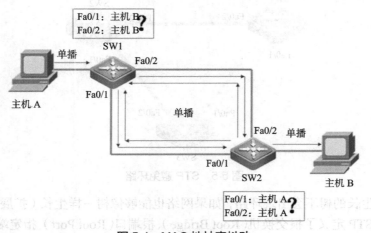

图 5-4 MAC 地址表抖动

5.2 生成树协议

为了解决由于网络冗余链路引起的问题，IEEE 组织通过了 IEEE 802.1d 生成树协议，该协议通过在交换机上运行一套复杂算法，把网络中的冗余端口置于阻塞（Blocking）状态，使得网络在通信过程只有一条链路生效，而只有当这条链路出现故障时，该协议会重新计算网络最优链路，将处于阻塞状态的端口重新打开，实现网络再次联通，确保网络连接稳定、可靠。

在交换式网络中默认自动开启生成树协议，可以将有环路的物理拓扑结构变成无环路的逻辑拓扑结构，为网络提供稳定可靠的传输机制。生成树协议通过一定算法实现网络中路径冗余，同时将环路网络修剪成无环路树形网络，避免数据报文在环路网络中的增生和无限循环。

5.2.1　生成树协议概述

第一代生成树协议由 DEC 公司开发，后来经 IEEE 802 委员会修订，形成 IEEE 802.1d 标准。

生成树协议和其他协议一样，是随着网络的不断发展而不断更新换代的。在生成树协议发展过程中，老的缺陷不断被克服，新的特性不断被开发出来。按照功能改进情况，可以把生成树协议的发展过程划分成三代。

① 第一代生成树协议：STP/RSTP。

② 第二代生成树协议：PVST/PVST+协议（思科网络的私有协议）。

③ 第三代生成树协议：MISTP/MSTP。

STP 的主要思想是，当网络中存在备份链路时，只允许主链路激活。如果主链路因故障而被断开后，备用链路才会被打开。STP 不断检测网络，当网络中的拓扑结构发生变化时，默认运行 STP 的交换机会自动重新计算，配置连接端口，避免环路产生。

当网络存在多条链路时，交换机生成树算法只启动最主要的一条链路，而将其他冗余链路阻塞掉，变为备用链路。图 5-5 所示的冗余备份链路被逻辑断开，从而消除环路。

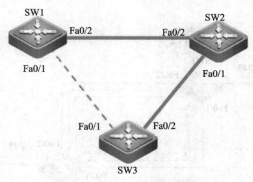

图 5-5　STP 避免环路

自然界中生长的树不会出现环路，如果网络也能够像树一样生长（扩展），也就不会出现环路。于是，STP 定义了根交换机（Root Bridge）、根端口（Root Port）、指定端口（Designated Port）、路径开销（Path Cost）等技术术语，目的就在于通过构造一棵自然树的方法，达到阻塞网络中冗余环路的效果，同时实现链路备份和路径最优化。用于构造这棵树形网络的算法称为生成树算法（Spanning Tree Algorithm，SPA）。

下面介绍在 STP 工作过程中使用到的几个技术术语。

1.　桥接协议数据单元

STP 的所有功能，都通过交换机之间周期性发送的 STP 桥接协议数据单元（Bridge Protocol Data Unit，BPDU）来实现。BPDU 帧用于在交换机之间传递消息帧，每 2 秒发送一次报文。

BPDU 帧是一种二层报文帧，其目的 MAC 是多播地址 01-80-C2-00-00-00，所有支持 STP 的交换机，都会接收并处理 BPDU 报文帧。该报文帧中的数据区携带计算生成树消息。BPDU 帧的报文格式如图 5-6 所示。

Protocol ID (2 Bytes)	Version (1 Byte)	Type (1 Byte)	Flags (1 Byte)	Root BID (8 Bytes)	Root Path Cost (4 Bytes)
Sender BID (8 Bytes)	Port ID (2 Bytes)	M-Age (2 Bytes)	Max Age (2 Bytes)	Hello (2 Bytes)	FD (2 Bytes)

图 5-6　BPDU 报文格式

其中，BPDU 报文帧格式各个字段的含义如下。

① Protocol ID：协议 ID，恒定为 0。

② Version：版本号，恒定为 0。

③ Type：报文类型，决定该帧中包含两种 BPDU 格式类型。

④ Flags：标志活动拓扑变化。标记包含在拓扑变化通知下一部分。

⑤ Root BID：根网桥（Root Bridge）ID。所有 BPDU 的该字段都具有相同值。细分为两个 BID 字段：网桥优先级（2 字节）和网桥 MAC 地址（6 字节）。

⑥ Root Path Cost：根路径成本，通向根网桥的所有链路的积累开销。

⑦ Sender BID：发送网桥 ID，对于单交换机发送的所有 BPDU 而言，该字段都相同；对于交换机之间发送的 BPDU 而言，该字段值不同。

⑧ Port ID：端口 ID，每个端口 ID 值都是唯一的，由端口优先级（1 字节）和端口编号组成。这个字段记录的是发送 BPDU 网桥的出端口。

⑨ M-Age（Message Age）：报文老化时间。记录 Root Bridge 生成当前 BPDU 后经过的时间。

⑩ Max Age：最大老化时间，保存 BPDU 的最长时间，反映拓扑变化通知（Topology Change Notification）中网桥表的生存时间。

⑪ Hello：访问时间，指周期性发送 BPDU 的时间，默认是 2 秒。

⑫ FD（Forward Delay）：转发延迟，用在 Listening 和 Learning 状态的时间，反映拓扑变化通知（Topology Change Notification）过程的时间情况。

在 BPDU 帧中，最关键的字段是根网桥 ID、根路径成本、发送网桥 ID 和端口 ID。STP 的工作过程依靠这几个字段值。当交换机的一个端口收到高优先级的 BPDU 帧（更小 Root BID 或更小 Root Path Cost）时，就在该端口保存这些信息，同时向所有端口传播消息。如果交换机的一个端口收到比自己低优先级的 BPDU 帧时，交换机就会丢弃这些消息。这样就使高优先级信息在整个网络中传播，最后形成以下结果。

① 在本网中，选择一台交换机为根网桥（Root Bridge）。

② 每台交换机都计算到根网桥（Root Bridge）的最短路径。

③ 除根网桥外，每台交换机都有一个根端口（Root Port），提供到 Root Bridge 端口的最短路径。

④ 每个 LAN 都有指定交换机（Designated Bridge），它位于该 LAN 与根交换机之间的最短路径中。指定交换机和 LAN 相连的端口称为指定端口（Designated Port）。

⑤ 根端口（Root Port）和指定端口（Designated Port）进入转发 Forwarding 状态。

⑥ 其他的冗余端口处于阻塞状态。

2. 路径成本

生成树协议依赖路径成本计算结果，最短路径建立在累计路径成本基础上。生成树的根路径成本就是到根网桥路径中所有链路路径成本的累计和。路径成本计算和链路带宽相关联，如表 5-1 所示。

表 5-1　修订后的 IEEE 802.1d 路径成本

链路带宽	成本（修订前）	成本（修订后）
10 Gbit/s	1	2
1 000 Mbit/s	1	4
100 Mbit/s	10	19
10 Mbit/s	100	100

3. 网桥 ID

网桥 ID 共 8 字节，由两个字节的网桥优先级和 6 个字节的网桥 MAC 地址组成，如图 5-7 所示。拥有最低网桥 ID 的交换机将成为根网桥。

网桥优先级是 0 ~ 65 535 的数字，默认值是 32 768（0x8000）。优先级最低的交换机将成为根网桥。若优先级相同，则比较 MAC 地址，具有最低 MAC 地址的交换机将成为根网桥。

4. 端口 ID

端口 ID 也参与决定到根网桥的路径。端口 ID 共两个字节，由 1 个字节的端口优先级和 1 个字节的端口编号组成，如图 5-8 所示。

端口优先级是 0~255 的数字，默认值是 128（0x80）。端口编号按照端口在交换机上的顺序排列。例如，1/1 端口的 ID 是 0x8001，1/2 端口的 ID 是 0x8002。端口优先级数字越小，则优先级越高。如果优先级相同，则端口编号越小，优先级越高。

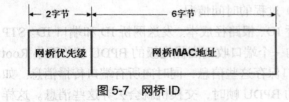

图 5-7　网桥 ID

图 5-8　端口 ID

5.2.2　生成树协议的工作过程

Spanning Tree 学习过程

在交换网络中，STP 要构造一个无环网络拓扑结构，需执行下面 4 个步骤。

① 选举一个根网桥。

② 在每个非根网桥上选举一个根端口。

③ 在每个网段上选举一个指定端口。

④ 阻塞非根非指定端口。

1. 选举一个根网桥

首先，STP 在网络中选举根网桥。一个网络中只能有一个根网桥，也就是具有最小网桥 ID 的交换机。当交换机启动后，每一台都假定自己就是根网桥，把自己的网桥 ID 写入 BPDU 帧的根网桥 ID 字段里面，然后向外泛洪。当交换机接收到一个更低网桥 ID 的 BPDU 帧时，就会把自己正在发送的 BPDU 帧中的根网桥 ID 字段替换为这个更低网桥 ID，再向外发送。

经过一段时间以后，所有交换机都会比较完成，选举具有最小网桥 ID 的交换机作为根网桥。在图 5-9 所示的拓扑结构中，3 台交换机通过比较网桥优先级，发现 SW2 优先级最小，因此 SW2 被选举为根网桥。

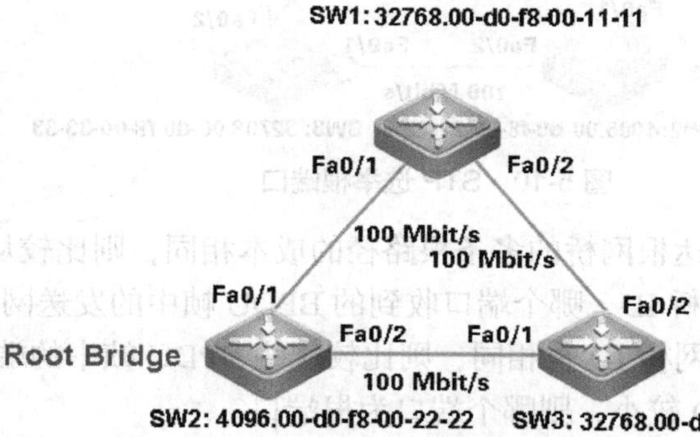

图 5-9 STP 选举根网桥

如果 3 台交换机网桥优先级相同，则 SW1 会当选为根网桥，因为其具有最小 MAC 地址。根网桥默认每 2 秒发送一次 BPDU 帧，下游非根交换机会接收 BPDU 帧，依据其中传递的信息进行根端口和指定端口选举。

需要注意的是，STP 收敛以后，如果有一台网桥 ID 更小的交换机加入进来，那么，它也会把自己当作一个根网桥，而在网络中通告，引起 STP 进行新一轮的根网桥选举。由于新交换机网桥 ID 的确更小，其他交换机在比较一番后，就会把它作为新根网桥记录下来，再重新计算到达新根网桥的无环拓扑结构。

2. 选举根端口

接下来，要在所有非根网桥上选举根端口。所谓根端口，就是从非根网桥到达根网桥的最短路径端口，即根路径成本最小的端口。选举根端口的依据顺序如下。

① 根路径成本最小。

② 发送网桥 ID 最小。

③ 发送端口 ID 最小。

如图 5-10 所示，SW2 为根网桥，SW1 和 SW3 都要选举到达 SW2 的根端口（也就是确定根路径）。按照表 5-1 所示的路径成本计算方法，对于 SW1 来说，从端口 Fa0/1 到达根网桥的根路径成本是 19，计算方法是，端口 Fa0/1 接收到根网桥发送的 BPDU 帧中的根路径成本字段是 0，SW1 将端口 Fa0/1 的路径成本（带宽 100 Mbit/s 的快速以太网链路，路经成本为 19）累加在上面，得到端口 Fa0/1 的根路径成本为 0+19，即 19。

从端口 Fa0/2 到达根网桥的根路径成本是 19+19，即 38，因为它收到 SW3 发送的 BPDU 帧中的根路径成本字段已经是 19 了，再累加端口 Fa0/2 的路径成本 19，得到最终的根路径成本为 38。通过比较端口 Fa0/1 和端口 Fa0/2 的根路径成本，Fa0/1 将被选举为根端口。同理，SW3 的 Fa0/1 端口也会被选举成根端口。

SW1: 32768.00-d0-f8-00-11-11

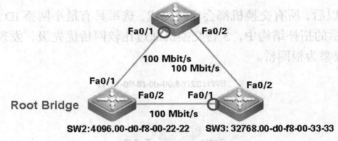

图 5-10　STP 选举根端口

如果一台非根交换机到达根网桥的多条根路径的成本相同，则比较从不同的根路径所收到的 BPDU 帧中的发送网桥 ID，哪个端口收到的 BPDU 帧中的发送网桥 ID 较小，则哪个端口为根端口。如果发送网桥 ID 也相同，则比较这些 BPDU 帧中的端口 ID，哪个端口收到的 BPDU 帧中的端口 ID 较小，则哪个端口为根端口。

3. 选举指定端口

下面要在每个网段选取指定端口。所谓指定端口，就是连接在某个网段上的桥接端口，通过该网段，既向根交换机发送流量，也从根交换机接收流量。桥接网络中的每个网段都必须有一个指定端口。选举指定端口的依据顺序如下。

① 根路径成本最小。
② 所在交换机的网桥 ID 最小。
③ 端口 ID 最小。

根网桥中每个活动端口都是指定端口，每个端口都具有最小根路径成本（根路径成本是 0）。

如图 5-11 所示，根网桥 SW2 上的活动端口 Fa0/1 和 Fa0/2，由于根路径成本为 0，都当选为指定端口，而连接 SW1 和 SW3 的网段上两个端口根路径成本都是 38（19+19=38），就需要比较网桥 ID。SW1 和 SW3 的网桥优先级相同，但 SW1 的 MAC 地址更小，所以 SW1 的端口 Fa0/2 被选举为该网段的指定端口。

STP 计算过程到这里就结束。这时，只有交换机 SW3 上的端口 Fa0/2 既不是根端口，也不是指定端口。

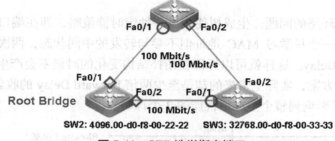

图 5-11   STP 选举指定端口

4. 阻塞非根、非指定端口

在网桥已经确定了根端口、指定端口和非根非指定端口后，STP 就准备开始创建一个无环拓扑结构。为创建一个无环拓扑结构，STP 配置根端口和指定端口的转发流量，然后阻塞非根非指定的端口，形成逻辑上无环路的拓扑结构，最终的结果如图 5-12 所示。

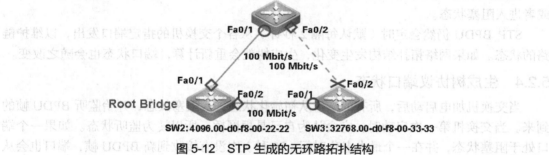

图 5-12   STP 生成的无环路拓扑结构

此时，SW1 和 SW3 之间的链路为备份链路，当 SW1 和 SW2、SW3 和 SW2 之间的主链路正常时，这条链路处于逻辑断开状态。这样就将交换环路变成了逻辑上的无环拓扑结构。只有当主链路故障时，才会启用备份链路，以保证网络的联通。

5.2.3 生成树协议的缺点

生成树协议选举过程

STP 解决了交换链路冗余问题，但随着应用的深入和网络技术的发展，它的缺点在应用中也被暴露了出来。STP 的缺点主要表现在网络收敛速度上。

当网络拓扑结构发生变化时，新的 BPDU 帧要经过一定的时延才能传播到整个网络。这个时延称为 Forward Delay，默认值是 15 秒。在所有交换机收到这个变化的消息之前，若旧拓扑结构中处于转发的端口还没有发现自己应该在新拓扑结构中停止转发，则可能存在临时环路。

为了解决临时环路的问题，生成树使用了一种定时器策略，即在端口从阻塞状态到转发状态中间，加上一个只学习 MAC 地址但不参与转发的中间状态，两次状态切换的时间长度都是 Forward Delay。这样就可以保证在拓扑结构变化的时候不会产生临时环路。但这个看似良好的解决方案，实际上带来的却是至少两倍 Forward Delay 的收敛时间！

图 5-13 描述了影响到整个生成树性能的 3 个计时器。

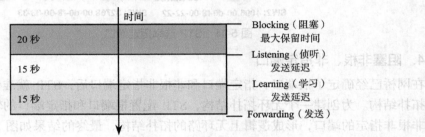

图 5-13　生成树性能的 3 个计时器

生成树经过一段时间（默认值是 50 秒左右）的稳定之后，所有端口或者进入转发状态，或者进入阻塞状态。

STP BPDU 仍然会定时（默认每隔 2 秒钟）从各个交换机的指定端口发出，以维护链路的状态。如果网络拓扑结构发生变化，生成树就会重新计算，端口状态也会随之改变。

5.2.4　生成树协议端口状态

当交换机加电启动后，所有的端口从初始化状态进入阻塞状态，开始监听 BPDU 帧的到来。当交换机第一次启动时，它会认为自己是根网桥，所以转为监听状态。如果一个端口处于阻塞状态，并在一个最大老化时间（20 秒）内没有接收到新 BPDU 帧，端口也会从阻塞状态转换为监听状态。

在监听状态，所有交换机选举根网桥，在非根网桥上选举根端口，并且在每一个网段中选举指定端口。经过一个转发延迟（15 秒）后，端口进入学习状态。

如果一个端口在学习状态结束后（经过转发延迟 15 秒），还是一个根端口或者指定端口，这个端口就进入转发状态，可以接收和发送用户数据，否则就转回阻塞状态。最后，生成树经过一段时间（默认为 50 秒左右）稳定之后，所有端口或者进入转发状态，或者进入阻塞状态。

在 STP 中，正常端口具有 4 种状态，分别为阻塞（Blocking）、监听（Listening）、学习（Learning）和转发（Forwarding）。端口的状态就在这 4 种状态里面变化，其过程如图 5-14 所示。

① 阻塞（Blocking）：启用端口初始状态。端口不能传输数据，不能把 MAC 地址加入地址表，只能接收 BPDU 帧。如果检测到一个环路，或者端口失去根端口或者指定端口状态，就会返回到 Blocking 状态。

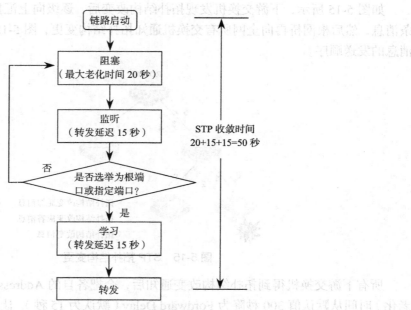

图 5-14 STP 流程图

② 监听（Listening）：如果端口成为根端口或者指定端口，就转入监听状态，不能接收或传输数据，也不能把 MAC 地址加入地址表，但可以接收和发送 BPDU 帧。此时，端口参与根端口和指定端口选举，最终可能成为一个根端口或指定端口。如果该端口失去根端口或指定端口地位，那么它将返回到 Blocking 状态。

③ 学习（Learning）：在转发延迟超时（默认为 15 秒）后，端口进入学习状态。此时，端口不能传输数据，但可以发送和接收 BPDU 帧消息，也可以学习 MAC 地址，并加入地址表。

④ 转发（Forwarding）：在下一次转发延迟后，端口进入转发状态，此时端口能发送和接收数据、学习 MAC 地址、发送和接收 BPDU 帧消息，至此成为全功能交换端口。

除此之外，STP 中的端口还有一个禁用（Disabled）状态，由网络管理员设定或因网络故障使端口处于 Disabled 状态。这个状态是比较特殊的状态，并不是端口正常的 STP 状态。

STP BPDU 定时（默认每隔 2 秒）从交换机的各个指定端口发出，以维护链路的状态。如果网络拓扑结构发生变化，生成树就会重新计算，端口状态也会随之改变。

5.2.5 生成树拓扑变更

如果一个网络中的所有交换机端口，都处于阻塞或者转发状态，那么这个网络就达到了收敛。转发端口发送并且接收数据通信和 BPDU 帧消息，阻塞端口，仅接收 BPDU 帧消息。

当网络拓扑结构变更时，交换机必须重新计算 STP，端口的状态也会发生改变。这样会中断用户通信，直至计算出一个重新收敛的 STP 拓扑结构。

发生变化的交换机在根端口上，每隔呼叫时间（Hello Time）就发送拓扑变化通知（Topology Change Notification，TCN）BPDU 帧，直到生成树上游邻居交换机确认该 TCN 为止。当根网桥收到后，会发送设置（拓扑改变 Topology Change，TC）位的 BPDU 帧，通知整个生成树拓扑结构发生变化。

如图 5-15 所示，下游交换机发现拓扑结构改变后，逐级向上汇报，直至根网桥收到这条消息，然后根网桥再向全网所有交换机通知拓扑结构变更，图 5-15 中的编号标识了各类消息的发送顺序。

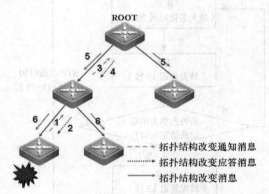

图 5-15　STP 拓扑结构变更

所有下游交换机得到拓扑结构改变通知后，会把各自的 Address Table Aging（地址表老化）时间从默认值 300 秒降为 Fordward Delay（默认为 15 秒），让不活动的 MAC 地址较快地从地址表更新掉。

当网络拓扑结构发生变化时，新配置消息要经过 15 秒时延（Forward Delay）才能传播到整个网络，在网络中所有设备都收到这条变化消息前，若旧拓扑结构中的设备处于转发的端口还没有停止转发，则可能存在临时环路。

为了解决临时环路的问题，生成树采用定时器策略，即在端口从阻塞状态到转发状态中间，加上只学习 MAC 地址但不参与转发的中间状态：学习状态。两次状态切换时间长度都是 15 秒的时延（Forward Delay），保证在拓扑结构变化的时候不会产生临时环路。

5.3　快速生成树协议

为了解决第一代生成树协议收敛时间过长的问题，IEEE 组织推出快速生成树 IEEE 802.1w 标准，作为对第一代生成树协议 IEEE 802.1d 标准的补充。IEEE 802.1w 标准定义了快速生成树协议（Rapid Spanning Tree Protocol，RSTP）的学习规则，提升了网络收敛速度。

RSTP 标准 IEEE 802.1w 由 IEEE 802.1d 标准发展而成。RSTP 在网络结构发生变化时，能更快地收敛网络，收敛速度只需要 1 秒即可完成。IEEE 802.1w 协议使网络收敛过程由原来的 50 秒减少为现在的 1 秒，因此 IEEE 802.1w 又称为快速生成树协议。

5.3.1　快速生成树协议改进

RSTP 在 STP 基础上做了 3 点重要改进，使得收敛速度快了很多（最快 1 秒以内）。

第一点改进：为了减少网络收敛时间，RSTP 在物理拓扑结构或参数发生变化时，除根端口和指定端口外，新增加两种端口角色，分别为替换端口（Alternate Port）和备份端口（Backup Port），用来取代阻塞端口，当根端口/指定端口失效情况下，替换端口/备份端口会无延时进入转发状态。

替代端口为当前根端口到根网桥的连接提供了替代路径，而备份端口则提供了到达同段网络的备份路径，是对一个网段的冗余连接。图 5-16 所示的是 RSTP 各个端口角色的示意图，其中，RP = Root Port；DP = Designated Port；AP = Alternate Port；BP = Backup Port。

第二点改进：在只连接了两个交换端口的点对点链路中，指定端口只需与下游交换机进行一次握手就可以无时延地进入转发状态。如果是连接了 3 条以上交换机的共享链路，下游交换机不会响应上游指定端口发出的握手请求，只能等待两倍 Forward Delay 时间后才进入转发状态。

第三点改进：直接与终端相连而不与交换机相连的端口定义为边缘端口（Edge Port）。边缘端口可以直接进入转发状态，不需要任何延时。由于交换机无法知道端口是否直接与终端相连，所以需要人工配置。

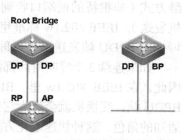

图 5-16　RSTP 中的端口角色

5.3.2　RSTP 的端口角色和端口状态

在 RSTP 中只定义了 3 种端口状态，分别为丢弃（Discarding）、学习（Learning）和转发（Forwarding）。在 STP 中定义的禁用、阻塞和监听状态，对应 RSTP 中的丢弃状态。

表 5-2 列举了 STP 和 RSTP 的端口状态。不过，生成树算法（STA）仍然依据 BPDU 帧决定端口角色。和 IEEE 802.1d 中对根端口的定义一样，到达根网桥最近的端口为根端口，同样，在每个桥接网段上，通过比较 BPDU 消息帧，选举出谁是指定端口，一个桥接网段上只能有一个指定端口。

表 5-2　RSTP 端口状态

运行状态	STP 端口状态	RSTP 端口状态	在活动拓扑结构中是否包含此状态
Disabled	Disabled	Discarding	否
Enabled	Blocking	Discarding	否
Enabled	Listening	Discarding	否
Enabled	Learning	Learning	是
Enabled	Forwarding	Forwarding	是

RSTP 中，根端口和指定端口具有非常重要的作用，而替代端口或备份端口则不然。在网络稳定时，根端口和指定端口处于转发状态，而替代端口和备份端口处于丢弃状态。

RSTP 可将备份端口立即转变为转发状态，而无须通过调整计时器缩短收敛时间。为了达到这种目的，出现两个新的变量：边缘端口（Edge Port）和链路类型（Link Type）。

① 边缘端口是指连接终端的端口，由于连接端工作站（而不是另一台交换机）不可能导致交换环路，这类端口没有必要经过监听和学习，可直接转为转发状态。一旦边缘端口收到 BPDU 消息帧，它将立即转变为普通 RSTP 端口。

② 链路连接类型根据端口双工模式确定，全双工端口被认为是点到点链路，半双工端口被认为是共享链路，因此 RSTP 将全双工端口当成点到点链路，实现网络快速收敛。

IEEE 802.1w 协议能够提供整个网络快速恢复的特性，是依赖于一种有效"桥握手"机制，而不是 802.1d 协议中的根桥指定计时器。RSTP 利用交换机不断发送的 BPDU 帧，作为保持本地连接的方式，使 IEEE 802.1d 协议的 Forward Delay 和 Max Age 定时器变得多余。

RSTP 对 BPDU 帧的处理方式也和 IEEE 802.1d 有些不同，它取代了原先 BPDU 帧的中继方式（非根桥的根端口收到来自根网桥 BPDU 后，重新生成一份 BPDU 帧，朝下游交换机发送），IEEE 802.1w 标准里的每台交换机，在 BPDU 帧的呼叫时间（默认 2 秒）里，都可生成 BPDU 帧发送出去，即使没有从根网桥接收到任何 BPDU 帧。

如果连续 3 个呼叫时间都没有收到任何 BPDU 消息帧，BPDU 帧将超时而不被予以信任。因此，在 IEEE 802.1w 里，BPDU 帧更像一种保活（Keep Alive）机制，即连续 3 次未收到 BPDU 帧，交换机就会认为它丢失到达相邻交换机的连接。BPDU 帧扮演了在交换机间消息通知的角色，这种快速老化方式，使得链路故障能够很快被检测出来，然后快速恢复故障。

图 5-17 所示的是一个经过 RSTP 收敛后形成的无环网络，如果 SW1 和 SW2 之间的活动链路出现故障，那么备份链路会立即产生作用，形成图 5-18 所示的网络拓扑结构。

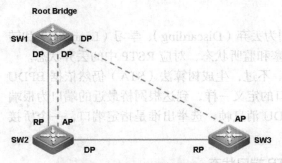

图 5-17　RSTP 收敛的网络拓扑结构

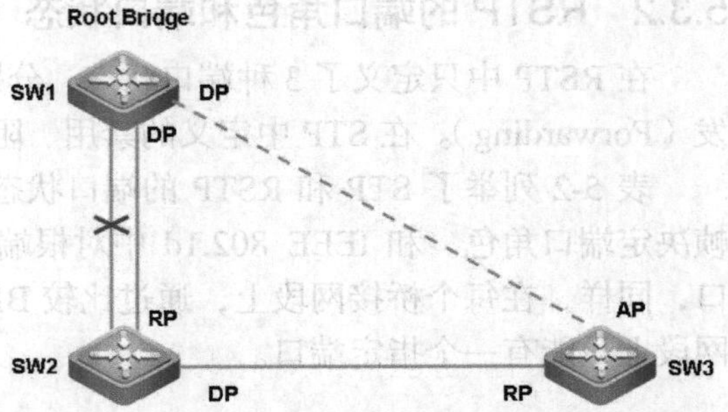

图 5-18　SW1 和 SW2 之间的活动链路故障

如果 SW2 和 SW3 之间的活动链路也出现故障，那么 SW3 就会自动把替换端口变为根端口，进入转发状态，形成图 5-19 所示的情况。

在 RSTP 标准网络中，仅当非边缘端口处于转发状态时，拓扑结构才会发生改变，而如果 IEEE 802.1d 中连接丢失（如端口阻塞），则不会引起拓扑结构变化。IEEE 802.1w 的拓扑结构变化通知与 IEEE 802.1d 中不同，这可以大大减少通信中断。

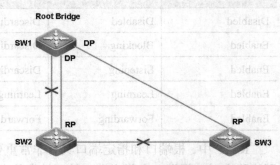

图 5-19　SW2 和 SW3 之间的活动链路故障

在 IEEE 802.1d 中，TCN 先单独传给根网桥，然后再传送到其他网桥。接收 IEEE 802.1d 的 TCN，将使网桥快速老化转发表条目，不考虑网桥转发是否会被影响。RSTP 则恰恰相反，它明确通知网桥保留接收 TCN 端口学习到的条目，使这项工作得到最优化。TCN 特性的这种改变，大大降低了在网络拓扑结构变化中丢失 MAC 地址可能性。

5.3.3　RSTP 与 STP 的兼容性

RSTP 可以与 STP 完全兼容。RSTP 根据收到的 BPDU 帧中携带的版本号，自动判断相连交换机是支持 STP 还是支持 RSTP。如果与 STP 交换机相连，就只能按 STP 工作流程进行，经过 30 秒后再进入转发状态，但无法发挥 RSTP 的最大功效。

RSTP 和 STP 混用还会遇到这样一个问题，在图 5-20（a）中，如果 SW1 交换机支持 RSTP，SW2 交换机只支持 STP，它们互联，SW1 发现与它相连的是 STP 桥，就发出 STP 的 BPDU 帧来兼容它。

但如果换交换机 SW3，如图 5-20（b）所示，SW3 支持 RSTP，但 SW1 依然发送 STP 的 BPDU 帧，使 SW3 认为与之互联的是 STP 桥，结果两台支持 RSTP 的交换机以 STP 运行，降低效率。

为此，RSTP 提供协议迁移（Protocol-migration）功能，强制发送 RSTP 的 BPDU 帧。这样 SW1 强制发送 RSTP BPDU，SW3 发现与之互联的交换机支持 RSTP，于是两台交换机都以 RSTP 运行，如图 5-20（c）所示。

由此可见，RSTP 相对于 STP 改进了很多。为了支持这些改进，BPDU 帧格式做了一些修改，但 RSTP 仍然向下兼容 STP，可以混合组网。

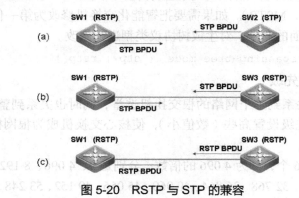

图 5-20　RSTP 与 STP 的兼容

5.4　STP 与 RSTP 的配置

5.4.1　生成树协议的默认参数

配置生成树协议时，需要了解交换机相关参数的默认值，表 5-3 列出了 Spanning Tree 的默认配置。

表 5-3　Spanning Tree 的默认配置

项目	默认值
Enable State	Disable，不打开 STP
STP Priority	32768
STP Port Priority	128
STP Port Cost	根据端口速率自动判断，计算方法为长整型
Hello Time	2 秒
Forward Delay Time	15 秒
Max Age Time	20 秒
Link Type	根据端口双工状态自动判断

可以通过命令对这些参数配置进行修改，也可以通过"**spanning-tree reset**"命令让"spanning tree"的参数恢复到默认配置。

5.4.2 配置 STP 和 RSTP

1. 打开、关闭 Spanning Tree 协议

交换机默认状态开启 SpanningTree 协议，如果关闭，可以使用下面命令打开。

```
Switch(config)#spanning-tree
```

如果要关闭 Spanning Tree 协议，可用"no spanning-tree"命令设置。

```
Switch(config)#no spanning-tree
```

2. 修改生成树协议的类型

智能化交换机默认自动开启第三代生成树协议类型——多生成树协议（Multiple Spanning Tree Protocol，MSTP）。如果需要把智能化交换机修改为第一代生成树 STP 或者 RSTP 时，需要使用下面的命令，对生成树协议类型进行修改。

```
Switch(config)#spanning-tree mode { stp | rstp }
```

3. 配置交换机优先级

交换机的优先级关系到整个网络的根交换机选举，同时也关系到整个网络拓扑结构。通常把核心交换机优先级设置高些（数值小），使核心交换机成为根网桥，有利于整个网络稳定。

优先级设置值有 16 个，都为 4 096 的倍数，分别是 0、4 096、8 192、12 288、16 384、20 480、24 576、28 672、32 768、36 864、40 960、45 056、49 152、53 248、57 344 和 61 440，默认值为 32 768。

要配置交换机的优先级需要在全局配置模式下运行下面的命令。

```
Switch(config)#spanning-tree priority < 0 - 61440 >
```

如果要恢复到默认值，可用"no spanning-tree priority"命令设置。

```
Switch(config)#no spanning-tree priority
```

4. 配置端口优先级

对于连在同一共享介质上的两个端口，交换机会选择高优先级（数值小）端口进入 Forwarding 状态，低优先级（数值大）端口进入 Discarding 状态。如果两个端口优先级一样，就选择端口编号小的进入 Forwarding 状态。

和交换机优先级一样，可配置端口优先级值也有 16 个，都为 16 的倍数，分别是 0、16、32、48、64、80、96、112、128、144、160、176、192、208、224 和 240，默认值为 128。

配置端口优先级，需要在端口配置模式下运行下面命令。

```
Switch(config-if)#spanning-tree port-priority < 0-240 >
```

如果要恢复到默认值，可用"no spanning-tree port-priority"端口配置命令设置。

```
Switch(config-if)#no spanning-tree port-priority
```

5. 配置端口的路径成本（可选）

交换机根据端口到根网桥路径的成本来选定根端口，因此，端口路径成本设置关系到

本交换机哪个端口成为根端口。端口路径成本默认值按端口链路速率自动计算，速率高的端口成本小。没有特别需要时，不必更改它，这样算出的路径成本最科学。

端口的路径成本默认值由端口链路速率自动计算，可以在端口模式下，运行下面命令修改，取值范围为 1~200 000 000。

```
Switch(config-if)#spanning-tree cost cost <1~200 000 000 >
```

如果要恢复到默认值，可用"no spanning-tree cost"端口配置命令设置。

```
Switch(config-if)#no spanning-tree cost cost
```

6. 查看生成树配置

在特权模式运行以下命令，查看交换机上运行生成树实例的状态，检查配置是否正确。

```
Switch#show spanning-tree
......
```

也可以用下面命令，显示交换机某个具体端口的生成树信息。

```
Switch#show spanning-tree interface interface-id
......
```

5.4.3　生成树配置实例

生成树协议

快速生成树协议

如图 5-21 所示，配置全网 RSTP，修改每台交换机的默认优先级和 MAC 地址。

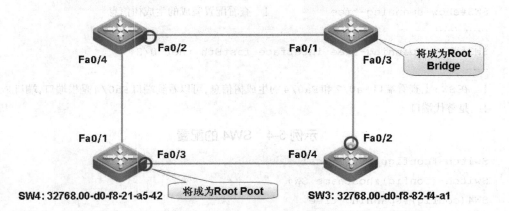

图 5-21　生成树配置实例拓扑结构

只启用 RSTP，SW2 将成为根网桥，而 SW4 的端口 Fa0/3 成为根端口。现将 SW1 设为根网桥，SW3 的端口 Fa0/4 设为根端口，进行示例 5-1~示例 5-4 的配置。

示例 5-1   SW1 的配置

```
Switch #configure terminal
Switch (config)#hostname SW1
SW1(config)#spanning-tree
SW1(config)#spanning-tree mode rstp
SW1(config)#spanning-tree priority 4096
！降低 SW1 网桥优先级，使 SW1 能被选举为根网桥
SW1(config)#exit
SW1#show spanning-tree          ！ 查看配置完成的生成树信息
......
```

示例 5-2   SW2 的配置

```
Switch #configure terminal
Switch (config)#hostname SW2
SW2(config)#spanning-tree
SW2(config)#spanning-tree mode rstp
SW2(config)#exit
SW2#show spanning-tree          ！ 查看配置完成的生成树信息
......
```

示例 5-3   SW3 的配置

```
Switch #configure terminal
Switch (config)#hostname SW3
SW3(config)#spanning-tree
SW3(config)#spanning-tree mode rstp
SW3(config)#exit
SW3#show spanning-tree          ！ 查看配置完成的生成树信息
...... ......
SW3#show spanning-tree interface fastEthernet 0/2
...... ......
！ 在 SW3 上查看端口 Fa0/2 和 Fa0/4 的生成树信息，可以看到端口 Fa0/4 是根端口，端口 Fa0/2
！ 是替代端口
```

示例 5-4   SW4 的配置

```
Switch #configure terminal
Switch (config)#hostname SW4
SW4(config)#spanning-tree
SW4(config)#spanning-tree mode rstp
SW4(config)#spanning-tree priority 24576
！降低 SW4 网桥优先级，使 SW3 能选举端口 Fa0/4 为根端口
SW4(config)#exit
```

```
SW4#show spanning-tree            ！查看配置完成的生成树信息
……
```

为了不改变 SW3 的端口路径成本，在这里采取的方法是将 SW4 的网桥优先级改小，并减小 SW4 的网桥 ID，然后根据根路径成本相同时，比较发送网桥 ID 的原则，SW3 就会选举连接 SW4 的端口 Fa0/4 为根端口。配置完成后，生成树收敛的结果如图 5-22 所示。

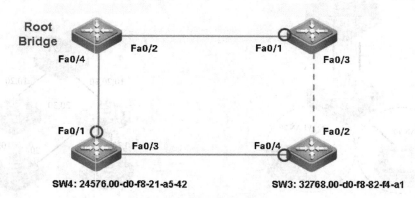

图 5-22 生成树收敛的结果

5.5 多生成树协议

5.5.1 多生成树产生背景

在生成树协议的发展历史上，共有三代生产树技术的出现，分别如下。

第一代生成树：STP（IEEE 802.1d），RSTP（IEEE 802.1w）。

第二代生成树：PVST，PVST+。

第三代生成树：MISTP，MSTP（IEEE 802.1s）。

简单地说，第一代生成树 STP/RSTP 是基于端口的生成树；第二代生成树 PVST/PVST+是基于 VLAN 的生成树，是 Cisco 厂商的非标准化的私有生成树协议；第三代生成树 MISTP/MSTP 是基于实例的生成树，也称为多生成树。目前，网络中安装的智能化交换机产品，都默认启用第三代生成树协议。

早期开发的 RSTP，随着 VLAN 技术的大规模应用，逐渐暴露出其本身缺陷。

1. 无法实现负荷分担

如图 5-23 所示，由于网络中 VLAN 的存在，造成了网络的隔离，其中，骨干链接的左边链路为主干链路，右侧链路是备份（Backup）状态。如果能让 VLAN 10 的流量全走左边，VLAN 20 的流量全走右边，可以实现骨干链路的均衡负荷，将更能平衡网络流量。

2. 造成 VLAN 网络不通

如图 5-24 所示，由于 RSTP 不能在 VLAN 之间传递 BPDU 帧消息，会造成图中右下角交换机上 VLAN 10 和 VLAN 30 的所有上联端口都 Discarding，导致这两个 VLAN 内的所有设备，都无法与上行设备通信。

网络互联技术（理论篇）

由于第一代生成树协议 IEEE 802.1d 和 IEEE 802.1w 中规范的 STP 和 RSTP 生成树，都是单生成树（Mono Spanning-Tree，MST），即与 VLAN 技术无关，整个网络只根据网络拓扑结构生成单一树结构，所以在网络中出现 VLAN 技术时，就会造成生成树消息无法传递的网络故障。

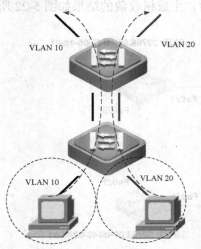

图 5-23　RSTP 无法实现负荷分担

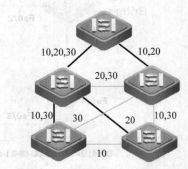

图 5-24　RSTP 造成 VLAN 不能通信

5.5.2　什么是多生成树协议

多生成树协议是在 IEEE 802.1s 标准中定义的一种新型生成树协议，它提出了 VLAN 和生成树之间的"映射"思想，在多生成树协议中引入了"实例"（Instance）的技术。所谓实例是多个 VLAN 集合，一个或若干个 VLAN 可以映射到同一棵生成树中，但每个 VLAN 又只能在一棵生成树里传播消息。通过把多个 VLAN 捆绑到一个实例中的方法，可以节省多生成树环境中传播 BPDU 消息帧的通信开销和资源占用率。

MSTP 中各个实例拓扑结构独立计算，在这些实例上实现负荷均衡。在使用的时候，可以把多个相同拓扑结构的 VLAN 映射到一个实例里。这些 VLAN 在端口上的转发状态，取决于对应实例在 MSTP 里的状态。

5.5.3　多生成树协议优点

多生成树协议是 IEEE 802.1s 中定义的新型生成树协议。相对于第一代单生成树 STP 和 RSTP，MSTP 既能像 RSTP 一样快速收敛，又能基于 VLAN 实现负荷均衡，优势非常明显。MSTP 的主要目的是降低与网络拓扑结构相匹配的生成树实例的总数，进而降低交换机 CPU 周期，即发挥单生成树计算简单的优点，又减少网络设备的消耗，并且可以拥有多个生成树。

MSTP 的特点如下。

① MSTP 在网络拓扑结构计算中引入"域"概念，把一个交换网络划分成多个域。每个域内形成多棵生成树，生成树之间彼此独立。在域间，MSTP 利用公共与内部生成树（Common and Internal Spanning Tree，CIST）保证在全网络拓扑结构中无环路存在。

② MSTP 通过引入"实例"的概念，将多个 VLAN 映射到一个实例中，以节省网络通

112

信开销和资源占用率。在 MSTP 中，各个实例拓扑结构的计算是独立的（每个实例对应一棵单独的生成树），在这些实例上就可以实现 VLAN 数据的负荷均衡。

③ MSTP 兼容 STP 和 RSTP，可以实现类似 RSTP 端口状态的快速迁移机制。

5.5.4　MSTP 相关概念

MSTP 在协议中引入了域的概念。域由域名、修订级别、VLAN 与实例的映射关系组成，只有这三个生成树标识信息都一样的互联的交换机才被认为在同一个域内。默认时，域名就是交换机的 MAC 地址，修订级别等于 0，所有的 VLAN 都映射到实例 0 上。MSTP 中定义的实例 0 具有特殊的作用，称为公共与内部生成树，其他的实例称为多生成树实例（Multiple Spanning Tree Instance，MSTI）。

1. MST 域

多生成树域（MST 域）由交换网络中多台设备以及它们之间的网段构成。这些设备具有下列特点：都启动了 MSTP，具有相同的域名，相同的 VLAN 到生成树实例的映射配置，相同的 MSTP 修订级别配置，这些设备之间在物理上有链路联通。如图 5-25 所示，左边区域就是一个 MST 域。

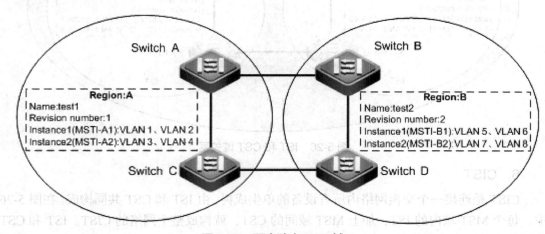

图 5-25　两个独立 MST 域

2. MSTI 域

一个多生成树域（MST 域）内可以通过 MSTP 生成多棵生成树，各棵生成树之间彼此独立。每棵生成树都称为一个多生成树实例。如图 5-25 所示，每个域内可以存在多棵生成树，每棵生成树和相应的 VLAN 对应，这些生成树就被称为多生成树实例。

3. VLAN 映射表

VLAN 映射表是 MST 域中的一个重要属性，用来描述 VLAN 和生成树实例之间的映射关系。

4. IST 域

内部生成树（Internal Spanning Tree，IST）是域内实例 0 上的生成树，是 MST 域内的一个生成树，IST 实例使用编号 0。由内部生成树（IST）和公共生成树（CST）共同构成整个交换网络的 CIST。

IST 是 CIST 在 MST 域内的片段，如图 5-26 所示，CIST 在每个 MST 域内都有一个片段，这个片段就是各个域内的 IST，IST 使整个 MST 域从外部上看就像一个虚拟的网桥。

5. CST

公共生成树（Common Spanning Tree，CST）是连接交换网络内所有 MST 域的单生成树。如果把每个 MST 域看成一台"设备"，CST 就是这些"设备"通过 RSTP 计算生成的一棵生成树。如图 5-26 所示，区域 A（Region:A）和区域 B（Region:B）各自为一个网桥，在这些"网桥"间运行的生成树被称为 CST，图中水平连接线条描绘的就是 CST。

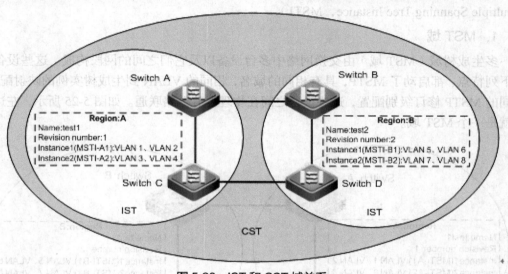

图 5-26　IST 和 CST 域关系

6. CIST

CIST 是连接一个交换网络内所有设备的单生成树，由 IST 和 CST 共同构成。在图 5-26 中，每个 MST 域内的 IST，加上 MST 域间的 CST，就构成整个网络的 CIST。IST 和 CST 共同构成整个交换网络的 CIST。

CIST 相当于每个 MST 区域中的 IST、CST 及 IEEE 802.1d 网桥的集合。STP 和 RSTP 会为 CIST 选举出 CIST 的根。

5.5.5　配置 MSTP

1. 开启 MSTP

交换机默认状态开启 SpanningTree 协议，如果关闭，可以使用下面命令打开。

```
Switch(config)#spanning-tree              ! 启用生成树
Switch(config)#spanning-tree mode mstp    ! 选择生成树模式为 MSTP
```

在智能化交换机中，默认情况下启用生成树后，生成树的运行模式为 MSTP。

2. 配置 MSTP

MSTP 有多项参数，如果需要配置 MSTP 的属性参数，就需进入 MSTP 配置模式，具体命令如下。

```
Switch#configure terminal
Switch(config)#spanning-tree mst configuration    ! 进入 MSTP 配置模式

Switch(config-mst)#instance instance-id vlan vlan-range
! 在交换机上配置 VLAN 与生成树实例的映射关系
Switch(config-mst)#name name-IC1                  ! 配置 MST 域的配置名称
Switch(config-mst)#revision number                ! 配置 MST 域的修正号
! 参数的取值范围是 0~65535, 默认值为 0
SwitchA(config)#spanning-tree mst instance priority number
! 配置 MST 实例的优先级
```

3. 查看 MSTP 生成树配置信息

通过如下命令,查看 MSTP 生成树的配置信息。

```
Switch#show spanning-tree                         ! 查看生成树配置结果
......

Switch#show spanning-tree mst configuration       ! 查看 MSTP 的配置结果
......

Switch#show spanning-tree mst instance            ! 查看特定实例的信息
......

Switch#show spanning-tree mst instance interface
......                                  ! 查看特定端口在相应实例中的状态信息
```

5.5.6 MSTP 应用

如图 5-27 所示,某企业网络的骨干网络实现冗余了备份,通过冗余保证网络的健壮性,希望启用 MSTP,实现网络的健康、稳定运行。

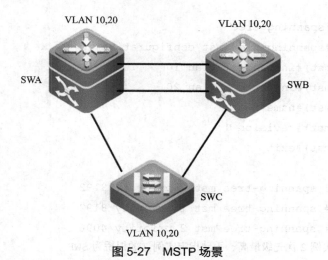

图 5-27 MSTP 场景

图 5-27 中,每台交换机上都运行了 VLAN 10 和 VLAN 20,要求 VLAN 10 的根网桥为交换机 SWA, VLAN 20 的根网桥为交换机 SWB,相关 MSTP 的配置信息如下。

1. 配置 SWA 的 MSTP

```
！关于 SWA 的基础配置信息省略，只涉及 MSTP 配置信息
……
SWA(config)#spanning-tree
SWA(config)#spanning-tree mst configuration          ！进入 MSTP 配置模式
SWA(config-mst)#instance 1 vlan 10        ！配置 VLAN 10 与生成树实例 1 的映射关系
SWA(config-mst)#instance 2 vlan 20
SWA(config-mst)#name test                            ！配置 MST 域的配置名称
SWA(config-mst)#revision 1                            ！配置 MST 域的修正号
SWA(config-mst)#exit

SWA(config)# spanning-tree mst 0 priority 8192       ！配置 MST 实例 0 的优先级
SWA(config)# spanning-tree mst 1 priority 4096
！设置 SWA 的实例 1 优先级最高，手动指定实例 1 的根桥为 SWA
SWA(config)# spanning-tree mst 2 priority 8192
SWA(config)# exit

SWA #show spanning-tree mst configuration            ！查看 MSTP 的配置结果
……
SWA #show spanning-tree mst instance                 ！查看特定实例的信息
……
```

2. 配置 SWB 的 MSTP

```
！关于 SWB 的基础配置信息省略，只涉及 MSTP 配置信息
……
SWB(config)#spanning-tree
SWB(config)#spanning-tree mst configuration
SWB(config-mst)#instance 1 vlan 10
SWB(config-mst)#instance 2 vlan 20
SWB(config-mst)#name test
SWB(config-mst)#revision 1
SWB(config-mst)#exit

SWB(config)# spanning-tree mst 0 priority 8192
SWB(config)# spanning-tree mst 1 priority 8192
SWB(config)# spanning-tree mst 2 priority 4096
！设置 SWB 的实例 2 优先级最高，手动指定实例 2 的根桥为 SWB
SWB(config)# exit

SWB #show spanning-tree mst configuration            ！查看 MSTP 的配置结果
```

```
......
SWB #show spanning-tree mst instance          ! 查看特定实例的信息
......
```

3. 配置 SWC 的 MSTP

! 关于 SWC 的基础配置信息省略，只涉及 MSTP 配置信息

```
......
SW3(config)#spanning-tree
SW3(config)#spanning-tree mst configuration
SW3(config-mst)#instance 1 vlan 10
SW3(config-mst)#instance 2 vlan 20
SW3(config-mst)#name test
SW3(config-mst)#revision 1
SW3(config-mst)#exit

SW3(config)# interface fastEthernet 0/1
SW3(config-if)# switchport mode trunk
SW3(config)# interface fastEthernet 0/2
SW3(config-if)# switchport mode trunk
SW3(config)# exit

SW3 #show spanning-tree mst configuration      ! 查看 MSTP 的配置结果
......
SW3 #show spanning-tree mst instance           ! 查看特定实例的信息
......
```

5.6 以太网端口聚合

随着互联网应用范围的扩展，特别是多媒体视频流的需求旺盛，100 Mbit/s 甚至 1 Gbit/s 的带宽已经无法满足网络应用需求。要解决网络带宽瓶颈问题，最根本的方法是提高带宽。而提高链路带宽一般有两种方法。

① 将低速网络接口更换为高速接口（快速以太网端口吉比特以太网）。

② 在骨干交换机之间增加链路宽带。

在当前的骨干网络建设中，大规模使用第一种方案，也就是使用光纤技术，提升骨干网络的传输效率。但在很多无法布置光纤传输的网络环境中，多采用第二种传输方案，以提高网络传输效率。

但在第二种方案中，如果直接采用多条链路进行连接，多链路的连接会产生环路，虽然使用生成树技术可以解决环路问题，但备份链路仅仅是作为备份，不能增加骨干链路的带宽，帮助提高网络传输速率。端口聚合技术（也称链路聚合）则解决了这个问题。

在 1999 年制定的 IEEE 802.3ad 标准中，定义了如何将两条以上的以太网链路聚合起

网络互联技术（理论篇）

来，不仅能实现高带宽网络连接，还能实现网络的负荷均衡传输。

5.6.1 端口聚合概述

交换机端口聚合原理

在网络组建中，如果两台交换机之间有多条冗余链路，生成树协议会将其中的多余链路关闭，只保留一条，这样可以避免二层环路产生。但是这样就失去了路径冗余及高带宽传输的优点。使用端口聚合技术，交换机把一组物理端口聚合起来，作为一条逻辑通道，这样交换机会认为这个逻辑通道为一个传输端口。

端口聚合技术主要用于交换机之间的连接，可以把多个物理端口捆绑在一起形成一个简单的逻辑端口，这个逻辑端口被称为聚合端口（Aggregate Port，AP）。

聚合端口由多个物理成员接口聚合而成，是多条备份链路上带宽扩展的一个重要途径，其标准为 IEEE 802.3ad。该协议标准可以把多个物理接口的带宽叠加起来使用，例如，全双工快速以太网端口形成的 AP 最大可以达到 800 Mbit/s，吉比特以太网端口形成的 AP 最大可以达到 8 Gbit/s，如图 5-28 所示。

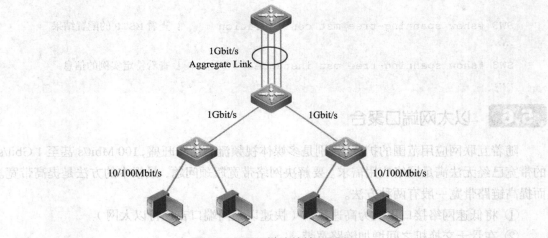

图 5-28　骨干链路的端口聚合

5.6.2 端口聚合技术的优点

1. 带宽增加

使用端口聚合技术，交换机会把一组物理端口聚合起来，作为一条逻辑通道，这样交换机会认为这是一条高宽带的逻辑端口。

这项标准适用于 10/100/1 000 Mbit/s 以太网环境中，对于二层交换设备来说，聚合端口理论上就像一个高带宽的交换端口，可以把多个端口的带宽叠加起来使用，扩展链路带

118

宽，带宽相当于各个接口的带宽总和。

2. 增加冗余

通过聚合端口发送的帧，可在所有成员端口上进行流量平衡。如果聚合端口中的一条成员链路失效，聚合端口会自动将这条链路上的流量，转移到其他有效的成员链路上，以提高骨干连接的可靠性，这就是 IEEE 802.3ad 所具有的自动链路冗余备份的功能。

只要不是聚合组内所有的端口都 down 掉，两台交换机之间仍然可以继续通信。

3. 负荷均衡

当其中一台交换机得知 MAC 地址已经被自动地从一个聚合端口重新分配到同一条链路中的另一个端口时，流量转移就被触发，数据将被发送到新端口位置，并且在几乎不中断服务的情况下，网络继续运行。可以在聚合组内的端口上配置，使网络通信流量可以在这些端口上自动进行负荷均衡。聚合端口中的任意一条成员链路收到的广播或者多播报文，都不会被转发到其他成员链路上。

需要注意的是，聚合端口的成员端口类型可以为 Access 端口或 Trunk 端口，但同一个聚合端口的成员端口必须为同一类型，即全部是 Access 端口，或全部是 Trunk 端口。

5.6.3　聚合端口的流量平衡

聚合端口会根据传输报文中的 MAC 地址或 IP 地址进行流量平衡，即把流量平均地分配到聚合端口内的成员链路中去。流量平衡可以根据源 MAC 地址、目的 MAC 地址、源 MAC 地址+目的 MAC 地址或源 IP 地址/目的 IP 地址进行设置。

① 源 MAC 地址流量平衡技术。根据报文的源 MAC 地址，把报文平均分配到各条链路中。不同的主机，转发的链路不同。同一台主机的报文，从同一条链路转发（交换机中学到的地址表不会发生变化）。

② 目的 MAC 地址流量平衡技术。根据报文的目的 MAC 地址，把报文分配到各条链路中。同一目的主机的报文，从同一条链路上转发。不同目的主机的报文，从不同的链路转发。用"aggregateport load-balance"命令可以设定流量分配方式。

③ 源 MAC 地址+目的 MAC 地址流量平衡技术。根据报文的源 MAC 地址和目的 MAC 地址，把报文分配到聚合端口的各条成员链路中。具有不同的源 MAC 地址+目的 MAC 地址的报文，可能被分配到同一条聚合端口的成员链路中。

④ 源 IP 地址/目的 IP 地址流量平衡技术。源 IP 地址/目的 IP 地址流量平衡技术，根据报文的源 IP 地址/目的 IP 地址对进行流量分配。不同源 IP 地址/目的 IP 地址对的报文，通过不同的链路转发；同一源 IP 地址/目的 IP 地址对的报文，通过相同的链路转发；其他的源 IP 地址/目的 IP 地址对的报文，通过其他的链路转发。该流量平衡方式一般用于三层聚合端口。在此流量平衡模式下收到的如果是二层报文，则自动根据源 MAC 地址/目的 MAC 地址对来进行流量平衡。

根据不同的网络环境，应设置合适的流量分配方式，以便能把流量较均匀地分配到各条链路上，充分利用网络的带宽。

在图 5-29 中，两台交换机之间设置了聚合链路，服务器的 MAC 地址只有一个。为了让客户机与服务器之间的通信流量，能被多条链路分担，连接服务器的交换机，应根据目的 MAC 地址进行流量平衡，而连接客户机的交换机，应当根据源 MAC 地址进行流量平衡。

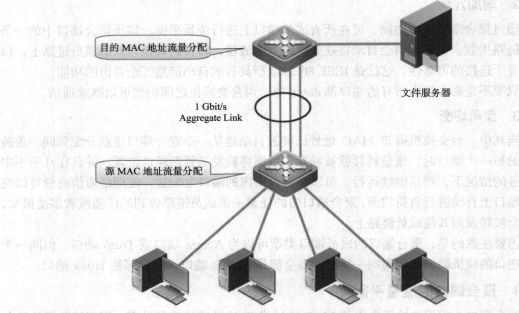

图 5-29　端口聚合的流量平衡

需要注意的是，不同型号的交换机支持的流量平衡算法类型也不尽相同，配置前需要查看该型号交换机的配置手册。

5.6.4　配置端口聚合

端口聚合是将多个物理端口聚合在一起形成一个聚合端口，实现输出/输入负荷在各个成员端口中均衡，同时也提供更高的连接可靠性。端口聚合可以通过手工配置方式，配置端口聚合需要先了解以下几点注意事项。

　① 聚合端口中成员端口的端口速率必须一致。

　② 聚合端口中成员端口必须属于同一个 VLAN。

　③ 聚合端口中成员端口使用的传输介质应相同。

　④ 默认情况下创建的聚合端口是二层聚合端口。

　⑤ 二层端口只能加入二层聚合端口，三层端口只能加入三层聚合端口。

　⑥ 聚合端口不能设置端口安全功能。

　⑦ 当把端口加入一个不存在的聚合端口时，会自动创建聚合端口。

　⑧ 当把一个端口加入聚合端口后，该端口的属性将被聚合端口的属性所取代。

　⑨ 将一个端口从聚合端口中删除后，该端口将恢复为其加入聚合端口前的属性。

　⑩ 当一个端口加入聚合端口后，不能在该端口上进行任何配置，直到该端口退出聚合端口。

1. 配置二层聚合端口

在全局配置模式下，使用以下命令创建一个聚合端口（假设聚合端口不存在）。

```
Switch(config)#interface aggregateport n                    ! n 为 AP 号
```

也可以在端口配置模式下，使用"port-group"命令，将以太网端口配置成聚合端口的成员端口，如果这个聚合端口不存在，则同时创建这个聚合端口。

```
Switch#configure terminal                                  ! 进入全局配置模式
Switch(config)#interface range {port-range}
! 指定要加入聚合端口的物理端口范围
Switch(config-if-range)# port-group port-group-number
! 将该端口加入一个聚合端口（如聚合端口不存在，则同时创建这个聚合端口）
Switch(config-if-range)# end                               ! 回到特权模式
```

在端口配置模式下，使用"**no port-group**"命令，删除一个聚合端口成员端口。

```
Switch(config-if-range)# no  port-group port-group-number
```

2. 配置三层聚合端口

默认情况下，一个聚合端口是一个二层聚合端口。如果要配置一个三层聚合端口，则需要使用"no switchport"命令将其设置为三层端口。

```
Switch#configure terminal
Switch(config)#interface aggregateport aggregate-port-number
! 进入聚合端口端口配置模式，如果这个聚合端口不存在，则创建该聚合端口
Switch(config-if)#no switchport                            ! 将该端口设置为三层模式
Switch(config-if)#ip address ip-address mask
! 给聚合端口配置 IP 地址和子网掩码
```

3. 配置流量平衡

不同型号的交换机，支持的流量平衡算法可能会有所不同（不同型号交换机支持的端口聚合流量平衡算法可查看具体型号交换机的配置手册），但配置思路完全一致。

```
Switch (config)#aggregateport load-balance {dst-mac|src-mac|src-dst-mac|
dst-ip|src-ip|ip }
```

设置聚合端口的流量平衡，使用的算法有以下几种。

① dst-mac：根据报文的目的 MAC 地址进行流量分配。在聚合端口各条链路中，目的 MAC 地址相同的报文，被送到相同的成员链路，目的 MAC 地址不同的报文，分配到不同的成员链路。

② src-mac：根据报文的源 MAC 地址进行流量分配。在聚合端口各条链路中，来自不同 MAC 地址的报文分配到不同的成员链路，来自相同 MAC 地址的报文使用相同的成员链路。

③src-dst-mac：根据源 MAC 地址与目的 MAC 地址进行流量分配。不同源 MAC 地址/目的 MAC 地址对的流量，通过不同的成员链路转发，同一源 MAC 地址/目的 MAC 地址对的流量，通过相同的成员链路转发。

④ dst-ip：根据报文的目的 IP 地址进行流量分配。在聚合端口各条链路中，目的 IP 地址相同的报文，被送到相同的成员链路，目的 IP 不同的报文，分配到不同的成员链路。

⑤ src-ip：根据报文的源 IP 地址进行流量分配。在聚合端口各条链路中，来自不同 IP

地址的报文，分配到不同的成员链路，来自相同 IP 地址的报文，使用相同的成员链路。

⑥ ip：根据源 IP 地址与目的 IP 地址进行流量分配。不同源 IP 地址/目的 IP 地址对的流量，通过不同的成员链路转发；同一源 IP 地址/目的 IP 地址对的流量，通过相同成员链路转发。

将聚合端口的流量平衡算法设置恢复到默认值，在全局配置模式下使用"no aggregateport load-balance"命令。

```
Switch (config)#no aggregateport load-balance
```

4. 查看端口聚合配置

在特权模式下，使用下面的命令查看聚合端口的设置。

```
Switch#show aggregateport [port-number] {load-balance | summary}
......
```

除此之外，聚合端口可以作为一类逻辑端口，像普通物理端口一样，使用"show interface"命令查看详细信息。

5.6.5 端口聚合配置实例

端口聚合技术

如图 5-30 所示，将交换机之间的两条链路配置成聚合链路，相应端口配置为聚合端口，在 SW1 上配置聚合端口流量平衡算法为 dst-mac，在 SW2 上配置聚合端口流量平衡算法为 src-mac。

具体的配置如下所示。

1. SW1 端口聚合配置过程

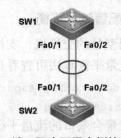

图 5-30 端口聚合配置实例的拓扑结构

```
Switch #configure terminal
Switch (config)#hostname SW1
SW1(config)#interface range fastEthernet 0/1-2
SW1(config-if-range)#port-group 1
SW1(config-if-range)#end

SW1(config)#aggregateport load-balance dst-mac
SW1(config)#exit

SW1#show aggregatePort 1 summary
......
```

2. SW2 端口聚合配置过程

```
Switch #configure terminal
Switch (config)#hostname SW2
SW2(config)#interface range fastEthernet 0/1-2
SW2(config-if-range)#port-group 1
SW2(config-if-range)#end

SW2(config)#aggregateport load-balance src-mac
SW2(config)#exit

SW2#show aggregatePort 1 summary
......
```

5.7　认证测试

以下每道选择题中，都有一个正确答案或者是最优答案，请选择出正确答案。

1. (　　) 会被泛洪到除接收端口以外的其他端口。

    A. 已知目的地址的单播帧　　　　　B. 未知目的地址的单播帧

    C. 多播帧　　　　　　　　　　　D. 广播帧

2. STP 通过 (　　) 构造一个无环路拓扑结构。

    A. 阻塞根网桥　　　　　　　　　B. 阻塞根端口

    C. 阻塞指定端口　　　　　　　　D. 阻塞非根非指定的端口

3. (　　) 拥有从非根网桥到根网桥的最低成本路径。

    A. 根端口　　　　B. 指定端口　　　　C. 阻塞端口　　　　D. 非根非指定端口

4. 对于一个处于监听状态的端口，以下正确的是 (　　)。

    A. 可以接收和发送 BPDU 帧，但不能学习 MAC 地址

    B. 既可以接收和发送 BPDU 帧，也可以学习 MAC 地址

    C. 可以学习 MAC 地址，但不能转发数据帧

    D. 不能学习 MAC 地址，但可以转发数据帧

5. RSTP 中的 (　　) 状态等同于 STP 中的监听状态。

    A. 阻塞　　　　B. 监听　　　　C. 丢弃　　　　　D. 转发

6. 在 RSTP 活动拓扑结构中包含 (　　)。

    A. 根端口　　　　B. 替代端口　　　　C. 指定端口　　　　D. 备份端口

7. 要将交换机 100Mbit/s 端口的路径成本设置为 25，以下命令正确的是 (　　)。

    A. "Switch(config)#spanning-tree cost 25"

    B. "Switch(config-if)#spanning-tree cost 25"

    C. "Switch(config)#spanning-tree priority 25"

    D. "Switch(config-if)#spanning-tree path-cost 25"

8. 以下端口可以设置成聚合端口的是（　　　）。

    A. VLAN 1 的 Fa0/1
    B. VLAN 2 的 Fa0/5

    C. VLAN 2 的 Fa0/6
    D. VLAN 1 的 GigabitEthernet 1/10

    E. VLAN 1 的 SVI

9. STP 中选择根端口时，如果根路径成本相同，则比较（　　　）。

    A. 发送网桥的转发延迟
    B. 发送网桥的型号

    C. 发送网桥的 ID
    D. 发送端口 ID

10. 在为连接大量客户主机的交换机配置聚合端口后，应选择（　　　）流量平衡算法。

    A. dst-mac
    B. src-mac
    C. ip
    D. dst-ip

    E. src-ip
    F. src-dst-mac

5.8 科技之光：大疆无人机占据全球超 80%民用市场份额

【扫码阅读】大疆无人机占据全球超 80%民用市场份额

第 6 章 IP 及子网规划

【本章背景】

在中山大学网络中心工作过一段时间后，晓明经常听到网络中心的工程师们说关于"子网"的专业术语，诸如："把 3 号楼学生宿舍单独划到 '172.16.8.0' 那个子网中去""新成立培训中心的设备和成教处放在一个子网""教学楼五层的子网地址规划有错误"等。

晓明对听到的很多专业术语很疑惑，关于 IP 地址知识，他很熟悉，但关于"子网"知识，他就很困惑：不知道子网和网络有什么不同？他把"计算机地址""IP 地址""子网地址"甚至和之前学习到的"MAC 地址"搞混在一起，因此就和网络中心的陈工程师说出了自己的迷惑。陈工程师在了解到晓明的需求后，思考了下，列出了子网知识中需要学习的内容。

本章知识发生在以下网络场景中。

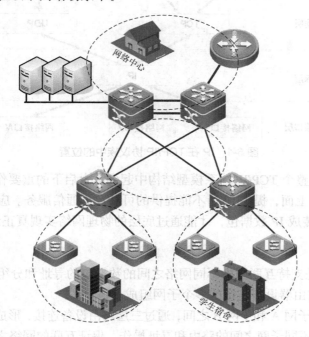

【学习目标】

◆ 了解有类 IP 地址的基础知识

◆ 会对 IP 地址进行子网划分

◆ 了解私有 IP 地址

◆ 了解 IP 子网规划技术

网络互联技术（理论篇）

互联网由许多小型网络构成，每个网络内部有很多主机，无数个独立的小型网络互相连接，便构成一个个有层次的网络结构，其中每一个小型的网络都是一个子网。

安装在同一子网内的主机，依靠数据链路层 MAC 地址寻找目的主机，但如果目的主机位于不同的子网中，应该如何通信？这就需要借助 TCP/IP 协议栈中的 IP 来解决子网之间的路由和寻址问题，网络中不同子网之间的主机借助子网通过 IP 实现通信。

6.1　IP

IP 是 TCP/IP 体系中最主要的协议，也是最重要的互联网标准协议之一。IP 提供了无连接的数据包传输和网际之间的路由服务。利用 IP 可以使各种异形网络构成一个统一结构的大型网络，从而实现不同网络类型之间的互联互通。

图 6-1 所示的 TCP/IP 协议族结构图，描述了 IP 在整个 TCP/IP 协议栈中承上启下的重要位置。日常应用程序通过调用 TCP 或 UDP，在保证网络提供可靠的端对端的链接基础上，利用 IP 将上层的数据报文封装成 IP 数据包，向下传递给网络接口层，再通过相关的服务将数据封装成可以在底层的物理网络上传输的"数据帧"，以便在本地网络媒体中传输。

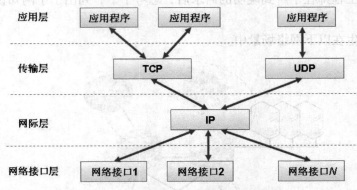

图 6-1　IP 在 TCP/IP 协议族中的位置

由此可见，IP 在整个 TCP/IP 体系模型结构中起到承上启下的重要作用。传输层的 TCP 和 UDP 位于 IP 层的上面，提供 IP 所不能提供的可靠数据通信服务。应用层产生的各种具体应用，通过 IP 封装成 IP 数据包，才能通过底层的物理网络实现真正地传输。

6.1.1　IP 概述

IP 的主要任务是支持互联网中不同网络之间的数据包的寻址和分组转发服务。一个互联网络通常由多台路由器设备连接的多个子网组成。

如图 6-2 所示，子网 A 和子网 B 之间，通过三层路由设备连接，形成互联在一起的互联网络 AB。IP 实现了不同子网之间的路由和寻址操作，保证互联的网络之间正常通信。

1.　什么是 IP

IP 是英文 Internet Protocol 的缩写，中文简称为"网际协议"，也就是为计算机网络相互连接实现通信而设计的协议。在 Internet 中，IP 提供了连接到网上的所有计算机网络实现相互通信的一套规则，规定了计算机在 Internet 上进行通信时应当遵守的规则。任何厂商的网络系统，只有遵守 IP 才可以与 Internet 互联互通。

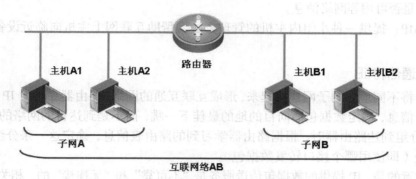

图 6-2　路由器设备连接的子网互联

IP 实际上是一套由软件、程序组成的协议标准软件。它把各种来自不同底层网络中封装完成的"数据帧"，统一转换成"IP 数据包"格式，从而屏蔽了不同底层网络的差别，实现互联互通。这种 IP 包封装和转换是 Internet 的一个最重要的特征，它使各种不同类型网络中的设备都能通过 Internet 实现互联互通，保证了 Internet "开放性""互联性"的特点。

2．IP 功能

网际层可解决在一个单一网络上传输数据包的问题，因此，IP 能够承载多种不同的来自高层协议的数据。在 IP 中，可完成数据从源节点发送到目的节点的基本任务。具体来说，IP 具有以下几部分功能。

（1）寻址

IP 为接入网络中的计算机分配能标明唯一身份的 IP 地址，并提供网络中的数据包封装任务，提供全网统一标准的 IP 数据包格式。

（2）路由选择

路由选择是以单个 IP 数据包为基础的，通过路由表确定某个 IP 数据包到达目的主机需经过的路由器。在 IP 中，路由选择依靠路由表进行。安装在 IP 网络中的主机和路由器中，均学习生成有一张路由表。路由表由目的主机地址和去往目的主机的路径两部分组成，指明转发的下一跳路由器（或目的主机）的 IP 地址。

（3）分段与组装

IP 数据包在实际传送过程中所经过的物理网络帧的最大长度可能不同，当长的 IP 数据包需通过短帧结构的子网时，需要对 IP 数据包进行分段与组装。IP 需要对数据包分段，每一段需包含原有的标志符。为了提高效率，减轻路由器的负担，重新组装工作由目的主机来完成。

3．IP 协议族

为了有效配合 IP 在网络层的工作，与 IP 配套使用的还有 3 个协议。

① ARP：是设备通过自己知道的 IP 地址来获得自己 MAC 物理地址的协议。

② RARP：在无盘工作站网络环境中，如果设备知道自己的 MAC 物理地址，RARP 帮助其获得 IP 地址。

③ ICMP：在主机和路由器等设备之间传递网络控制消息，如网络是否联通、主机是否可达、路由是否可用等网络消息。

④ IGMP：提供一种小组内主机的管理方法，帮助互联网上主机向临近设备报告它的广播组成员。

4．IP 通信特征

路由器将不同地方的子网连接起来，形成互联互通的网络。路由器在转发 IP 数据包时，根据路由表信息，确定数据包通向目的地的最佳下一跳，而不是到达目的网络的完整路径。当 IP 数据分组到达路由器时，根据路由器学习到的路由表信息，确定这一条分组信息转发的最佳路径（即使用哪个接口转发数据包）。

需要注意的是，IP 提供的数据包传送服务是"不可靠"和"无连接"的，相关含义如下。

① 不可靠（Unreliable）：IP 仅提供最好的传输服务，但不保证 IP 数据包成功到达目的地。当发生传输错误时，会丢弃数据包，只发送 ICMP 消息给信源端。任何网络的可靠性保证都由上层 TCP 提供。

② 无连接（Connectionless）：IP 数据包可以不按发送顺序接收，每个数据包独立传输，IP 不维护任何后续数据包的状态信息。每个数据包都独立进行路由选择，自由选择不同路线。

6.1.2　IP 包格式

1．什么是 IP 数据包

IP 数据包（Packet）是信息在互联网中传输的一种数据形式，所传送的数据必须按照 IP 封装的格式，封装成"IP 包"，再传送出去。每个"IP 包"（分组）都作为一个"独立的报文"传送，所以叫作"IP 数据包"。

在网络中的每一个 IP 数据包，不一定都通过同一条路径传输，它们按照路由器根据网络状态选择不同的路由自由传输，所以也叫作"无连接"。IP 数据包的无连接传输这一特点非常重要，它大大提高了网络的可靠性和安全性，以及网络传输的速度。

IP 层的数据传输单位为 IP 数据包。一个 IP 数据包由首部和数据两部分组成。首部的前一部分是固定长度的，共 20 字节，是所有 IP 数据包必须具有的。后面是一些可选字段，其长度是可变的。

按照 IP 的封装要求，每个封装完成的 IP 数据包都有报头和报文这两个部分。报头中有源地址、目的地址等内容，保障每个数据包不经过同样路径，都能准确地到达目的地，在目的地重新组装，还原成原始的数据。这就是 IP 的封装和组装的功能，如图 6-3 所示。

图 6-3　数据包的格式

2．IP 数据包格式

网际层的数据传输单位为 IP 数据包，IP 信息是在互联网络中传输的数据携带的"信封"。网际层的 IP 提供的各项服务都体现在 IP 数据包这个"信封"的格式上。它能说明数据的发送地址和接收地址，以及数据在网络上应该如何被传输等。

如图 6-4 所示，一个 IP 数据包的完整格式由首部和数据两部分组成。首部固定长度共 20 字节，是所有 IP 数据包必须具有的；后面是一些可选字段，其长度可变。首部的后面就是 IP 数据包中携带的数据。

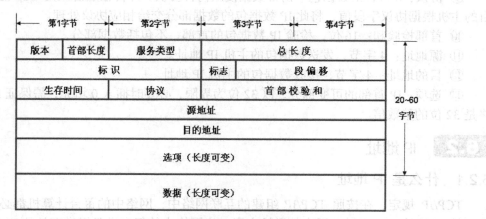

图 6-4　IP 数据包的格式

下面介绍各字段意义。

① 版本：4 位，目前使用的 IP 版本号为 4（即 IPv4）。

② 首部长度：4 位。以 4 字节为单位，可表示的数值范围是 5~15，因此 IP 的首部长度范围是 20~60 字节。

③ 服务类型（TOS）：8 位，当网络流量较大时，路由器根据服务类型（TOS）内的不同值决定哪些数据包优先发送，哪些后发送，其中，前 3 位表示优先级，后 4 位是 TOS 字段："D_"表示更低时延，"T_"表示更高吞吐量，"R_"表示更高可靠性，"C_"表示更小路由开销。

④ 总长度：16 位，指整个 IP 数据包的长度。利用该部分信息，可知道 IP 数据包中数据内容的起始位置和长度，因此 IP 数据包的最大长度为 65 535 字节（即 64 KBytes）。长数据包传输效率更高，但实际使用的数据包长度很少超过 1 500 字节。当数据包长度超过网络允许的最大传输长度时，必须将长数据包分片。数据包首部总长度不是指未分片前数据包的长度，而是指分片后每片的首部长度与数据长度的总和。

⑤ 标识（Identification）：16 位，用于数据包分片与重组，该字段标识分段属于哪个特定数据包。它是一个计数器，当 IP 发送数据包时，将这个计数器的当前值复制到标识字段中。如果数据包要分片，就将这个值复制到每一个分片后的数据包片中。这些数据包片到达接收端后，按照标识字段值使数据包片重组成为原来的数据包。

⑥ 标志（Flag）：3 位，表示数据包分片信息，目前只有两位有意义，其中，最低位 MF（More Fragment）=1，表示后面还有分片数据包，MF=0 表示是若干数据包片中的最后一个，中间位 DF（Don't Fragment）=1，表示不能分片，DF=0 表示允许分片。

⑦ 段偏移：13 位，以 8 个字节为偏移单位，也即每个分片长度是 8 字节的整数倍。分段偏移指出较长分组分片后，某片在原分组中的相对位置。也就是相对于用户数据字段的起点，该片从何处开始。

⑧ 生存时间（TTL）：8 位，生存时间设置数据包经过的最多路由器数，即数据包生存时间。TTL 初始值由源主机设置，经过一台处理路由器，值就减 1。当该字段值为 0，数据包就被丢弃，并发送 ICMP 报文通知源主机。

⑨ 协议：8 位，指数据包中携带数据使用何种协议，即传输层协议是 TCP 还是 UDP。目的主机根据协议字段值，将此 IP 数据包的数据部分交给相应协议处理。

⑩ 首部检验和：16 位，检验 IP 数据包的首部，不包括数据部分。

⑪ 源地址：4 字节，发送数据包的主机 IP 地址。

⑫ 目的地址：4 字节，接收数据包的主机 IP 地址。

⑬ 选项：IP 首部的可变部分，以 32 位为界限，必要时插入 0 填充，需保证 IP 首部始终是 32 位的整数倍。

6.2 IP 地址

6.2.1 什么是 IP 地址

TCP/IP 规定，在按照 TCP/IP 组建的互联网络中，网络中的每台计算机都必须有一个唯一的 IP 地址。IP 通过分层次的寻址方案，为网络中的每台设备提供有效的 IP 地址。

IP 除封装统一格式的 IP 数据包、实现不同网络的互联互通外，还有一个非常重要的作用，就是给互联网上每台设备分配一个全球唯一的"IP 地址"。这种全球的唯一性，保证联在互联网上的每台设备能够准确通信。

IP 地址是一组 32 位的二进制数字，包含网络地址和主机地址两部分，标识所属的网络和主机信息。网络地址部分，用于在互相连接的网络间转发 IP 分组数据包。网络中的路由器通过查找路由表中该地址所在的网络信息，并沿着目的网络的某条路径，转发该 IP 分组。IP 分组到达目的网络后，通过交换机识别 IP 地址和 MAC 地址映射信息，按 MAC 地址表转发到目的主机上。

6.2.2 IP 地址表示方法

IP 地址就是互联网中的每一台主机分配到的一个全世界范围内唯一的 32 位标识符。IP 地址由互联网名称与数字地址分配机构（Internet Corporation for Assigned Names and Numbers，ICANN）组织分配。

在主机或路由器中存放的 IP 地址都是 32 位二进制代码。它包含网络号（net-id）和主机号（host-id）两个独立信息段，其中，网络号标识设备所连接到的网络，主机号标识该设备机号。为了提高 IP 地址的可读性，通常将 32 位二进制 IP 地址按照每 8 位一组的方式，使用等效的十进制表示，数字之间使用一个点号分隔，称为点分十进制记法（Dotted Decimal Notation），如图 6-5 所示。通常一个 IP 地址的每一字段数值的取值范围是 0~255。

32位二进制数

网络号		主机号	

每8位表示成一个十进制数

172	16	122	204
10101100	00010000	01111010	11001100

128
64
32
16
8
4
2
1

图 6-5 IP 地址格式

6.2.3 什么是子网掩码

子网掩码（Subnet Mask）又叫网络掩码、地址掩码，也是一组 32 位二进制组成的地址码，主要指明一个 IP 地址组成位中哪些位是网络地址，哪些位是主机地址。通过将子网掩码和 IP 地址进行一一对应的"与"运算，可得到该 IP 地址所在的网络地址。因此通过子网掩码可以将某个 IP 地址划分成网络地址和主机地址两部分。

子网掩码从左端开始，用连续的二进制数字"1"表示 IP 地址中有多少位属于网络地址；用二进制数字"0"表示主机号是哪些位，如子网掩码"11111111 11111111 00000000 00000000"可以简写成 255.255.0.0。子网掩码的另一种表示方法是在 IP 地址后加上"/"符号及子网掩码的网络地址长度，如 IP 地址 172.16.1.1 和子网掩码 255.255.0.0，可以简写成 172.16.1.1/16。

在有类网络中，A、B、C 类地址中网络号和主机号所占的位数固定，具体如下。

① 标准 A 类地址子网掩码：255.0.0.0。

② 标准 B 类地址子网掩码：255.255.0.0。

③ 标准 C 类地址子网掩码：255.255.255.0。

6.2.4　有类 IP 地址

所谓"分类 IP 地址"或者是"有类 IP 地址"，就是将 IP 地址中的网络位和主机位固定下来，分别由两个固定长度的字段组成，左边部分表示网络，右边部分表示主机。根据固定网络号位数和主机号位数的不同，IP 地址可分成 A 类、B 类、C 类、D 类和 E 类等 5 类地址，其中，A 类、B 类和 C 类地址最常用。

如图 6-6 所示，在有类地址中 A 类、B 类和 C 类地址的网络号分别固定为 8 位、16 位和 24 位，最前面 1~3 位数值分别规定为 0、10 和 110，对应的主机号字段长度分别为 24 位、16 位和 8 位。

其中，A 类网络是大型网络，容纳主机数最多；B 类和 C 类网络是中小型网络，网络中主机数相对少些；D 类地址目前用于多播地址；E 类地址留作试验使用。

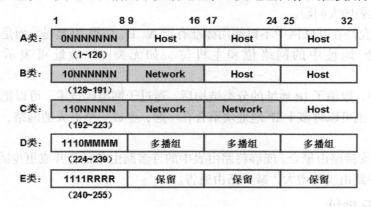

图 6-6　IP 地址的分类

1. A 类地址

A 类地址的网络地址占 8 位，主机地址占 24 位。A 类地址的特点如下。

① 前 1 位为 0。

② 网络地址范围是 1.0.0.0~126.0.0.0。

③ 最大网络数为 127 个。

A 类网络中的最多主机数量是 1 677 214（即 2^{24}-2）台，即去掉一个主机地址全 0 的地址和主机地址全 1 的地址。因为 TCP/IP 协议规定：全 0 主机地址表示该 IP 地址是此主机所连接到网络地址，全 1 的主机地址表示该 IP 地址是主机所连接网络中的广播地址。

2. B 类地址

B 类地址具有 16 位网络地址和 16 为主机地址，特点如下。

① 前 2 位为 1、0。

② 网络地址的范围是 128.0.0.0~191.255.0.0。

③ 最多的网络数量为 16 384 个。

④ 网络中的最多主机数量是 65 534（2^{16}-2）台。

3. C 类网络

C 类地址具有 24 位网络地址和 8 位主机地址，特点如下。

① 前 3 位为 1、1、0。

② 网络地址的范围为 192.0.0.0~223.255.255.0。

③ 可用的网络数量为 2 097 152 个。

④ 网络中的最多的主机数是 254 台。

6.2.5 无类 IP 地址

有类地址技术主要应用在互联网早期的网络环境中，而随着互联网应用范围扩大，直接使用 A 类、B 类、C 类地址标准地址规范，会造成大量有效的 IP 地址被浪费。如今互联网中基本不再使用有类 IP 地址方案。在 20 世纪 90 年代初，一种称为无类域间路由（Classless Inter-Domain Routing，CIDR）的无类 IP 地址规划方案被提出，帮助减缓 IP 地址消耗和解决路由表增大问题。

CIDR 技术允许在互联网中不再使用标准有类 A、B、C 类 IP 地址，而是完全依靠子网掩码来区分 IP 地址中的网络位和主机位，如无类 IP 地址可表示为"10.10.3.1 255.255.255.0"。

在互联网中，取消了 IP 地址的分类结构后，通过子网掩码技术，可以把大的网络划分出较小的子网，也可以将多个 IP 地址块聚合在一起，生成一个更大的网络，能容纳更多的主机。

CIDR 技术支持路由聚合，能够将路由表中的许多路由条目合并成更少的数目，因此可以限制路由器中路由表的增大，减少路由通告。

6.2.6 私有 IP 地址

为有效利用 IP 地址，解决 IP 地址应用枯竭现象，互联网组织委员会在全部的 IP 地址段中，专门规划出 3 个可以重复使用的 IP 地址段，允许它们只能在组织、机构内部有效，可以重复使用，但不允许被路由器转发到公网中。这些只在企业内部网络使用的 IP 地址，称为专用地址（Private Address）或者私有地址。

由于这些私有地址，只能应用于一个机构的内部通信，而不能用于和互联网上公网 IP 的主机通信，所以安装在互联网中的所有路由器，对接收到的数据包中，IP 地址的目的地址中含有私有地址的数据包都不转发。如果含有私有 IP 地址的数据包需要接入 Internet，要使用地址翻译（Network Address Transtion，NAT）技术，将私有地址转换成合法公用 IP 地址。这些私有 IP 地址规划如下。

① A 类地址中：10.0.0.0~10.255.255.255。

② B 类地址中：172.16.0.0~172.31.255.255。

③ C 类地址中：192.168.0.0~192.168.255.255。

除此之外的其余 A、B、C 类地址，可以在互联网上使用（即可被互联网上路由器所转发），称为公网地址或者合法地址。

在互联网中规划私有 IP 地址的意义是，假定一个组织机构内部的计算机之间通信，采用 TCP/IP 组建内联网（Intranet）。按照私有地址规划规则，这些内联网中使用的计算机，就可以由机构本身自行规划其 IP 地址，构建和 TCP/IP 共同架构的网络。也就是说，让这些计算机使用仅在机构本身有效的 IP 地址，不用向互联网管理机构申请公有 IP 地址，节省全球 IP 地址资源。

6.2.7　特殊 IP 地址

除以上介绍的各类 IP 地址外，还有一些特殊 IP 地址使用在特殊的场合。下面来分别介绍一些比较常见的特殊 IP 地址。

1. 环回地址

以"127"开头的网段，都称为环回地址，用来测试网络协议是否正常工作。例如，使用"ping 127.1.1.1"可以测试本地 TCP/IP 是否正确安装。另外，客户进程用环回地址发送报文给本机进程，例如在本机浏览器里输入"http://127.1.2.3"，用来测试 Web 服务是否正常启动。

在 Windows 系统下，环回地址还称为"localhost"。无论哪个应用程序，一旦使用该地址发送数据，则协议返回和本机通信完成的测试信息，不进行任何网络传输。

2. 0.0.0.0

严格来说，0.0.0.0 已经不是真正意义上的 IP 地址。它表示所有不清楚的主机和目的网络，也即是任意的网络、任意的主机。如果在网络中设置默认网关，那么 Windows 系统就会自动产生一个目的地址为 0.0.0.0 的默认路由。

3. 255.255.255.255

255.255.255.255 是受限广播地址。这个地址指本网段内（同一个广播域）的所有主机。该地址用于主机配置过程中 IP 数据包的目的地址。在任何情况下，路由器都禁止转发目的地址为受限广播地址的数据包。这样的数据包只能出现在本地网络广播中。

4. 直接广播地址

IP 地址中，主机地址位全为 1 的地址为直接广播地址。主机使用这种地址将一个 IP 数据包发送到本地网段的所有设备上，路由器会转发这种 IP 数据包到特定网络上所有主机。需要注意的是，这个地址在 IP 数据包中只能作为目的地址。直接广播地址使一个网段中可分配给硬件设备的地址个数减少 1 个。

5. 网络号全为 0 的地址

当某台主机向同一网段上其他主机发送报文时，使用这样的地址，IP 分组不会被路由器转发。例如，在 12.12.12.0/2 网络中的一台主机 12.12.12.2/24，在与同一网络中另一台主机 12.12.12.8/24 通信时，目的地址可以是 0.0.0.8。

6. 主机号全为 0 的地址

这个地址同样不能用于主机，它指向本网，表示"本网络"的意思。路由表中经常出现主机号全为 0 的地址。

7. 169.254.*.*

如果网络中的主机配置需要使用动态主机配置协议（DHCP）功能自动获得一个 IP 地址，那么当 DHCP 服务器发生故障，或响应时间太长而超出系统规定时间时，Windows 系统会自动为主机分配这样一个地址。如果发现网络中的主机 IP 地址是诸如此类的地址，那么网络很有可能出现故障。

6.3　IP 子网技术

在互联网早期发展阶段，许多 A 类地址被分配给大型网络服务提供商使用，许多 B 类地址被分配给大型公司或其他组织使用，这样的分配结果造成大量 IP 地址被相关组织消耗掉。

此外，如果网络内包含的主机数量过多（如一个 B 类网络的最大主机数是 $2^{16}-2$ 台，即可分配 65 534 个有效 IP 地址），而如果在组网模式上，又采取以太网的组网形式，则网络内会有大量的广播信息存在，从而导致网络内的严重拥塞。特别是随着互联网技术的广泛应用，由美国国家骨干网转为全球公有互联网络后，有限 IP 地址的个数，已经远远不能满足越来越多的主机需要，因此需要寻找有效的解决方案，子网技术也是过渡到 IPv6 地址期间的主要过渡方案之一。

6.3.1　什么是子网

在 IP 中，子网指的是从有类网络中，利用最高位的主机地址位，划分成若干个较小的网络，形成若干个独立的子网的过程。划分子网的目的是允许一个大型网络能拥有多个小的局域网。

将一个网络划分成若干个子网，这样做的好处是，可以使 IP 地址应用更加有效，将原来处于同一个网段上的主机分隔成不同网段或子网，就可将原来的一个广播域划分成若干个较小的广播域，从而减少大型网络中的广播干扰问题，提高网络传输的效率，如图 6-7 所示。

子网技术的划分，通过子网掩码技术来实现，因此必须先掌握子网掩码这个重要概念。

6.3.2　子网掩码的应用

在 IP 中，子网掩码是用来区分 IP 地址中的网络地址和主机地址的信息标识符，检查网络上的主机是否在同个一网段内。子网掩码不能单独存在，必须结合 IP 地址一起使用。

它的形式和 IP 地址一样，同样可以采用"点分十进制"数字来表示，长度是 32 位，但它使用连续的"1"标识网络地址部分，使用连续的"0"标识主机地址部分。

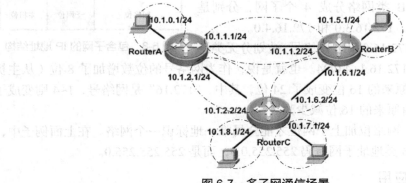

图 6-7　多子网通信场景

　　子网掩码通过和 IP 地址一一对应进行"与"运算，计算的结果就是该 IP 地址所在的网络地址。子网掩码将某个 IP 地址划分成网络地址和主机地址两部分，从而实现了无类网络的划分。例如，某台主机的 IP 地址为 202.119.115.78（C 类地址），子网掩码为 255.255.255.0，将这两个数据做逻辑与（AND）运算后，得出值中非 0 部分，即为网络号。

　　202.119.115.0 就是这个 IP 地址的网络号，剩余的部分即为主机号，也就是主机号为 78。如果有另一台主机的 IP 地址为 202.119.115.83，它的子网掩码也是 255.255.255.0，则其网络号为 202.119.115.0，主机号为 83。可以看出，这两台主机的网络号都是 202.119.115.0，因此这两台主机在同一个网段内，它们之间的通信不需要路由转发。

6.3.3　划分子网的方法

　　子网划分技术改变了有类网络中的 IP 地址的使用方法。在子网技术下，网络地址和主机地址不再使用固定的位数，而是按照实际组网需要，自由规划 IP 地址。在大型、中型网络中如果需要划分多个子网，可采用借位的方法，将主机地址改变为子网地址。

　　为保证网络地址连续性，子网地址的借位从主机地址的最高位开始，把高位的主机地址部分位变为新的子网位，剩余部分仍为主机位。这时，本来应当属于主机号的部分变为网络号，实现划分子网目的。

　　借位使得有类的 IP 地址的结构分为 3 部分：网络位、子网位和主机位，如图 6-8 所示。划分完成子网后，网络位加上子网位才能全局唯一标识一个网络。把所有网络位都用 1 来标识，

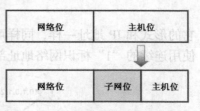

主机位用 0 来标识，就得到了新的子网掩码。

例如，在子网划分中，网络 172.16.0.0 通过借用主机位高位部分，把一个 B 类网络分成 4 个子网，分别是 172.16.1.0、172.16.2.0、172.16.3.0 和 172.16.4.0。

图 6-8　包含子网的 IP 地址结构

原有的有类网络 172.16.0.0/16 网络号，被划分无类子网后，IP 地址就变成 172.16.1~4.0/24。也就是说，作为网络号的位数增加了 8 位（从主机号中借用了 8 位），由原来的 16 位变成了 24 位，其中，"172.16" 是网络号，1~4 则变成子网号，相应主机号则由原来的 16 位减少为 8 位。

引入子网概念后，网络位加上子网位才能全局唯一地标识一个网络。在上面例子中，子网掩码不再是标准 B 类地址子网掩码 255.255.0.0，而是 255.255.255.0。

6.3.4　子网划分的应用

以下示例，说明了一个子网地址的规划过程。

某学院新建 4 个机房，每个房间有 25 台机器，给定的一个网络地址空间为 192.168.10.0/24，现在需要将其划分为 4 个办公子网，分配给不同机房中的主机使用。

1. 分析

给某学院机房分配一个 C 类 IP 地址 "192.168.10.0　255.255.255.0"，需要分配给 4 个机房的计算机使用，下面介绍如何规划 4 个机房的主机地址。

把该地址分为 4 个子网，必然要向最高位主机号借位作为子网地址，借几位需要根据每个机房中的主机数量决定。调查下网络要求：4 个机房，每个房间有 25 台机器。这相当于需要规划 4 个子网，每个子网内至少分配 25 台主机地址，IP 地址结构如图 6-9 所示。

2. 确定子网借位数

计算子网内的最多的主机数，可以使用公式来确定子网借位：$2^n - 2 \geqslant$ 最大主机数。

而每个机房需要规划 25 台主机，则 $2^n - 2 \geqslant 25$，计算 n 的近似值为 5。也就是说，需要规划 5 个地址段地址。按照规则，把主网地址向右延伸，从主机的最高位开始，需要借 3 位作为子网位（因为 $2^2 = 4$，$2^3 = 8$，5 介于 4~8 之间，取最大值），如图 6-10 所示。

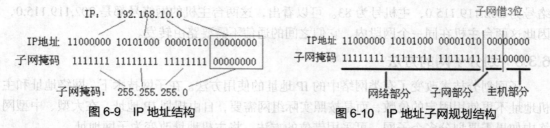

图 6-9　IP 地址结构　　　　图 6-10　IP 地址子网规划结构

确定好子网范围后，主网络 24 位地址不变，新增加 3 位的子网地址，依次形成 8 个子网地址范围，如图 6-11 所示。

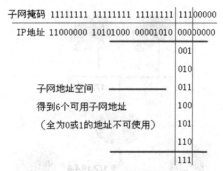

图 6-11   规划完成的子网

3. 确定子网范围

按照规则，首尾"全 0 或全 1"可以废弃不用。由此得到 6 个有效子网地址，全部转换为点分十进制，表示如下。

11000000 10101000 00001010 00100000 = 192.168.10.32

11000000 10101000 00001010 01000000 = 192.168.10.64

11000000 10101000 00001010 01100000 = 192.168.10.96

11000000 10101000 00001010 10000000 = 192.168.10.128

11000000 10101000 00001010 10100000 = 192.168.10.160

11000000 10101000 00001010 11000000 = 192.168.10.192

这就规划出所有子网的网络地址，通过计算，得出其子网掩码为 11111111 11111111 11111111 11100000，即 255.255.255.224。

4. 获得网络中主机地址

依据每个子网的网络地址，规划出相应的 4 个机房的子网地址和子网内主机地址，如下。

子网 1：192.168.10.32；子网掩码：255.255.255.224；主机 IP 地址：192.168.10.33～62。

子网 2：192.168.10.64；子网掩码：255.255.255.224；主机 IP 地址：192.168.10.65～94。

子网 3：192.168.10.96；子网掩码：255.255.255.224；主机 IP 地址：192.168.10.97～126。

子网 4：192.168.10.128；子网掩码：255.255.255.224；主机 IP 地址：192.168.10.129～158。

子网 5：192.168.10.160；子网掩码：255.255.255.224；主机 IP 地址：192.168.10.161～190。

子网 6：192.168.10.192；子网掩码：255.255.255.224；主机 IP 地址：192.168.10.193～222。

注意：在一个网络中，主机地址为全 0 的 IP 地址是网络地址，为全 1 的 IP 地址是网络广播地址，不建议使用，以免混淆。

6.3.5   子网划分的意义

子网编址使得 IP 地址具有一定层次结构，这种层次化地址结构便于 IP 地址分配和管理，使得网络地址既能适应各种现实的物理网络规模，又能充分利用 IP 地址空间，图 6-12 所示为使用路由设备实现划分的 4 个子网的互联互通。

值得注意的是，路由器的每个接口要连接到不同的网段上，即属于不同的子网，并且每划分一个子网，就会丢失两个地址。因为按照特殊 IP 地址的使用规则，子网中主机地址同样不能是全 0 或全 1。当借用主机位作为子网位后，子网位可以为全 0 或者全 1。

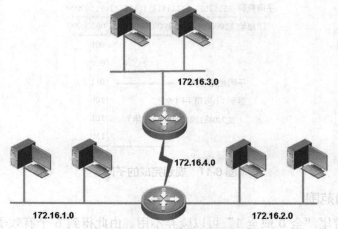

图 6-12　互联互通的子网划分

但今天的路由器技术已经开发成熟，可以使用这种子网掩码为全 0 或全 1 的子网。
要启用全 0 子网，必须在路由器全局模式下输入以下命令。

```
Router(config)# ip subnet-zero
```

6.3.6　可变长子网掩码

前面在定义子网掩码时，将整个网络中的子网掩码都假设为同一个子网掩码。也就是
说，无论各个子网中容纳多少台主机，只要这个网络被划分成子网，这些子网都将使用相
同的子网掩码。

然而在许多情况下，网络中不同子网连接的主机数可能有很大差别。这就需要在一个
主网络中定义多个子网掩码，这种方式称为可变长子网掩码（Variable-Length Subnet Mask，
VLSM）技术。

1．VLSM 的优点

VLSM 技术使得 IP 地址的使用更加有效，从而减少了子网中 IP 地址的浪费，并且 VLSM
技术允许已经划分过子网的网络，可继续在其 IP 地址的基础上划分子网。

例如，网络地址 172.16.0.0/16（即子网掩码中 1 的个数为 16）被划分成子网掩码长度
为 24 的子网，其中子网 172.16.14.0/24 又被继续划分成子网掩码长度为 27 的子网。这个子
网掩码长度为 27 的子网的范围是 172.16.14.0/27~172.16.14.224/27。还可将子网
172.16.14.128/27 继续划分成子网掩码长度为 30 的子网。这个子网掩码长度为 30 的子网，
其网络中实际可用的主机数仅为两个，这两个 IP 地址通常都作为连接两台路由器接口的地
址。

同时，VLSM 技术还提高了网络中路由的汇总能力。VLSM 技术加强了 IP 地址的层次
化结构设计，使路由表的路由汇总更加有效。例如，在图 6-13 中，最右边的路由器中的路
由表将到达 172.16.14.0/24 的网络及其子网的路由信息汇总成了一个主网 172.16.14.0/24。
也就是说，对于网络边界，路由器能够屏蔽掉子网的信息，从而减少路由器中路由表条目
的数量，减少路由开销。

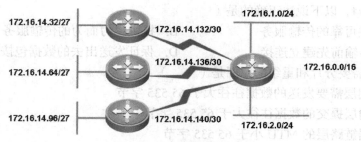

图 6-13　可变长子网掩码

2. VLSM 的计算

假设某企业被分配了一个子网地址 172.16.32.0/20，而该企业共拥有 50 个分支机构，每个分支机构内部大约有 30 个用户。对于子网掩码长度为 20 的网络来说，所能容纳的最多的主机数超过了 4 000（$2^{12}-2=4\ 094$）台。此时，如果使用 VLSM 技术，就可以在原有的子网地址中划分出更多的子网地址，并且将每个子网中拥有的主机地址数量减少，以便更灵活地进行 IP 地址的有效分配。

如图 6-14 所示，子网地址由原来的 172.16.32.0/20 变成 172.16.32.0/26，可获得 64（2^6）个子网，每个子网内所能容纳的最多的主机数量为 62（$2^6-2=62$）台。

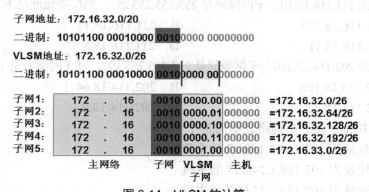

图 6-14　VLSM 的计算

将 172.16.32.0/20 划分成 172.16.32.0/26 的步骤如下。

① 将 172.16.32.0 写成二进制的形式。

② 用一条线将网络号和主机号区分开，图 6-14 中即为 20 位和 21 位之间。

③ 在主机号的第 26 位和第 27 位之间画一条线，标明其 VLSM 位。

④ 通过计算两条线之间的位的不同组合，计算出 VLSM 子网的最大值和最小值。

图 6-14 中给出的是可用 VLSM 子网中的前 5 个，要得到剩余子网只需按照顺序递增 VLSM 子网部分的取值。

6.4　认证测试

以下每道选择题中，都有一个（或多个）正确答案或者是最优答案，请选择出正确答案。

1. 关于 IPv4，以下说法正确的是（　　　）。

    A. 提供可靠的传输服务　　　　　　　　B. 提供尽力而为的传输服务

    C. 在传输前先建立连接　　　　　　　　D. 保证发送出去的数据包按顺序到达

2. IP 报文需要分片和重组的原因是（　　　）。

    A. 应用层需要发送的数据往往大于 65 535 字节

    B. 传输层提交的数据往往大于 65 535 字节

    C. 数据链路层的 MTU 小于 65 535 字节

    D. 物理层一次能够传输的数据小于 65 535 字节

3. B 类 IP 地址的网络号和主机号的位数分别为（　　　）。

    A. 8，24　　　　　　　　　　　　　　　B. 16，16

    C. 24，8　　　　　　　　　　　　　　　D. 不能确定，要根据子网掩码而定

4. IP 地址 192.168.1.0/16 代表的含义是（　　　）。

    A. 网络 192.168.1 中编号为 0 的主机

    B. 代表 192.168.1.0 这个 C 类网络

    C. 一个超网的网络号，该超网由 255 个 C 类网络合并而成

    D. 网络号是 192.168，主机号是 1.0

5. IP 地址是 211.116.18.10，子网掩码是 255.255.255.252，其广播地址是（　　　）。

    A. 211.116.18.255　　　　　　　　　　B. 211.116.18.12

    C. 211.116.18.11　　　　　　　　　　　D. 211.116.18.8

6. IP 地址是 202.114.18.190，子网掩码是 255.255.255.192，其子网编号是（　　　）。

    A. 202.114.18.128　　　　　　　　　　B. 202.114.18.64

    C. 202.114.18.32　　　　　　　　　　　D. 202.114.18.0

7. 下面主机位于同一个网络之中的是（　　　）。

    A. IP 地址为 192.168.1.160/27 的主机

    B. IP 地址为 192.168.1.240/27 的主机

    C. IP 地址为 192.168.1.154/27 的主机

    D. IP 地址为 192.168.1.190/27 的主机

8. 有以下 C 类地址 202.97.89.0，如果采用 27 位子网掩码，则该网络可以划分（　　　）个子网，每个子网内可以有（　　　）台主机。

    A. 4，32　　　　　　B. 5，30　　　　　　C. 8，32　　　　　　D. 8，30

6.5　科技之光：进入全球竞争前列的"阿里云"

【扫码阅读】进入全球竞争前列的"阿里云"

第 7 章 三层交换技术

【本章背景】

晓明第一次听到"三层交换"这个词，是在网络中心召开的一次校园网二期改造规划会议上。当时，他听到一位到网络中心拜访的工程技术人员说："学生宿舍网络这几年来由于学生扩招，需要扩充网络规模，为了优化宿舍网络的接入，必须采用三层交换技术，把原来的学生宿舍的网络按照楼层规划成一个个独立的子网，直接用三层交换设备连接，这样宿舍网速会更快！"

由于在网络中心工作过一段时间，晓明知道交换技术是使用交换机设备把信息从网络的一端传输到另一端，可是关于三层交换技术，晓明听到就很疑惑。三层交换是如何传输的？和二层交换有什么不同？三层交换技术和子网技术有什么关系？晓明和网络中心的陈工程师说出了自己的疑问。陈工程师在了解到晓明的需求后，思考了一会儿，列出了晓明需要学习的知识内容。

本章知识发生在以下网络场景中。

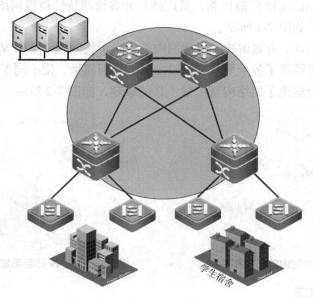

学生宿舍

【学习目标】

◆ 了解三层交换原理
◆ 配置三层交换机设备

当今网络业务流量呈几何级数爆炸式增长，多媒体以及视频流应用模式改变了互联网传统的传输模式，网络中需要穿越路由器的业务流也大大增加。传统的路由器低速、传输过程复杂等因素所造成的网络瓶颈凸显出来。

第三层交换技术的出现，很好地解决了局域网中业务流跨越子网段而引起的低转发速率、高延时等网络瓶颈问题。第三层交换设备的应用领域也从最初的骨干层、汇聚层，一直渗透到边缘的接入层，在网络互联的组网实践中的应用日益普及。

三层交换技术有效地解决了传统局域网中网络分段之后，网段中子网必须依赖路由器进行管理的局面。

7.1 三层交换技术产生原因

SVI 实现不同 VLAN 间相互通信

1. VLAN 隔离二层广播

以太网技术以其组网设备成本低、网络拓扑结构简单、网络的故障排除快速等优点，在发展的过程中，逐渐战胜其他网络模型，成为目前应用最为广泛的局域网组网技术。但以太网因为使用 CSMA/CD 传输机制，其广播和冲突检测特性使得网络内部充满广播和冲突而影响传输效率，如图 7-1 所示。

VLAN 技术的出现，有效解决了局域网内的广播干扰问题。使用 VLAN 技术隔离了二层广播域，也就相应隔离了各个局域网网段之间的任何流量，使不同 VLAN 内的用户之间不能互相通信，从而解决了网络内部广播干扰的难题，如图 7-2 所示。

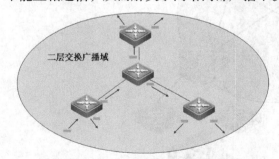

图 7-1 以太网内的广播和冲突

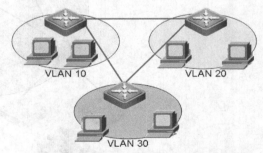

图 7-2 VLAN 抑制局域网内的广播和冲突

2. VLAN 间通信

但 VLAN 技术又造成了原来互联互通网络之间的隔离。不同 VLAN 之间的网络流量，不能直接跨越 VLAN 的边界，在二层交换的网络环境中直接通信，造成了网络之间的传输障碍。

不同 VLAN 之间的通信，需要借助第三层路由技术实现。通过三层设备的路由功能，将 IP 数据包从一个 VLAN 中先转发到三层路由设备上，再利用三层路由设备作为桥接，按照路由表选路转发到另外一个 VLAN 的三层路由上，最后在网段内通过广播方式传输到另外一个 VLAN 中，如图 7-3 所示。

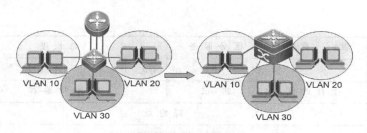

图 7-3　三层路由技术实现不同 VLAN 间通信

7.2　什么是三层交换技术

7.2.1　OSI 模型分层结构

计算机网络中常说的第三层是指 OSI 参考模型中的网络层。OSI 网络体系结构是计算机网络参考分层模型的典范，该模型简化了两台计算机通信中需要执行的任务，细分了每层应有的功能，描述了各层之间的关系，定义了网络中设备的角色，规范了设备之间的通信过程，如图 7-4 所示。

三层交换技术就是发生在 OSI 模型中第三层的交换技术。传统交换技术是由电路交换技术发展而来的，发生在 OSI 模型第二层。二层交换机收到一个数据帧后，查看 MAC 地址映射表，直接转发到对应端口。

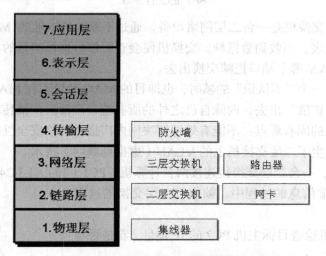

图 7-4　网络互联设备和 OSI 分层模型的对应关系

第三层交换发生在网络层，依据路由表转发信息。如图 7-5 所示，三层交换中 IP 数据包的组成格式为内层三层封装（第三层 IP 数据包的格式）和外层二层封装（第二层以太网数据帧的格式）结构形态。

8 字节	6 字节	6 字节	2 字节	46-1500 字节	4 字节
前导码	目的地址	源地址	类型	数据	校验码

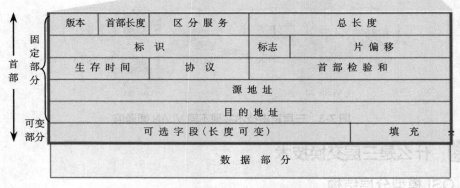

图 7-5　三层交换中的数据包组成信息

7.2.2　传统二层交换技术

ARP 的工作原理

　　传统的局域网交换机是一台二层网络设备，通过不断收集本地的 MAC 地址信息去建立一个 MAC 地址表。当收到数据帧，交换机便会查看该数据帧的目的 MAC 地址，更新 MAC 地址表，确认从哪个端口把帧交换出去。

　　当交换机收到一个"不认识"的帧时，也即目的 MAC 地址不在 MAC 地址表中时，交换机便会把该帧"扩散"出去，向除自己之外的所有端口广播。广播传输特征暴露出传统二层局域网交换机的固有弱点：不能有效地解决网内广播，网络安全性控制也成问题。为解决这个难题，产生了二层交换机上的 VLAN（虚拟局域网）技术。

　　如图 7-6 所示，一台二层交换机连接两台计算机，PC1（200.1.1.1/24）向同网中的 PC2（200.1.1.2/24）传输信息的过程中，帧执行二层交换的过程如下。

　　① PC1 在本机检查目标主机 PC2 的 IP 地址，看是否与自己在一个网段。

　　② PC1 开始在本网段寻址，在全网发 ARP 报文（ARP Request），请求 PC2 的 MAC 地址。

　　③ 交换机收到 ARP 报文，学习到 PC1 的 MAC 地址，向其他所有端口转发 ARP 报文。

图 7-6　二层交换网络拓扑结构

④ PC2 收到该 ARP 报文，学习到了 PC1 的 MAC 地址。

⑤ PC2 向 PC1 回应一个 ARP 报文（ARP Reply）。

⑥ 交换机将回应的 ARP 报文以单播报文方式转发给 PC1。

⑦ PC1 学习到 PC2 的 MAC 地址。

⑧ PC1 向 PC2 发 ICMP Echo Request 报文。

⑨ PC2 向 PC1 回应 ICMP Echo Reply 报文。

⑩ 二层交换通信结束。

详细交换过程如图 7-7 所示。

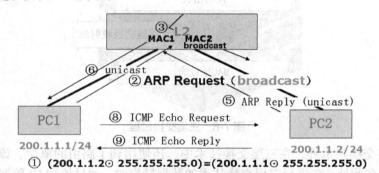

图 7-7　二层交换过程

由此看出，二层交换技术是传统交换技术，为了实现二层交换，交换机维护一张 "MAC 地址、交换机端口" 转发表，当交换机接收到数据时，根据帧中 "目的 MAC 地址"，查询 MAC 地址转发表，匹配到相同 "目的 MAC 地址" 项时，根据对应端口进行线速转发。

7.2.3　三层交换技术

IP 地址到物理地址转换

三层交换技术（也称多层交换技术，或 IP 交换技术）是相对于传统二层交换技术而提出的。

众所周知，传统交换技术发生在 OSI 网络标准模型第二层的数据链路层，而三层交换技术在网络模型中的第三层实现高速转发。简单地说，三层交换技术就是 "二层交换技术+三层路由转发"。

一台三层交换设备就是一台带有第三层路由功能的交换机。为了实现三层交换技术，交换机通过维护一张 "MAC 地址表"、一张 "IP 路由表" 及一张包括 "目的 IP 地址，下一跳 MAC 地址" 在内的硬件转发表完成三层交换技术。

如图 7-8 所示，当一台三层交换机收到一个 IP 数据包时，首先解析出 IP 数据包中的目的 IP 地址，并根据数据包中的目的 IP 地址查询硬件路由转发表，根据匹配结果进行相应的数据包转发。这种采用硬件芯片或高速缓存支持的转发技术，可以达到线速交换。由于 IP 地址属于 OSI 网络参考模型中的第三层（网络层），所以称为三层交换技术。

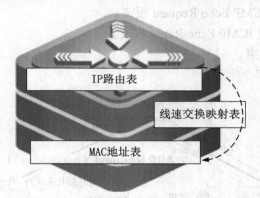

图 7-8　三层交换过程

除了二层交换技术外，在三层交换技术中，还使用到了路由的概念。该技术在路由器中广泛采用，在此处，在进行三层交换技术的数据转发时，通过检测 IP 数据包中的目的 IP 地址和目的 MAC 地址的关系，来判断应该如何进行数据包的高速转发，也即采用硬件芯片或高速缓存支持。这解决了传统的路由技术只能通过 CPU 软件计算进行转发的局面。

7.3　三层交换原理

三层交换技术通过一台具有三层交换功能的智能化交换机设备实现。三层交换机是一台带有第三层路由功能的交换机，其把路由设备硬件及性能叠加在局域网交换机上，图 7-9 所示为三层交换的工作场景，两台三层交换机互联两个独立的子网络。

图 7-9　三层交换机组建的网络

在图 7-9 中，PC1（200.1.1.1/24）和 PC2（200.1.1.2/24）连接在一台二层交换机上，如果 PC1 要向同网中 PC2 传输信息，在同一网段中多通过广播方式执行二层交换。

如果 PC1 要向另外一个子网中的 PC3（60.1.1.1/24）传输信息，由于分别处于两个不同子网（200.1.1.1/24 → 60.1.1.1/2），就需要通过三层交换机转发通信。

通过三层交换设备，转发信息的过程如下。

① PC1 在发送前，把自己的 IP 地址与目标 PC3 的 IP 地址比较，判断 PC3 是否在同一子网内。若目的站 PC3 与发送站 PC1 在同一子网内，则进行二层转发。若目的站 PC3 与发送站 PC1 不在同一子网内，发送站 PC1 要向"默认网关（200.1.1.254/24）"发出 ARP 地址解析包。而 PC1 和 PC2 的"默认网关"，就是连接在外网三层交换机（L3-1）上的三层交换模块的 IP 地址。

② 当 PC1 对"默认网关"的 IP 地址广播 ARP 请求时，如果 L3-1 知道 PC3 的 MAC 地址，则向 PC1 回复 PC3 的 MAC 地址。该 IP 数据包转发到 L3-1 上。L3-1 根据路由表，以及 PC1 发出的数据包中的目标 IP 地址，把该数据包转发给其直连的三层交换机（L3-2）设备，由其继续处理。

③ L3-2 收到该数据包后，根据 PC3 的 MAC 地址，直接依据线速交换表（交换引擎），把 PC1 发来的信息，转发给 PC3，完成三层交换过程。

④ 如果 L3-2 不知道 PC3 的 MAC 地址，则在本网中广播一个 ARP 请求，连接在网络中的 PC3 收到此 ARP 请求后，向 L3-2 回复其 MAC 地址，L3-2 保存此地址。L3-2 再依据线速交换表（交换引擎），把 PC1 发来的信息，直接转发给 PC3，完成三层交换过程。

以后，PC1 向 PC3 发送的数据包，便全部交给三层交换机的交换引擎处理，信息得以高速交换。三层交换过程如图 7-10 所示。

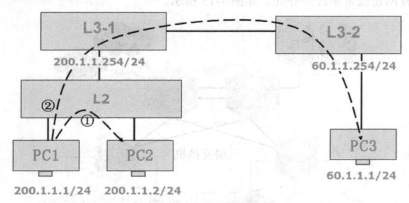

图 7-10　三层交换原理

7.4　认识三层交换机

三层交换机

三层交换技术主要通过智能化三层交换设备实现，三层交换机也是工作在网络层的设备，和路由器一样可实现不同子网之间通信。但和路由器的区别是，三层交换机在工作中，使用硬件 ASIC 芯片解析传输信号，通过使用先进 ASIC 芯片，三层交换机可提供远远高于路由器的网络传输性能，例如，三层交换机每秒可传输 4000 万个数据包（三层交换机），而路由器则慢很多，每秒传输 30 万个数据包，如图 7-11 所示。

在园区网络的组建中，大规模使用三层交换机设备。通过三层交换机搭建吉比特、万兆骨干网络架构，如图 7-12 所示，可提供园区网络中所需的高速的三层路由性能，因此三层交换机非常适合网络带宽密集型以太网工作环境。

图 7-11　三层交换机设备　　　　　　　图 7-12　吉比特、万兆骨干路由交换机

近年来，随着宽带 IP 网络建设成为热点，三层交换机也开始定位于接入层或中小规模汇聚层的网络环境中。三层交换机具有传统二层交换机没有的三层特性，这些特性给校园网和城域教育网建设带来许多好处，如图 7-13 所示。

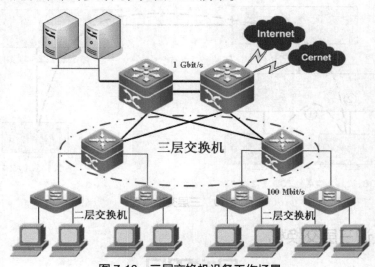

图 7-13　三层交换机设备工作场景

尤其是核心骨干网一定要用好三层交换机，否则整个网络成千上万台的计算机都在一个子网中，不仅毫无安全性可言，也会因为无法分割广播域而无法隔离广播风暴。三层交换机通过使用硬件交换机实现了 IP 的路由功能，其优化的路由软件使得路由过程效率提高，解决了传统路由器软件路由的速度问题。可以说，三层交换机具有"路由器的功能、交换机的性能"。

7.5　配置三层交换机

三层交换机与路由器间建立路由

二层交换机只要连接上设备，加电启动后，不需要任何配置就可以工作。

和二层交换机功能不同的是，三层交换机默认启动二层交换功能，其三层交换功能需要配置后才能发挥作用。通过以下命令可以配置三层交换机的三层交换功能。

```
Switch#configure terminal                  ！进入全局配置模式。
Switch(config)# interface vlan vlan-id      ！进入 SVI 配置模式
Switch(config-if)# ip address ip-address mask
！给 SVI 配置 IP 地址，开启三层交换功能，这些地址作为各 VLAN 内主机网关


Switch(config)# interface interface-id      ！进入三层交换机的接口配置模式
Switch(config-if)#no switch                 ！开启该接口的三层交换功能
Switch(config-if)# ip address ip-address mask
！给指定的接口配置 IP 地址，这些 IP 地址作为各个子网内主机网关


Switch#show running-config                  ！检查刚才的配置是否正确
Switch#show ip route                        ！查看三层设备上的路由表
```

所有的命令都有"no"功能选项。使用"no"功能选项可以清除三层接口上的 IP 地址，相关实例如下。

```
Switch#configure terminal
Switch(config)#interface fastethernet 0/4
Switch(config-if)#no ip address             ！使用"no"命令清除三层接口上的地址
Switch(config-if)#switch                     ！把三层接口还原为二层交换接口功能
```

图 7-14 所示为某办公网中使用一台三层交换机连接的两个部门的网络场景，分别使用 PC1 和 PC2 代表各部门的任意一台计算机，使用三层交换功能实现不同子网的三层通信功能，其中网络中计算机的地址规划如表 7-1 所示。

表 7-1　办公网中部门网络子网地址规划

设备名称	IP 地址 / 子网掩码	网关	DNS	部门
PC1	172.16.1.2/24	172.16.1.1/24	无	销售部
PC2	172.16.2.2/24	172.16.2.1/24	无	财务处
三层交换机 –Fa0/1 端口	172.16.1.1/24	无	无	连接销售部
三层交换机 –Fa0/10 端口	172.16.2.1/24	无	无	连接财务处

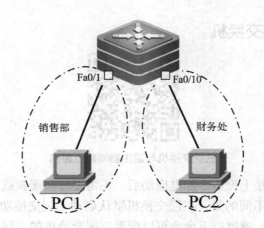

图 7-14　不同子网连接三层交换机的网络场景

三层交换机加电激活后，自动完成二层交换网络功能，但需要配置其连接不同子网接口的路由功能，即开启三层交换机接口的路由功能，为所有接口配置所在网络的接口地址。

```
Switch#configure terminal                        ! 进入全局配置模式
Switch (config)#interface fastethernet 0/1
Switch (config-if) #no switching                 ! 开启三层交换机接口的路由功能
Switch (config-if) #ip address 172.16.1.1 255.255.255.0
Switch (config-if) #no shutdown

Switch (config)#interface fastethernet 0/10
Switch (config-if) #no switching
Switch (config-if) #ip address 172.16.2.1 255.255.255.0
Switch (config-if) #no shutdown
```

三层交换机经过配置表 7-1 中的地址信息后，将激活端口 IP，即可在三层交换机设备中生成直连路由信息，从而实现直连子网段之间的通信。

通过以上配置操作以后，三层交换机将为激活的路由接口自动产生直连路由，172.16.1.0 网络被映射到端口 Fa1/0 上，172.16.2.0 网络被映射到端口 Fa1/1 上。相应的三层交换机路由表可以通过 "show ip route" 命令查询，如下所示。

```
Switch# show ip route                            ! 查看三层交换机的路由表信息
......
```

给连接的计算机配置子网 IP 地址、网关地址，测试网络联通性。分别打开测试计算机的 "网络连接" 选项，选择 "常规" 属性中的 "Internet 协议（TCP/IP）" 选项，配置表 7-1 所示的地址信息。

配置好计算机的 IP 地址后，使用 "Ping" 命令，来检查网络联通情况。

打开计算机，执行 "开始" → "运行"，并输入 "CMD" 命令，转到命令操作状态，测试办公网的联通情况。三层交换机连接的办公子网，通过三层交换机的直连路由，利用三层交换功能，能直接实现联通。

7.6　认证测试

以下每道选择题中，都有一个正确答案或者是最优答案，请选择出正确答案。

1. 已知同一网段内一台主机的 IP 地址，通过（　　　）的方式可获取其 MAC 地址。
   A. 发送 ARP 请求　　　　　　　　　　B. 发送 RARP 请求
   C. 通过 ARP 代理　　　　　　　　　　D. 路由表

2. 在三层交换机上配置命令 "Switch(config-if)#no switchport"，命令的作用是（　　　）。
   A. 将该端口配置为 Trunk 端口　　　　B. 将该端口配置为二层交换端口
   C. 将该端口配置为三层路由端口　　　　D. 将该端口关闭

3. 交换机可通过（　　　）命令将接口设置为 TAG VLAN 模式。
   A. "switchport mode tag"　　　　　　B. "switchport mode trunk"
   C. "trunk on"　　　　　　　　　　　　D. "set port trunk on"

4. 在交换式以太网中，交换机上可以增加的功能是（　　　）。
   A. CSMA/CD　　　B. 网络管理　　　C. 端口自动增减　　　D. 协议转换

5. 三层交换机上有吉比特口，可以连接吉比特以太网，下列关于吉比特以太网的说法中，正确的是（　　　）。
   A. 可使用光纤或铜缆介质　　　　　　B. 可使用共享介质技术
   C. 只能工作在全双工模式下　　　　　　D. 介质访问控制方法仍采用 CSMA/CD

6. 三层交换机上可以划分子网，划分 IP 子网的主要好处是（　　　）。
   A. 可以隔离广播流量
   B. 可减少网管人员 IP 地址分配的工作量
   C. 可增加网络中的主机数量
   D. 可有效地使用 IP 地址

7. IP、Telnet、UDP 分别是 OSI 参考模型的第（　　　）层协议。
   A. 一、二、三　　　B. 三、四、五　　　C. 四、五、六　　　　D. 三、七、四

8. 为了防止冲击波病毒，在三层交换机上应采用（　　　）技术。
   A. 网络地址转换
   B. 标准访问列表
   C. 采用私有地址来配置局域网用户地址以使外网无法访问
   D. 扩展访问列表

7.7　科技之光：中国"天河一号"超级计算机

【扫码阅读】中国"天河一号"超级计算机

第 8 章 路由和静态路由技术

【本章背景】

晓明在网络中心陈工程师的指导下，边学习，边实践，已经初步懂得了一些网络管理技术。在学校的学生宿舍二期网络改造中，为了能得到更多的实践锻炼，网络中心的陈工程师也让晓明参与其中，帮助其积累网络工程实践经验。

新规划的学生宿舍网，按照楼层规划成一个个独立的子网，这样一来，学生宿舍区就规划出几十个独立的子网。在一次工程施工会议上，施工的工程师说："要通过动态路由接入到网络中心。"网络中心的陈工程师反对说："要使用静态路由接入到网络中心，这样效率会高点。"而施工方的工程师说："使用静态路由未来网络管理上会很麻烦，网络未来再改造的时候成本也会很高。"

之前通过学习，晓明知道网络中的子网技术，但对于子网之间的通信过程不是很清楚，关于陈工程师和施工人员争论的"动态路由"和"静态路由"这些专业术语更是听不懂。

陈工程师在了解到晓明的困惑后，思考并列出了晓明需要学习的技术内容。

本章知识发生在以下网络场景中。

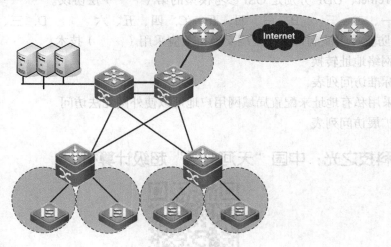

【学习目标】

◆ 认识路由器设备

◆ 配置路由器直连路由技术

◆ 配置路由器静态路由技术

◆ 配置路由器默认路由技术

8.1　路由技术基础

8.1.1　路由概念

所谓路由就是指通过互相连接的网络，把数据从源节点转发到目标节点的过程。一般来说，网络中路由的数据至少会经过一个或多个中间节点，如图 8-1 所示。

路由技术发生在 OSI 模型的第三层（网络层）。路由包含两个基本的动作：确定最佳路径和通过网络传输信息。后者也称为数据转发，数据转发相对来说比较简单，而确定最佳路径的过程很复杂。

在路由转发过程中，路由器承担着重要作用，它把从一个接口上收到的 IP 数据包，根据数据包中的目的地址进行定向，并转发到另一个接口上。路由器提供了在异构网络互联机制中，实现将 IP 数据包从一个网络发送到另一个网络中的功能。路由技术就是指导 IP 数据包选择传输路径的过程。

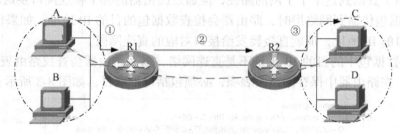

图 8-1　路由过程

在互联网中，路由器根据接收到的 IP 数据包中的目的地址，选择一条合适的路径，将 IP 数据包传送到下一跳路由器中。每台路由器都负责接收 IP 数据包，并通过最优的路径转发，然后经过多台路由器一站一站地接力，将数据包通过最佳路径转发到目的地。互联网中的路由过程如图 8-2 所示。

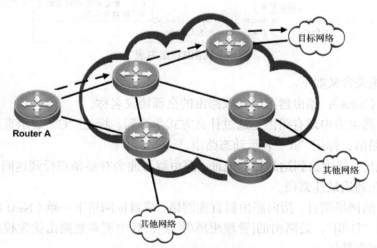

图 8-2　路由 IP 数据包路径

根据目的节点与该路由器是否直连，路由技术可以分为直连路由和间接路由。

① 直连路由：目的地所在网络与路由器直接相连。

② 间接路由：目的地所在网络与路由器不是直接相连，需借助中介设备转化。

8.1.2 路由选路

路由器路由原理

路由器中的路由表

在二层交换技术中，二层交换机转发数据时是依据一张 MAC 地址表实现数据帧交换。路由器转发三层 IP 数据包的关键是路由表，每台路由器中都保存着一张路由表，表中每条路由项都指明了数据到达某个子网的路径，应通过路由器的哪个物理接口发送出去。

在 IP 数据包传输到网络层时，路由器会检查数据包的目的 IP 地址，如果目的 IP 地址是路由器接口的 IP 地址，那就直接转发给接口对应的直连网段。

如果 IP 数据包中的目的 IP 地址不是直连网络，那么路由器会查找路由表，选择一条正确的路径。在路由器中保存的路由表项，必须包括以下项目，如图 8-3 所示。

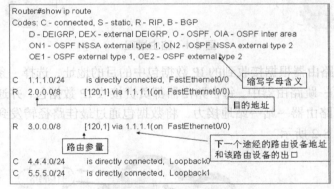

图 8-3 路由器路由表

表项中的相关含义如下。

① 代码（Codes）：路由器可以获取路由的全部协议名称。

② 协议：路由表中现有路由是通过什么方式学习到。标记"C"表示直连网络，标记"S"表示静态路由，标记"R"表示动态路由。

③ 目的地址：路由器到达的目的地址，路由器可能会有多条路径到达同一地址，但在路由表中只存在到达最佳路径。

④ 指向目的网络指针：指向路由器直连网络，或目标网络下一跳（Next Hop）路由器。

⑤ 括号内"[1/0]"，是路由的[管理距离/度量]，其中度量是路由优先权选择权，度量越低，路径越短为最优。

⑥ 声明中的"Gateway of last resort is not set"指默认路由没有设置。

路由器会尽量做到最精确匹配，把接受到的 IP 数据包传到目的网络。如果 IP 数据包中的目的地址在路由表中不能匹配到任何一条路由表项，那么该 IP 数据包将被丢弃，同时会向源地址发送一个 ICMP 通知报文，即网络不可达消息通知。

　　如图 8-4 所示，路由表列出了该台路由器可达的网络地址，以及指向目标网络的下一跳路径。

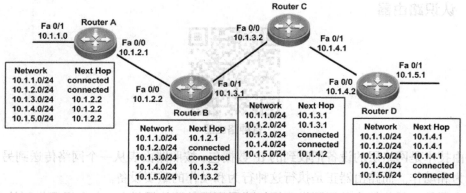

图 8-4　路由表

　　下面看如何依据这些路由表信息来转发数据，实现网络数据路由过程。

　　如果 Router A 收到一个源地址为 10.1.1.100，目标地址为 10.1.5.10 的数据包，根据路由表查询的结果，目的地址 10.1.5.0 最优匹配到子网 10.1.5.0 的数据，报文从端口 Fa0/0 出站，经下一跳地址 10.1.2.2 发往目的地。

　　接着该报文被发送给 Router B，Router B 也查找路由表后，发现该报文从端口 Fa0/0 出站，经下一跳地址 10.1.3.2 去往目的网络 10.1.5.0，此过程将一直持续到报文到达 Router D 上。

　　当 Router D 端口 Fa0/0 收到该报文时，Router D 查找路由表发现，目的地址是连接在端口 Fa0/1 上的一个直连网络，最终结束路由选择过程，该 IP 数据包被传递给主机 10.1.5.10。

　　在 Router C 上使用"show ip route"命令，查看实际路由表信息，如示例 8-1 所示。

示例 8-1　路由器 C 的路由表

```
Router C#show ip route
Codes:  C - connected, S - static, R - RIP B - BGP, O - OSPF, IA - OSPF inter area
       N1 - OSPF NSSA external type 1,N2-OSPF NSSA external type 2
       E1 - OSPF external type 1, E2 - OSPF external type 2
       i - IS-IS, L1 - IS-IS level-1, L2 - IS-IS level-2, ia - IS-IS inter area
       * - candidate default
Gateway of last resort is no set
S    10.1.1.0/24 [1/0] via 10.1.3.1
S    10.1.2.0/24 [1/0] via 10.1.3.1
C    10.1.3.0/24 is directly connected, FastEthernet 0/0
C    10.1.3.2/32 is local host.
C    10.1.4.0/24 is directly connected, FastEthernet 0/1
```

```
C    10.1.4.1/32 is local host.
S    10.1.5.0/24 [1/0] via 10.1.4.2
```

8.2 路由器设备概述

8.2.1 认识路由器

各种路由器

　　路由技术是网络层的设备把收到的 IP 数据包，按照路由表从一个网络传送到另一个网络的行为和动作。而路由器正是执行这种行为和动作的重要设备。

　　路由器是一种连接多种不同类型网络或子网段的网络层设备，它会根据收到的 IP 数据包中携带的控制信息，自动选择和匹配数据包的传输路由，并以最佳路径，按前后顺序发送信号。路由器还能将不同类型的网络或网段之间的数据信息进行"翻译"，以使它们能够相互"读懂"对方的数据，从而能实现一个更大范围内的网络之间通信。典型的路由器设备如图 8-5 所示。

　　目前，路由器已经广泛应用于各行各业的企业网构建中，各种不同档次的路由器产品，已成为实现各种骨干网内部连接、骨干网之间互联及骨干网与互联网互联互通业务的主力军。

图 8-5　多模块化智能路由器设备

简单地讲，路由器主要有以下几种功能。

　　① 网络互联：路由器支持与各种局域网和广域网接口连接，可实现局域网和广域网互联，实现不同类型的网络之间互相通信。

　　② 数据处理：路由器提供对网络中传输的 IP 数据包进行分组、过滤、分组转发、信息复用、数据加密、数据压缩和网络安全防护等服务功能。

　　③ 网络管理：路由器提供包括配置管理、性能管理、容错管理和流量控制等功能。

　　路由器设备也是由硬件系统和软件系统构成的，组成路由器硬件的结构包括内部的处理器、存储器和各种不同类型的接口。操作系统控制软件是控制路由器硬件工作的核心，如锐捷路由器中安装的 RGNOS 系统。

路由器处理信息的核心是中央处理器（CPU），CPU 的运算能力将直接影响路由器传输数据的速度。路由器 CPU 的核心任务是，实现路由协议运行，提供路由算法，生成、维护和更新路由表，负责更新路由表信息以及快速转发 IP 数据包。

路由器中使用了多种不同类型的存储器，以不同方式协助路由器工作。这些存储器包括只读内存、随机内存、非易失性 RAM（Non-Volatile Random Access Memory，NVRAM）、闪存（Flash）。其中，NVRAM 是可读写存储器，在系统重启后仍能保存信息。NVRAM 仅用于保存启动配置文件（Startup-Config），容量小，速度快，但成本也比较高。闪存是可读写存储器，在系统重启后仍能保存数据，主要存放路由器的操作系统软件，如 RGNOS。

8.2.2　认识路由器接口

路由器具有强大的网络连接通信功能，可以与各种不同类型的网络进行物理连接。这就决定了路由器的接口形态非常复杂。接口是路由器连接链路的物理接口，通常由线卡提供，一块线卡一般能支持 4、8 或 16 个接口。越高档的路由器接口种类越多，所能连接的网络类型也越丰富。常见的路由器的接口主要分为局域网接口、广域网接口和配置接口等 3 类。

1. 局域网接口

局域网接口用于路由器与局域网连接，采用双绞线传输介质连接本地局域网络。常见的局域网接口为以太网 RJ-45 端口，也称为 LAN 口、电口。根据接口的通信速率不同，RJ-45端口又可分为 10Base-T（RJ-45）端口、100Base-TX（RJ-45）端口、1000Base-TX 端口等，图 8-6 所示为百兆以太网接口。

2. 广域网接口

路由器与广域网连接的接口称为广域网接口，也称 WAN 口。路由器更重要的应用是作为网络出口设备，实现与广域网连接，常见的广域网接口如下。

（1）SC 接口

SC 接口也就是常说的光纤接口，以模块或固化方式出现在高档路由器上，普通路由器需要配置光纤模块才具有，如图 8-7 和图 8-8 所示。

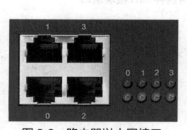
图 8-6　路由器以太网接口

图 8-7　路由器光纤模块

图 8-8　光纤接口

（2）高速同步串口

在和广域网的连接中，应用最多的是高速同步串口（Serial），如图 8-9 所示。同步串口通信速率高，要求所连接网络的两端执行同样的技术标准。

（3）异步串口

异步串口（ASYNC）主要应用于 Modem 的连接，如图 8-10 所示，可把本地网络通过公用电话网使用远程拨号方式接入外部网络。异步串口并不要求网络的两端保持实时同步标准，只要求能连续即可，因此通信方式简单便宜。

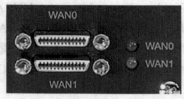

图 8-9　路由器的 Serial 接口

图 8-10　路由器的异步串口

3. 配置接口

路由器的配置接口一般有两种类型，分别是 Console 端口和 AUX 端口，如图 8-11 所示。

（1）Console 端口

使用配置线缆连接计算机的串口，利用终端仿真程序进行本地配置。首次配置路由器必须通过控制台 Console 端口进行。

（2）AUX 端口

AUX 端口为异步端口，与 Modem 连接实现电话拨号方式远程配置路由器。一般路由器提供 AUX 与 Console 两个配置端口，以适应不同的配置方式，如图 8-11 所示。

（3）SIC 模块端口

除了固化到路由器上的端口外，路由器还支持各种 SIC 模块，如 SIC-1E1-F 模块，如图 8-12 所示。E1 端口是一种标准端口，实现两个节点之间通过专线方式互联，带宽为 2Mbit/s。可以使用基本的广域网协议通信，如 PPP、HDLC、FR 等等。

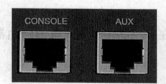

图 8-11　配置 Console 端口和 AUX 端口

图 8-12　路由器支持各种 SIC 模块端口

8.2.3　路由器访问方式

和配置交换机设备一样，对路由器的配置有以下 5 种方式，如图 8-13 所示。

① 通过带外方式对路由器进行管理。

② 通过 Telnet 对路由器进行远程管理。

③ 通过 Web 对路由器进行远程管理。

④ 通过 SNMP 管理工作站对路由器进行远程管理。

⑤ 通过 AUX 端口实现远程配置。

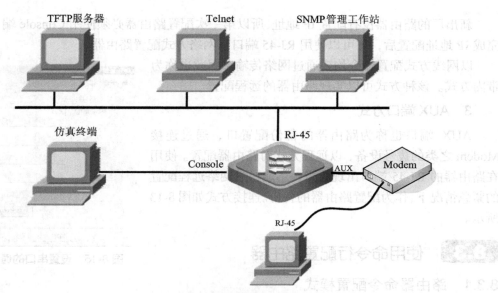

图 8-13 配置访问路由器方式

1. Console 端口方式

第一次配置路由器时，必须采用 Console 端口（也叫配置端口或控制台端口）方式，这种配置方式通过计算机的串口连接路由器的 Console 端口，不占用网络带宽，因此被称为带外管理（Out of Band），但只能在本地配置。

具体操作步骤如下。

步骤 1：使用配置线缆，将 PC 的串口和路由器的 Console 端口连接，搭建配置环境。

步骤 2：在 PC 上运行仿真终端程序，设置连接模式以及参数，如图 8-14 所示。

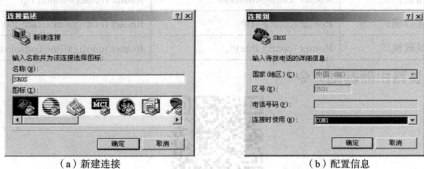

（a）新建连接   （b）配置信息

图 8-14 建立新连接，选择和路由器 Console 端口连接的串口

步骤 3：设置异步通信连接参数，包括 9 600 bit/s、8 位数据位、1 位停止位、无校验、无流控；也可直接单击"还原默认值"方式，一键设置参数，如图 8-15 所示。

完成以上通信参数配置后，单击"回车"键即可进入路由器的配置界面。

2. RJ-45 以太口方式

其他几种方式配置计算机都要和路由器的 RJ-45 端口连接，需要借助于 IP 地址、域名或设备名称及登录密码等才可以实现，如图 8-13 所示。

新出厂的路由器没有配置 IP 地址，所以第一次配置路由器必须使用 Console 端口方式，完成 IP 地址配置后，才可以使用 RJ-45 端口以网络方式配置路由器。

以网线方式配置命令均要通过网络传输，因此也称为带内方式。该种方式可以实现路由器的远程配置。

3. AUX 端口方式

AUX 端口也称为路由器的备份配置口，通过连接 Modem 之类的拨号设备，以远程方式对路由器配置。使用在路由器的 RJ-45 端口出现故障，不能通过网络远程配置的紧急情况下，作为配置路由器的备份。连接方式如图 8-13 所示。

图 8-15　设置串口的通信参数

8.3　使用命令行配置路由器

8.3.1　路由器命令配置模式

配置路由器的界面与配置交换机的界面一致，表 8-1 列出了路由器命令模式。

表 8-1　路由器命令模式

工作模式		提示符	启动方式
用户模式		Router>	开机自动进入
特权模式		Router #	Router >enable
配置模式	全局模式	Router (config)#	Router #configure terminal
	路由模式	Router (config-router)#	Router (router)#router rip
	接口模式	Router (config-if)#	Router (config)#interface fa0/0
	线程模式	Router (config-line)#	Router (config)#line console 0

8.3.2　配置路由器基础命令

路由器的基本配置

路由器的 IOS 程序是一个功能强大的操作系统，具有丰富的操作命令，就像 DOS 系统一样。正确掌握这些命令对配置路由器最为关键，具体过程如下。

1. 配置路由器命令行操作模式转换

```
Router>enable                                    ！进入特权模式
Router#
```

```
Router#configure terminal                    ! 进入全局配置模式
Router(config)#

Router(config)#interface fastethernet 1/0    ! 进入路由器 Fa1/0 端口模式
Router(config-if) #

Router(config-if)#exit                        ! 退回到上一级操作模式
Router(config)#

Router(config-if)#end                         ! 直接退回到特权模式
Router#
```

2. 配置路由器设备名称

```
Router> enable
Router# configure terminal
Router(config)#hostname RouterA              ! 把设备的名称修改为 RouterA
RouterA(config)#
```

3. 显示命令

显示命令就是用于显示某些特定需要的命令，以方便用户查看某些特定设置信息。

```
Router # show version                 ! 查看版本及引导信息
......
Router # show running-config          ! 查看运行配置
......
Router # show startup-config          ! 查看保存的配置文件
......
Router # show interface type number   ! 查看接口信息
......
Router # show ip route                ! 查看路由表信息
......
Router#write memory                   ! 保存当前配置到内存
Router#copy running-config startup-config
                                      ! 保存配置，将当前配置文件复制到初始配置文件中
```

备注：配置文件包含两种类型：一为当前正在使用的配置文件"running-config"；二是初始配置文件 startup-config。其中，"running-config" 保存在 RAM 中，如果没有保存，路由器关机后便丢失；而 "startup-config" 保存在 NVRAM 中，断电文件也不会丢失。在系统运行期间，可以随时进入配置模式，对 "running-config" 进行修改。

4. 路由器 A 端口参数的配置

```
Router>enable
Router # configure terminal
Router(config)#hostname Ra
```

```
Ra(config)#interface serial 1/2                    ! 进行 S1/2 的端口模式
Ra(config-if)#ip address 1.1.1.1 255.255.255.0     ! 配置端口的 IP 地址
Ra(config-if)#clock rate 64000
 ! 在 serial 的 DCE 端口上需要配置时钟频率为 64000，以保证同步，但 DTE 端口不需要
Ra(config-if)#bandwidth 512                        ! 配置端口的带宽速率为 512KB
Ra(config-if)#no shutdown                          ! 开启该端口，使端口转发数据
```

5. 配置路由器密码命令

```
Router >enable
Router #
Router # configure terminal
Router (config)# enable password  ruijie   ! 设置特权密码为 ruijie
Router (config)#exit
```

6. 配置路由器每日提示信息

```
Router(config)#banner motd &                       ! 配置每日提示信息，& 为终止符
2006-04-14 17:26:54 @5-CONFIG:Configured from outband
Enter TEXT message.  End with the character '&'.
Welcome to RouterA,if you are admin,you can config it.
If you are not admin,please EXIT
&                                                  ! 输入 & 符号终止输入
```

配置路由器时获得帮助的方式与交换机相同，请参考交换机配置技术。

8.4 配置路由器直连路由

路由器工作原理

交换机加电就开始工作，实现所连接的本地网络内的计算机之间通信。

和交换机工作模式不同的是，路由器设备必须经过配置，才能开始工作。需要赋予路由器初始配置，配置所连接网络的接口地址，才能保证连接网络的正常通信。

路由器各接口直接连接的子网，称为直连网络。直连网络之间使用路由器产生的直连路由通信。路由表中的直连路由，在配置完路由器接口 IP 地址后自动生成。

如果没有对路由器接口特殊限制，这些接口直连网络之间，在配置完成接口地址之后就可以直接通信。一般把这种在路由器接口所连接的子网，直接配置地址的生成的路由的方式称为直连路由。直连路由的基本功能就是实现相邻网络之间的互联互通，如图 8-16 所示。

如图 8-16 所示，路由器每个接口单独占用一个子网地址，配置表 8-2 所示的地址后，将自动激活接口所连网段的直连路由，实现这些不同子网段之间的互联互通。

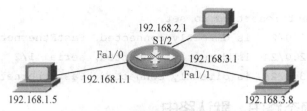

图 8-16 路由器接口连接直连网络

表 8-2 路由器接口所连接的网络地址

接口	IP 地址	目标网段
Fastethernet 1/0	192.168.1.1	192.168.1.0
Serial 1/2	192.168.2.1	192.168.2.0
Fastethernet 1/1	192.168.3.1	192.168.3.0

为路由器所有接口配置所连接网络的接口地址，相关实例如下。

```
Router#
Router#configure terminal                      ! 进入全局配置模式
Router(config)#
Router(config)#interface fastethernet 1/0      ! 进入路由器 Fa1/0 接口模式
Router(config-if) #ip address 192.168.1.1 255.255.255.0
Router(config-if) #no shutdown

Router(config)#interface fastethernet 1/1      ! 进入路由器 Fa1/1 接口模式
Router(config-if) #ip address 192.168.3.1 255.255.255.0
Router(config-if) #no shutdown

Router(config)#interface Serial 1/2            ! 进入路由器 Serial 1/2 接口模式
Router(config-if) #ip address 192.168.2.1 255.255.255.0
Router(config-if) #no shutdown

Router(config-if)#end
Router#
```

通过以上配置后，将激活接口，自动产生直连路由，192.168.1.0 网络被映射到端口 Fa1/0 上，192.168.2.0 网络被映射到端口 S1/2 上，192.168.3.0 网络被映射到端口 Fa1/1 上。

相应路由表可以通过 "show ip route" 命令查询，如下所示。

```
Router# show ip route                          ! 查看路由器设备的路由表信息
Codes: C - connected, S - static, R - RIP
      O - OSPF, IA - OSPF inter area
      N1 - OSPF NSSA external type 1, N2 - OSPF NSSA external type 2
      E1 - OSPF external type 1, E2 - OSPF external type 2
      * - candidate default
```

```
Gateway of last resort is no set
C    192.168.1.0/24  is directly connected, FastEthernet1/0
C    192.168.2.0/24  is directly connected, serial 1/2
C    192.168.3.0/24  is directly connected, FastEthernet1/1
```

8.5 配置静态路由、默认路由

路由表获取信息的方式有两种：静态路由方式和动态路由方式。

8.5.1 什么是静态路由技术

静态路由是指由网络管理员手工配置的路由信息。当网络的拓扑结构或链路的状态发生变化时，网络管理员需要再次以手工方式去修改路由表中相关的静态路由表信息。

静态路由信息在默认情况下是私有的，不会传递给网络中其他的路由器。静态路由一般适用于网络结构比较简单的网络环境中。在这样的环境中，网络管理员易于清楚地了解网络的拓扑结构，便于设置正确的路由信息。

静态路由由于需要网络管理员手工方式管理配置，一般用在小型网络或拓扑结构相对固定的网络环境中。静态路由具有的特点如下。

① 静态路由允许对网络中的路由行为，进行精确地定向传输和控制。

② 静态路由表信息不在网络中广播，减少了网络流量。

③ 静态路由是单向的路由，配置简单。

静态路由除了具有简单、高效、可靠的优点外，它的另一个好处是保障网络安全，保密性高。静态路由信息在默认情况下是私有的，不会传递给网络中其他的路由器。因此，使用静态路由的一个好处就是能保证网络安全，路由保密性高。

动态路由因为需要路由器之间频繁地交换各自的路由表信息，而对路由表的分析可以揭示网络的拓扑结构和获取网络地址等信息，因此存在一定的不安全性。因此，网络出于安全方面的考虑，也可以部分重点网段采用静态路由，减少路由表广播风险。

大型复杂的网络环境，通常不宜采用静态路由技术。一方面，由于网络管理员难以全面地了解整个网络的拓扑结构；另一方面，当网络的拓扑结构和链路状态发生变化时，路由器中的静态路由信息需要大范围地调整，这一工作的难度和复杂程度非常高。

8.5.2 静态路由配置

静态路由工作过程

静态路由技术

在一个安装完成的网络中，静态路由技术需要网络管理员通过手工方式配置路由信息，才能让路由器获取到路由表信息。以下是路由器配置静态路由的命令格式。

ip route 目标网络/子网掩码 本地接口/下一跳设备地址

在配置静态路由时，"ip route"后面输入目标网络地址和直接连接的下一跳路由器的接口地址。

需要注意的是，配置静态路由时，可以选择本地接口和下一跳设备地址两种配置方案，其中，选择本地接口时，直接写本路由器接口名称即可；选择下一跳设备地址时，必须写所连接的下一跳路由器接口的 IP 地址。

如果静态路由中下一跳指的是下一台路由器的 IP 地址，则路由器认为产生了一条管理距离为 1，开销为 0 的静态路由信息。如果下一跳指向的是本路由器的出站接口，则路由器认为产生了一条管理距离为 0，和直连的路由等价的路由信息。

可以使用该命令的"no"选项删除静态路由表信息，具体如下。

```
Router-B (config)#no ip route  192.168.1.0 255.255.255.0 fastethernet 0/1
```

图 8-17 所示为某企业园区网络非直连网络拓扑结构，使用两台路由器连接东、西园区两个子网络。由于有多个非直连网络，每台路由器无法通过直连路由学习到全网的拓扑结构信息，必须通过人工配置静态路由，才能了解全网的路由信息。

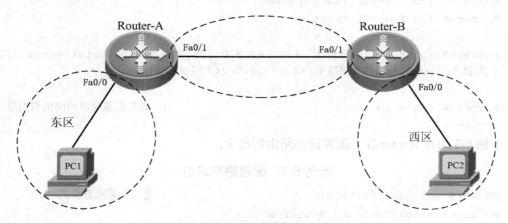

图 8-17   配置非直连网络静态路由

表 8-3 所示为全网的 IP 地址规划信息。

表 8-3   某园区网络地址规划

设备	接口	IP 地址/子网掩码	所在网段	备注
Router-A	Fa0/0	192.168.1.1/24	192.168.1.0/24	连接东区网络
	Fa0/1	192.168.2.1/24	192.168.2.0/24	连接骨干网
Router-B	Fa0/1	192.168.2.2/24	192.168.2.0/24	连接骨干网
	Fa0/0	192.168.3.1/24	192.168.3.0/24	连接西区网络
PC1		192.168.1.2/24	192.168.1.0/24	东区网络中设备
PC2		192.168.3.2/24	192.168.3.0/24	西区网络中设备

在安装完成的网络中，实施静态路由技术的过程共有 3 步。

步骤 1：为互联的每条数据链路确定地址（包括子网和网络）。

步骤2：为每台路由器标识所有非直连的数据链路。

步骤3：为每台路由器写出关于每条非直连数据链路的路由。

示例8-2为在Router-A上配置直连路由及静态路由的过程。

示例8-2　配置直连路由和静态路由

```
Router#configure terminal                        ! 进入全局配置模式
Router(config)#hostname Router-A
Router-A (config)#interface fastethernet 0/0     ! 进入路由器 Fa0/0 接口模式
Router-A (config-if) #ip address 192.168.1.1 255.255.255.0
Router-A (config-if) #no shutdown
Router-A (config-if) #exit


Router-A (config)#interface fastethernet 0/1     ! 进入路由器 Fa1/1 接口模式
Router-A (config-if) #ip address 192.168.2.1 255.255.255.0
Router-A (config-if) #no shutdown
Router-A (config-if) #exit


Router-A (config)#ip route  192.168.3.0 255.255.255.0 fastethernet 0/1
! 配置 Router-A 到达西区网络（192.168.3.0/24）经过的路径


Router-A #show ip route                           ! 查看配置完成的路由表信息
…… ……
```

示例8-3为在Router-B上配置静态路由的命令。

示例8-3　配置静态路由

```
Router#configure terminal                        ! 进入全局配置模式
Router(config)#hostname Router-B
Router-B (config)#interface fastethernet 0/0     ! 进入路由器 Fa0/0 接口模式
Router-B (config-if) #ip address 192.168.2.2 255.255.255.0
Router-B (config-if) #no shutdown
Router-B (config-if) #exit


Router-B (config)#interface fastethernet 0/1     ! 进入路由器 Fa1/1 接口模式
Router-B (config-if) #ip address 192.168.3.1 255.255.255.0
Router-B (config-if) #no shutdown
Router-B (config-if) #exit


Router-B (config)#ip route  192.168.1.0 255.255.255.0 fastethernet 0/1
! 配置 Router-B 到达东区网络（192.168.1.0/24）经过的路径


Router-B #show ip route                           ! 查看配置完成的路由表信息
…… ……
```

按照表 8-3 规划的地址，分别配置东西区网络中 PC1 和 PC2 的地址、子网掩码及对应的网关信息，分别测试到对端网络的联通情况，全网能实现联通。

```
Ping 192.168.1.1  (!!!!! Ok )
Ping 192.168.2.1  (!!!!! Ok )
Ping 192.168.3.1  (!!!!! Ok )
Ping 192.168.3.2  (!!!!! Ok )
```

如果有不能联通，需要及时排除网络中的故障。

8.5.3 什么是默认路由

静态路由就是网络管理员手工配置的路由表技术，使 IP 数据包能够按照预定的传输路径，传送到指定的目标网络。当网络中有些数据包在路由表中匹配不到目标网络的路由时，配置默认路由就会显得十分重要。通常将这些匹配不到目标网络路由的数据包，通过配置完成的默认路由转发出去，以保证这些数据包的传输安全。

默认路由指的是在路由表中，未直接列出目标网络的路由表选择项，用在数据包找不到目标网络的情况下，指示数据包下一跳的转发方向。如果路由器配置了默认路由，则所有没有匹配成功的 IP 数据包，都按默认路由转发，避免这些数据包被路由器丢弃。

默认路由可以看作是静态路由的一种特殊情况，是一种特殊的静态路由。当路由表中没有 IP 数据包匹配的表项时，为避免这些传输的 IP 数据包丢失，需要路由器能够按照默认路由进行转发。

默认路由的使用条件非常苛刻，一般只使用在 stub（末梢网络）网络中（称末端网络或存根网络）。stub 网络是只有 1 条网络的出口路径，如图 8-18 所示。使用默认路由来发送那些目标网络没有包含在路由表中的数据包。

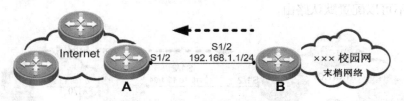

图 8-18 默认路由适用的场景

简单地说，默认路由就是网络中的数据包在路由表中没有找到匹配的路由表入口项时才使用的路由，即只有当没有合适的匹配路由时，默认路由才被使用。在路由表中，默认路由以任意网络地址 0.0.0.0（掩码为 0.0.0.0）的形式出现，多出现在路由表的末尾。

默认情况下，在路由表中的直连路由优先级最高，静态路由优先级其次，接下来为动态路由，默认路由最低。如果没有默认路由，那么目的地址在路由表中没有匹配成功的数据包将被丢弃。

通常在 PC 上配的默认网关也是默认路由。在 PC 上选择"**开始**"→"**运行**"，并输入"**CMD**"命令，转到系统的 DOS 命令操作状态。使用命令"route print"，查看该 PC 上的路由表，可以看到 PC 中的路由表的第一行就是一条默认路由，为"0.0.0.0　0.0.0.0　10.10.13.1"，如图 8-19 所示。

```
C:\Users\Administrator>route print
活动路由:
网络目标            网络掩码              网关          接口       跃点数
        0.0.0.0            0.0.0.0      10.10.13.1    10.10.13.20      20
     10.10.13.0      255.255.255.0        在链路上        10.10.13.20     276
    10.10.13.20    255.255.255.255       在链路上        10.10.13.20     276
   10.10.13.255    255.255.255.255       在链路上        10.10.13.20     276
      127.0.0.0          255.0.0.0        在链路上         127.0.0.1     306
      127.0.0.1    255.255.255.255       在链路上         127.0.0.1     306
127.255.255.255    255.255.255.255       在链路上         127.0.0.1     306
      224.0.0.0          240.0.0.0        在链路上         127.0.0.1     306
      224.0.0.0          240.0.0.0        在链路上        10.10.13.20     276
255.255.255.255    255.255.255.255       在链路上         127.0.0.1     306
255.255.255.255    255.255.255.255       在链路上        10.10.13.20     276
```

图 8-19　PC 默认路由

该条默认路由的意思是，如果该 PC 要跟互联网通信的话，所有的数据包都发往
10.10.13.1 这个地址，这个地址通常是本地网关地址，和路由器上的默认路由作用相同，把
所有的去往外网的数据包，都发往本网的网关。

8.5.4　配置默认路由

默认路由是一种特殊的静态路由，也需要在网络管理员手工配置路由后，路由器才能
获取路由表信息。在末梢网络的路由器上，配置默认路由的命令和配置静态路由的方式完
全相同。以下是路由器配置默认路由命令的格式。

ip route　0.0.0.0 0.0.0.0　本地接口/下一跳设备地址

在配置默认路由时，"ip route" 后面输入的路由选择的地址只能是 "**0.0.0.0 0.0.0.0**"，
表示"去往任意的网络"含义。

在二层交换机上使用"ip default gateway"命令可以设置交换机的默认路由（网关）。

如图 8-20 所示，路由器 B 上可以配置默认路由，但路由器 A 两端连接的都是互联网
公网，因此不可以配置默认路由。

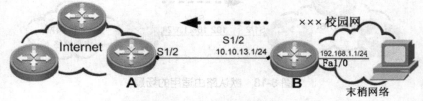

图 8-20　×××校园网络拓扑结构

示例 8-4　配置默认路由

```
Router#configure terminal                      ! 进入全局配置模式
Router(config)#hostname Router-B
Router-B (config)#interface  Serial 1/2     ! 进入路由器 S1/2 接口模式
Router-B (config-if) #ip address 10.10.13.1  255.255.255.0
Router-B (config-if) #no shutdown
Router-B (config-if) #exit

Router-B (config)#interface fastethernet 1/0   ! 进入路由器 Fa1/0 接口模式
Router-B (config-if) #ip address 192.168.1.1 255.255.255.0
```

```
Router-B (config-if) #no shutdown
Router-B (config-if) #exit

Router-B (config)#ip route  0.0.0.0 0.0.0.0  Serial 1/2
！配置路由器 B 到达互联网的默认路由

Router-B #show ip route                                ！查看配置完成的路由表信息
…… ……
```

本示例配置使用了 "S1/2" 广域网接口，在实际配置中，如果路由器上没有安装 "S1/2" 接口模块，也可以使用 Fa1/0 来替代完成实验操作。

8.6 动态路由基础

8.6.1 什么是动态路由协议

路由表工作原理

根据路由获取方式的不同，路由分为直连路由、静态路由和动态路由等 3 种类型。

动态路由协议（Routing Protocol）是用于路由器之间交换路由信息的协议，可动态寻找网络最佳路径。通过路由协议，可以保证所有路由器拥有相同的路由表，动态共享网络路由信息。动态路由协议可以帮助路由器自动发现远程网络，确定到达目标网络的最佳路径。

动态路由协议在路由器之间传送路由信息，允许路由器与其他路由器通信学习，更新和维护路由表信息，如图 8-21 所示。

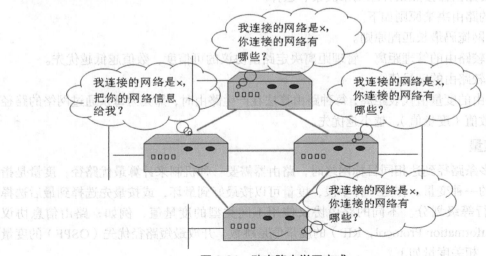

图 8-21　动态路由学习方式

在网络中配置动态路由协议的好处是，只要网络拓扑结构发生了变化，路由器会自动了解网络的变化。配置动态路由的路由器会相互之间交换路由信息，不仅能够自动学习到新增加的网络信息，还可以在当前网络连接失败时，寻找到备用路径。

8.6.2　动态路由协议决策

路由器中的动态路由协议的作用就是维护路由信息，建立路由表，决定最佳路径。所有的动态路由协议都围绕着一个相同的算法构建。

如图 8-22 所示，路由器 A、B 和 C 之间互相学习，生成和更新路由表信息。路由器之间是如何学习到路由信息？如何更新到路由表？如果其中有一条路由链路失效，如何通过其他路由器转发数据呢？如果到达同一目标网络出现两条路径，哪条路径又是最优的呢？

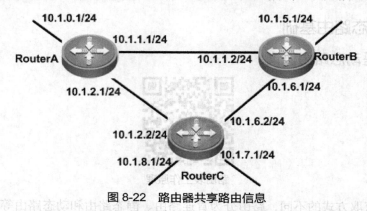

图 8-22　路由器共享路由信息

正是这些问题造成了协议的复杂性，每种路由协议都必须解决这些问题。对于所有路由选择协议来说，共有的几个问题是路径决策、度量、收敛和负荷均衡。

1. 路径决策

路径决策就是当路由器在学习路由的过程中，有时会出现一个目标地址有很多条目，这时就需要路由器按照某种原则来决策、选择。

常见的路由决策原则如下。

① 子网掩码最长匹配原则。

② 比较路由的管理距离，管理距离决定路由协议的可信度，数值越低越优先。

③ 比较路由的度量值。

④ 路由的度量值代表距离，每种路由算法在产生路由时，都会为每条通过网络的路径产生一个数值（度量值），越小越优先。

2. 度量

当有多条路径到达相同目标网络时，路由器需要一种机制来计算最优路径，度量是指派给路由的一种变量。作为一种手段，度量可以按最好到最坏，或按最先选择到最后选择对路由进行等级划分。不同的路由协议使用不同类型的度量值，例如，路由信息协议（Routing Information Protocol，RIP）的度量值是跳数，开放最短路径优先（OSPF）的度量值是负荷。相关度量如下。

① 跳数（Hop Count）：记录路由跳数。

② 带宽（Bandwidth）：将会选择高带宽路径，而不是低带宽路径。

③ 负荷（Load）：反应占用链路的流量大小。最优路径应该是负荷最低的路径。与跳数和带宽不同，路径上负荷发生变化，度量也会跟着变化。

④ 时延（Delay）：是度量报文经过一条路径所花费的时间，使用时延计量的路由选择协议，将会选择最低延时路径为最优路径。

⑤ 可靠性（Reliability）：度量链路在某种情况下发生故障的可能性，可靠性是可变化的，链路发生故障次数的或特定时间间隔内收到的错误次数，都是可靠性度量的例子。

⑥ 代价：由管理员设置代价，反应路由优劣等属性，通过任何策略或链路特性可以对代价定义。

3. 收敛

路由器中路由表都达到稳定、一致状态的过程叫做收敛（Convergence）。全网实现网络信息共享及所有路由器完成计算最优路径所花费的时间的总和就是收敛时间。在任何路由选择协议里，网络收敛时间都是一个重要的衡量因素，在拓扑结构发生变化之后，一个网络收敛速度越快，说明路由选择协议越好。

8.6.3　动态路由协议分类

可被路由的协议（Routed Protocol）和路由协议（Routing Protocol）是经常发生混淆的两个概念。实际上，可被路由的协议（Routed Protocol）由路由协议（Routing Protocol）传输，前者亦称为网络协议。

可被路由的协议在网络中被路由，如 IP、DECnet、AppleTalk、Novell NetWare、OSI。而路由协议是实现路由算法的协议，简单地说，它给网络协议做导向。路由协议有 RIP、IGRP、EIGRP、OSPF、IS-IS、EGP、BGP 等。

根据路由表是否在一个自治域内部使用，动态路由协议分为内部网关协议（IGP）和外部网关协议（EGP）。这里的自治域指一个具有统一管理机构、统一路由策略的网络。自治域内部采用的路由选择协议称为内部网关协议，常用的有 RIP、OSPF。外部网关协议主要用于多个自治域之间的路由选择，常用的是 BGP 和 BGP-4。

① 内部网关协议（Interior Gateway Protocol，IGP），用来在同一个自治系统内部交换路由信息。

② 外部网关协议（Exterior Gateway Protocol，EGP），用来在不同的自治系统间交换路由信息。

一个自主系统被定义为，在共同管理域下，一组运行相同路由选择协议的路由器。IGP内根据路由选择协议的算法不同，又可划分为以下 3 种。

① 距离矢量（Distance Vector）：根据距离矢量算法，确定网络中节点的方向与距离。包括 RIP 和内部网关路由协议（Interior Gateway Routing Protocol，IGRP）（Cisco 私有协议）。

② 链路状态（Link-state）：根据链路状态算法，计算生成网络的拓扑结构。包括 OSPF 和 IS-IS 路由协议。

③ 混合算法（Hybird）：根据距离矢量和链路状态的某些方面进行集成。包括增强内

部网络路由协议（Enhanced Interior Gateway Routing Protocol，EIGRP）（Cisco 私有协议）。

8.6.4 距离矢量路由协议

距离矢量名称的由来，是因为路由是以矢量（距离、方向）的方式被通告出去的。其中，距离根据度量定义，方向根据下一跳路由器定义。例如，某一路由器 X 方向，可以到达目标 Y，距此 5 跳距离每台路由器都向邻接路由器学习路由信息，然后再向外通告自己学习到的路由信息。通俗点就是往某个方向上的距离。

运行距离矢量路由协议的每台路由器，在路由信息上都依赖于自己的相邻路由器，而它的相邻路由器，又从与自己相邻的路由器那里学习网络路由，依此类推。这个过程就好像街头巷尾小道新闻传播一样，一传十，十传百，很快就能弄到家喻户晓。正因为如此，一般把距离矢量路由协议称为"依照传闻的路由协议"。

距离矢量路由算法是动态路由算法的一种。它的工作原理是，每台路由器维护一张矢量表，表中列出了当前已知的到每个目标的最佳距离，以及所使用的线路。通过在邻居路由器之间相互交换信息，路由器不断地更新它们各自内部的路由表。

常见的距离矢量路由选择协议有 RIP、RIPv2、IGRP、EIGRP。

8.6.5 链路状态路由协议

链路状态路由协议，又叫最短路径优先协议或分布式数据库路由协议。与距离矢量路由协议相比，链路状态路由协议对路由的计算方法有本质的差别。链路状态路由协议是层次式学习路由，网络中的路由器并不向邻居路由器传递"路由项"，而是通告给邻居路由器一些链路状态，最后在全网络中形成总的链路状态数据库，依据这个数据库生成各自的路由表。

常见的链路状态路由协议有 OSPF 路由协议、IS-IS 路由协议。

距离矢量路由协议是平面式学习路由机制，所有的路由学习完全依靠邻居路由器，交换的是路由项。链路状态协议只通告给邻居路由器一些链路状态信息。运行该路由协议的路由器，不是简单地从相邻路由器学习路由，而是把路由器分成区域，收集区域内所有路由器的链路状态数据库，根据该数据库信息，生成网络拓扑结构，每一台路由器再根据拓扑结构计算出路由。

1. 链路状态路由协议的优点

与距离矢量路由协议相比，链路状态路由协议具有以下优点。

（1）创建拓扑结构图

链路状态路由协议创建网络链路拓扑结构图，而距离矢量路由协议没有网络拓扑结构图，仅有一个网络路由列表，列出通往各个网络的开销（距离）和下一跳路由器（方向）。链路状态路由协议的路由器之间，互相交换链路状态信息，最后根据链路状态库构建网络连接的路径树。依托该路径树生成路由表，最后计算通向每个网络的最短路径。

（2）快速收敛

链路状态路由协议比距离矢量路由协议具有更快的收敛速度。路由器收到一个链路状态数据包（Link-State Packet，LSP）后，链路状态路由协议立即将该 LSP，从除接收该 LSP 的接口以外的所有接口泛洪出去。而距离矢量路由协议路由器需要处理每条路由更新，并且在更新完路由表后，才能将更新从路由器接口泛洪出去。

（3）事件驱动更新

在初始链路状态信息泛洪之后，路由器链路状态路由协议仅在拓扑结构发生改变时才发出链路状态信息。该链路状态信息仅包含受影响的链路信息。与距离矢量路由协议不同的是，链路状态路由协议不会定期发送更新。

（4）层次式设计

OSPF 和 IS-IS 链路状态路由协议，使用区域的技术扩大网络的范围。多个区域形成层次化网络拓扑结构，不仅有利于路由聚合（汇总），还便于将路由故障形成问题隔离在一个区域内。

2.　链路状态的工作过程

（1）了解直连网络

每台路由器了解自身链路信息（即直连网络），是通过检测哪些接口处于工作状态完成的。

（2）向邻居发送 Hello 数据包

每台路由器负责和直连网络中相邻的路由器建立联系，通过了解直连网络中路由器的链路状态，互换 Hello 数据包来达到此目的。

路由器使用 Hello 数据包发送协议，发现其链路上的所有邻居，形成一种邻接关系。这里的邻居是指启用了相同的链路状态路由协议的网络中的其他路由器。这些路由器之间通过发送 Hello 数据包持续在两个邻接邻居之间建立关系，通过"保持激活"功能来监控邻居路由器的工作状态。如果路由器不再收到某邻居的 Hello 数据包，则认为该邻居路由器已无法到达，该邻接关系破裂。

（3）建立链路状态数据包

每台路由器上生成一个链路状态数据包，包含与该路由器直连的每条链路的状态，记录每个邻居的相关信息，包括邻居 ID、链路类型和带宽。

（4）将链路状态数据包泛洪给邻居

每台路由器将链路状态数据包泛洪到所有邻居，然后邻居路由器将收到的所有链路状态数据包存储到数据库中。接着，各个邻居将链路状态数据包泛洪给邻居路由器，直到区域中的所有路由器均收到那些链路状态数据包为止。每台路由器还会在本地数据库中，存储邻居发来的链路状态数据包的副本。

路由器将其链路状态信息，泛洪到路由区域内的其他所有链路状态路由器上，此过程在整个路由区域内的所有路由器上形成链路状态数据包泛洪效应。

（5）构建链路状态数据库

每台路由器使用数据库，构建一个完整的拓扑结构图，计算通向每个目的网络的最佳路径。就像拥有全网的地图一样，路由器拥有网络拓扑结构中所有的目的地，以及通向各个目的路由的详图。最短路径优先（SPF）算法用于构建全网的网络拓扑结构图，并确定通向每个网络的最佳路径。所有路由器将拥有共同的网络拓扑结构图或拓扑结构树，但是每一台路由器独立确定到达拓扑结构内每一个网络的最佳路径。

在使用链路状态泛洪过程将自身链路状态数据包传播出去后，每台路由器都将拥有来自整个路由区域内的所有链路状态路由器的链路状态数据包，并使用 SPF 算法来构建 SPF 树。这些链路状态数据包存储在链路状态数据库中。有了完整的链路状态数据库，即可使用该数据库和 SPF 算法，计算通向每个网络的首选（即最短）路径。

8.7 有类路由协议与无类路由协议

网络中的路由，根据其应用的不同，具有多种不同的分类方法。

在上面小节中，提到了路由协议的分类，从静态路由协议到动态路由协议，从 IGP 到 EGP。

下面从另一个角度把路由协议进行分类——有类路由协议和无类路由协议。

8.7.1 有类路由协议

有类路由协议就是发送路由更新包的时候，不携带路由条目的子网掩码。使用有类路由的路由器首先匹配主网络号，如果主网络号存在，就继续匹配子网号，且不考虑默认路由。如果子网无法匹配，则丢弃数据包，并使用 ICMP 返回一个不可达回应。

如图 8-23 所示，D 把自己的 10.1.1.0/24 直连网络信息，通过 RIPv1 传递给其邻居 C。因为有类路由协议在传递路由更新时不带子网掩码，这样 C 的 S1/2 端口收到 10.1.1.0/24 这个网络后，无法知道其子网掩码是多少，那么路由器 C 会如何处理？

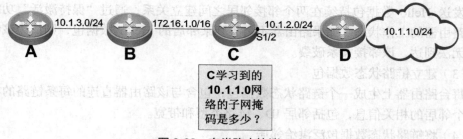

图 8-23　有类路由协议

C 根据收到的 10.1.1.0 这个网络所在的子网掩码，确定 10.1.1.0 这个网络的子网掩码。也就是说，C 会认为 10.1.1.0 这个网络的子网掩码，与自己的 S1/2 端口的子网掩码相同。

在图 8-23 中，S1/2 端口的子网掩码是 24 位，正好与 10.1.1.0 的子网掩码相同。如果 10.1.1.0 网络的子网掩码不是 24 位，则 C 学习到的网络就会出错，从而出现网络故障。所有运行有类路由协议的路由器接口地址子网掩码必须一致，否则网络就会出错。

除了在有类路由协议中构建网络中的子网掩码必须一致外，有类路由协议还有如下特点。

① 有类路由协议不支持变长子网掩码。

② 有类路由协议不支持不连续的子网。

③ 有类路由协议在路由宣告时不带有子网掩码。

④ 有类路由协议包括 RIPv1、IGRP（Cisco 私有协议）。

8.7.2　无类路由协议

无类路由协议就是路由器在发送路由更新包的时候，携带自己的子网掩码进行匹配。无类路由协议的特性如下。

① 支持 VLSM。

② 边界路由器上的自动汇总功能可以关闭，可以支持不连续子网。

③ 无类路由协议在路由宣告时带有子网掩码。

④ 无类路由协议包括 RIPv2、EIGRP、OSPF、IS-IS、BGPv4。

因为现在所使用的网络一般都是 VLSM，所以现在都会使用无类路由协议。

有类路由协议和无类路由协议的本质区别就是在发送路由更新时是否发送子网掩码。因此，有类、无类路由协议的不同就在于是否支持 VLSM。

默认情况下，无类路由协议和有类路由协议一样，在边界路由器上自动进行汇总（OSPF不在边界自动汇总）。有类路由协议的自动汇总功能不可关闭，所以不支持不连续子网，而无类路由协议可以关闭自动汇总功能，改用手工方式进行汇总，所以支持不连续子网。

8.8　认证测试

以下每道选择题中，都有一个正确答案或者是最优答案，请选择出正确答案。

1. 如果某路由器到达目的网络有 3 种方式，分别为 RIP、静态路由、默认路由，那么路由器会（　　）方式转发数据包。
    A. 通过 RIP
    B. 通过静态路由
    C. 通过默认路由
    D. 都可以

2. 默认路由是（　　）。
    A. 一种静态路由
    B. 所有非路由数据包进行转发的路由
    C. 最后求助的网关
    D. 以上都是

3. 在路由表中 0.0.0.0 代表（　　）。
    A. 静态路由　　　　B、动态路由　　　　C. 默认路由　　　　D. RIP 路由

4. 路由协议中的管理距离表示这条路由的（　　）。
    A. 可信度的等级
    B. 路由信息的等级
    C. 传输距离的远近
    D. 线路的好坏

5. 路由器在转发数据包到非直连网络时，是依靠数据包中（　　）寻找下一跳地址的。
    A. 帧头中的目的 MAC 地址
    B. IP 头中的目的 IP 地址
    C. TCP 头中的目的端口号
    D. UDP 头中的目的端口号

6. 下列属于路由表的产生方式的是（　　）。
    A. 通过手工配置添加路由
    B. 通过运行动态路由协议自动学习产生
    C. 路由器的直连网段自动生成
    D. 以上都是

7. 组建新的办公子网，网络管理员小明想将这个新的办公子网，加入到原来的网络中，那么需要手工配置 IP 路由表，需要输入的命令是（　　）。
    A. "Ip route"　　　B. "Route ip"　　　C. "Show ip route"　　　D. "Show route"

8. 在路由器发出的"Ping"命令中，"U"代表（　　　）。

    A. 数据包已经丢失

    B. 遇到网络拥塞现象

    C. 目的地不能到达

    D. 成功地接收到一个回送应答

9. 当要配置路由器的接口地址时应采用的命令是（　　　）。

    A. "ip address 1.1.1.1 netmask 255.0.0.0"

    B. "ip address 1.1.1.1/24"

    C. "set ip address 1.1.1.1 subnetmask 24"

    D. "ip address 1.1.1.1 255.255.255.248"

8.9　科技之光：工业 5G，星星之火，可以燎原

【扫码阅读】工业 5G，星星之火，可以燎原

第 **9** 章 RIP 路由协议

【本章背景】

中山大学按照楼层为学生宿舍区规划了几十个独立的子网。在如何实现这些宿舍网络和校园网联通以及校园网接入互联网的问题上，负责施工的工程师和网络中心的负责人陈工程师在施工时发生了冲突，一个希望通过动态路由技术实现联通，另一个希望通过静态路由实现联通。

双方施工冲突的焦点主要在，两者之间在"网络传输速度""传输效率"以及今后的"网络管理难度"上，有各自不同的意见，最后经过多次沟通和讨论，现场施工工程师提出的"希望通过动态路由技术实现联通"的意见被采纳。

晓明也全程参加了这次宿舍网络二期改造项目。在沟通会议上，现场施工的工程师说："使用静态路由会在未来网络管理和改造上带来很大麻烦。"对此，晓明很困惑。之前，在陈工程师的帮助下晓明已经初步掌握了静态路由技术，这次工程师说静态路由应用在宿舍网中会很麻烦，他很困惑，就去请教现场施工工程师。工程师在听到晓明的困惑后，就列出了晓明需要学习的知识内容。

本章知识发生在以下网络场景中。

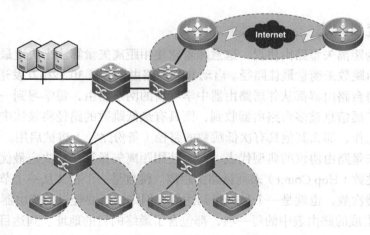

【学习目标】

◆ 学习 RIPv2 动态路由工作原理
◆ 配置 RIPv2 动态路由实现网络联通
◆ 会进行 RIP 路由故障排错

路由器可以执行很多任务，但最主要的功能还是两项：一是路径选择，二是数据转发。这些动作都需要依据路由器中的路由表来完成。路由器生成路由表的方法有很多种，除直连路由外，还有静态路由、动态路由技术。

动态路由是安装在网络中的路由器之间通过动态路由协议相互通信，传递路由信息，利用收到的路由信息更新路由表的过程。动态路由协议能让路由器实时地适应网络拓扑结构的变化。一旦网络拓扑结构发生变化，动态路由协议就会重新计算路由，并发出新的路由更新信息，引起各路由器重新启动路由算法，并更新各自的路由表以动态地反映网络拓扑结构变化。

动态路由技术可以保障路由器自动学习、生成及更新路由表，减少了人工干预的麻烦，因此适用于网络规模大、网络拓扑结构复杂的网络。当然，各种动态路由协议在计算路由表的过程中，会不同程度地占用网络带宽和 CPU 资源。

常见的动态路由协议有 RIP、OSPF、IGRP 和 EIGRP 等。这些动态路由算法中，不能简单地说谁好谁坏，因为各自算法的优劣要依据使用的环境来判断。

如 RIP 有时不能准确选择最优路径，收敛的时间也略长一些，但对于小规模、没有专业人员维护的网络来说，RIP 仍是首选的路由协议。RIP 最大的特点是配置简单，在小型网络得到广泛的使用。

9.1 连接 RIP 路由

RIP 动态路由协议，由施乐（Xerox）公司在 20 世纪 70 年代开发，是应用较早、使用较普遍的内部网关协议，适用于在小型的自治网络系统（AS）中传递路由信息。

RIP 动态路由协议基于距离矢量算法（Distance Vector Algorithms，DVA），是典型的距离矢量（Distance-Vector）路由协议，它使用"跳数"即"metric"来衡量到达目标网络的路由距离。

9.1.1 RIP 度量方法

RIP 被称为距离矢量路由协议，这意味着它使用距离矢量算法来决定最佳路径，具体来说是通过路由跳数来衡量最佳路径。启动 RIP 的路由器，每 30 秒相互发送广播信息，收到广播信息的每台路由器都从邻居路由器中学习新的网络路由，每学习到一条，就增加一个跳数。如果广播信息被多台路由器收到，则具有最低跳数的路径将被选中。如果首选的路径不能正常工作，那么其他具有次低跳数的路径（备份路径）将被启用。

作为距离矢量路由协议的典型代表，RIP 使用距离矢量算法来决定最优路径。具体来讲，就是提供跳数（Hop Count）来衡量路由距离。跳数是一个报文从一个节点到目的节点中途经过的中转次数，也就是一个数据包到达目标网络，所要经过的路由器的数目。

通过 RIP 生成的路由表中的每一项，都包含了最终的目的地址、到达目的节点的经过路径的下一跳节点（Next Hop）以及跳数等信息。下一跳指的是本网报文通过本地的网络节点到达目的节点的转发设备。如不能直接送达，则本节点应把此报文送到某个中转点，此中转点称为下一跳，这一中转过程叫"跳"（Hop）。

RIP 路由通过计算抵达目的节点的最少跳数来选取最佳路径。在 RIP 中，规定了最大跳级数为 15，如果从网络的一个终端到另一个终端的路由跳数超过 15 个，就被认为产生了循环。因此，当一条路径跳数值达到 16 跳时，将被认为是达不到，按照规则将会从路由表中删除。

如果到达相同的目标有两个不等速或不同带宽的路由器,但跳数相同,则 RIP 仍然认为到达目标网络的两条路由是等距离的。RIP 最多支持的跳数为 15,即在源和目的网间所要经过的最多路由器的数目为 15 台,跳数 16 表示不可达。这样,对于超过 15 台路由器组成的网络来说,RIP 就有局限性,如图 9-1 所示。

16台

图9-1 RIP 不支持 16 跳网络

9.1.2 RIP 更新过程

RIP 通过端口的 UDP,定时广播(使用端口 520)报文来交换路由信息。默认情况下,路由器每隔 30 秒,向与它相连的网络广播自己的路由表。接到广播的路由器将收到的信息,添加至自身的路由表中,更新路由表。每台路由器都如此广播,最终网络上所有的路由器,都会得知全部的路由信息。

正常情况下,每 30 秒路由器就可以收到一次来自邻居路由器的路由更新信息。如果经过 180 秒,即 6 个更新周期,一条路由表项都没有得到更新,路由器就认为它已失效,把状态修改为 down。如果经过 240 秒,即 8 个更新周期,该路由表项仍没有得到更新和确认,这条路由信息就按照规则,将被从路由表中删除。

上面的 30 秒、180 秒和 240 秒的延时,都由路由器的计时器控制。它们分别是更新计时器(Update Timer)、无效计时器(Invalid Timer)和刷新计时器(Flush Timer)。

RIP 使用一些时钟,保证它所维持的路由的有效性与及时性。但是对于 RIP 来说,一个不理想之处在于,它需要相对较长的时间,才能确认一条路由是否失效。RIP 至少需要经过 3 分钟的延迟,才能启动备份路由。这个时间对于大多数应用程序来说,都会出现超时错误,用户能明显地感觉出来,系统出现了短暂的故障。

RIP 的另外一个问题是,它在选择路由时,不考虑链路的连接速度,而仅仅用跳数来衡量路径的长短。广播更新的路由信息,每经过一台路由器,就增加一个跳数。如果广播信息经过多台路由器,那么具有最低跳数的路径就是被选中的最佳路径。如果首选的路径不能正常工作,那么具有次低跳数的路径(备份路径)才被启用。

如图 9-2 所示,采用吉比特以太网(1 Gbit/s)连接的链路,可能仅仅因为比 1 Mbit/s 以太网链路,多出 1 个跳数(Hop),致使 RIP 认为 1 Mbit/s 链路是一条更优路由,而实际网络传输效率上并非如此。

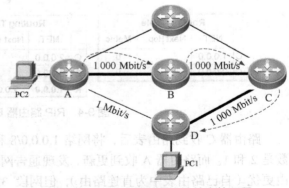

图9-2 RIP 按跳数衡量传输效率的不足

9.1.3 RIP 学习路由过程

在一个工作稳定的 RIP 网络中，所有启用 RIP 的路由器接口，都周期性发送全部路由更新。周期性发送的路由更新时间，由更新计时器（Update Timer）控制，更新计时器超时时间是 30 秒。如图 9-3 所示，RIP 网络中，每台路由器的初始路由表，只有直连路由。

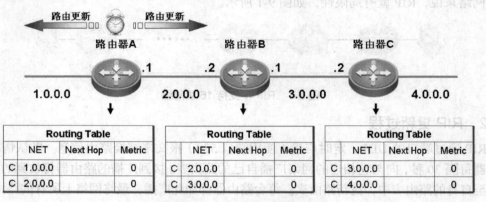

图 9-3　RIP 路由器 A 发送路由更新

当路由器 A 的更新计时器超时之后，路由器 A 向外广播自己的路由表。路由器 A 发出的路由更新信息中只有直连网段的路由，表示是路由器 A 的直连网络，因此跳数在到达邻居路由表时会增加 1，也就是到达网段 1.0.0.0/8 和 2.0.0.0/8 的跳数为 1。

路由器 B 收到来自邻居路由器 A 的路由更新后，会把新的 1.0.0.0/8 网络信息添加到自己的路由表中，修改跳数为 1。随后更新时间，路由器 B 也同样把自己的路由表向路由器 A 和 C 广播，如图 9-4 所示。

图 9-4　RIP 路由器 B 发送路由更新

路由器 C 收到路由表后，将网络 1.0.0.0/8 和 2.0.0.0/8 的路由添加到自己路由表中，跳数是 2 和 1。而路由器 A 收到更新，发现通告网段 1.0.0.0/24 的路由不比自己路由表中的路由更优（自己路由表中为直连路由），但网段 3.0.0.0/8 的路由没有，因此将网络 3.0.0.0/8 添加到路由表中，跳数为 1。

等路由器 C 的更新计时器超时后，它也同样向外广播路由更新信息，如图 9-5 所示。

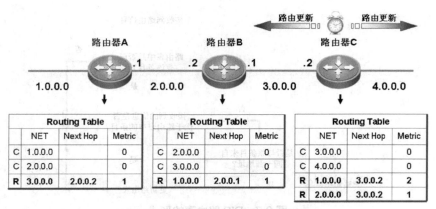

图 9-5 RIP 路由器 C 发送路由更新

至此，网络中所有的路由器都学习到全网的路由，即 RIP 网络收敛完毕，如图 9-6 所示。

在拓扑结构没有改变的情况下，路由器 A、B、C 以后每次更新发送的路由信息都将完全相同。

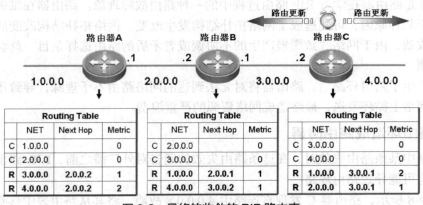

图 9-6 最终的收敛的 RIP 路由表

9.2 RIP 更新路由表

当 RIP 路由器收到其他路由器发出的 RIP 路由更新报文时，在处理附加在更新报文中的路由更新信息时，可能遇到以下 3 种情况。

① 如果路由更新中的路由条目是新的，那么路由器将新路由连同通告路由器地址（作为路由的下一跳地址）一起加入到自己的路由表中，通告路由器地址从更新数据包源地址字段读取。

② 如果目的网络路由已在路由表中，那么新路由拥有更小跳数时，才替换原来存在的路由条目。

③ 如果目的网络路由已在路由表中，但更新通告跳数大于或等于路由表中已记录跳数，这时路由器将判断这条更新是否来自下一跳路由器（即来自同一通告路由器），如果是，则该路由被接受，然后路由器更新路由表，重置更新计时器，否则这条路由将被忽略。

如图 9-7 所示，从该过程流程图中可看到接收、更新路由的判断过程。

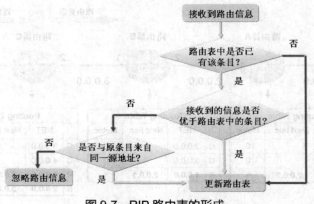

图 9-7 RIP 路由表的形成

9.3 RIP 路由环

9.3.1 什么是路由环

路由环是路由器在学习 RIP 路由过程中的一种路由故障现象。路由器在维护路由表的时候，由于某种原因，可能造成了网络拓扑结构发生改变。网络拓扑结构改变后，网络就开始重新收敛，由于网络收敛缓慢产生的不协调或者矛盾的路由选择条目，就会导致路由环路的问题。

网络产生了路由环路后，路由器将对无法到达的网络路由不予理睬，导致用户的数据包不停在网络上循环发送，最终造成网络资源的严重浪费。

9.3.2 路由环造成路由障碍

当网络中某条路由失效时，在这条路由失效的通告对外广播之前，RIP 路由的定时更新机制，有可能导致路由环路。

如图 9-8 所示，路由器 C 发现直连路由 4.0.0.0/8 故障，将其从路由表中移除，向外通告相应路由失效。在路由器 C 对外通告之前，路由器 B 恰好将路由表通告给路由器 C，路由器 C 认为通过路由器 B 可到达网络 4.0.0.0/8，跳数为 2，错误将这条路由添加到自己的路由表中。

图 9-8 路由器 C 错误地构造路由表

等路由器 C 更新路由表，路由器 B 又从路由器 C 那里收到到达网络 4.0.0.0/8 的跳数为 2 的路由信息时，根据 RIP 更新原则，这条路由虽然度量值增大，但和路由表中原条目来自同一个源，应当接受。因此，路由器 B 更新路由表，而到达网络 4.0.0.0/8 的跳数变成 3，如图 9-9 所示。

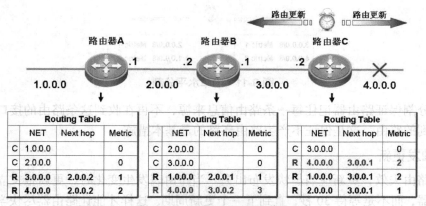

图 9-9　路由器 C 通告错误的路由更新信息

最后，路由器 B 也向外广播路由更新信息，导致路由器 A 和 C 都将自己路由表中到达网络 4.0.0.0/8 的跳数更新成了 4，如图 9-10 所示。

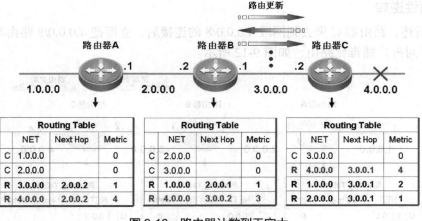

图 9-10　路由器计数到无穷大

这个过程不断循环，直到所有路由表中到达目标网络 4.0.0.0/8 的度量值都变成了 16 才会停止，也就是计数到无穷大（Count to Infinity）。那时，路由信息将超时，会从路由表中把它们删除。从这个例子看出，由于路由器 B 和 C 之间形成路由环路，导致了路由故障的出现。

9.3.3　防止路由环

RIP 等距离矢量算法采用水平分割（Split Horizon）、毒性逆转（Poison Reverse）、触发更新（Trigger Update）和抑制计时器（Holddown Timer）等机制防止路由环产生。

1．水平分割

图 9-11 所示为防止路由环路产生的方法，路由器 B 不把从路由器 C 学习到的路由通告

给路由器 C，同样也不把从路由器 A 学习到的路由通告给路由器 A。这种方法称为水平分割。

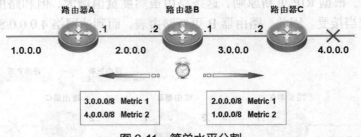

图 9-11　简单水平分割

水平分割保证路由器记住每一条路由信息来源，不再在收到这条路由的接口上发送从该接口学到的路由。这是保证不产生路由环路的最基本措施。

2.　触发更新

一旦路由失效，更新应当尽快发布出去。当路由表发生变化时，更新报文立即广播给相邻路由器，而不是等待 30 秒，直到下一个更新周期。这样才能让路由器尽快学习到路由表的变化，用来防止计数到无穷大的问题。RIP 使用触发更新技术来加速收敛过程，要求 RIP 路由器在改变一条路由度量时，立即广播一条更新消息，而不管 30 秒更新计时器还剩多少时间。

3.　毒性逆转

如上所述，路由器 C 失去到网段 4.0.0.0/8 的连接后，立即把 4.0.0.0/8 路由毒化（最大值 16），并对外广播毒化路由，如图 9-12 所示。

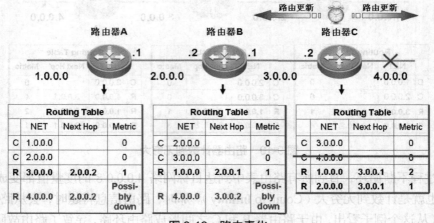

图 9-12　路由毒化

毒性逆转是当路由器学习到一条毒化路由（度量值为 16）时，在没有应用水平分割规则的情况下，对外通告毒化路由。路由器 B 会响应这个更新，修改自己的路由表，并立即回送（触发）包含 4.0.0.0/8 度量值为 16 的更新，这就是毒性逆转。

4.　抑制计时器

抑制计时器用于阻止定期更新的消息，告诉路由器把可能影响路由的任何改变，暂时保持一段时间。抑制时间通常比更新信息发送到整个网络的时间要长。当路由器从邻居接收到不能访问的更新后，就将该路由标记为不可访问，并启动一个抑制计时器。

如果再次收到的从邻居网络中路由器发送来的更新信息，包含有一个比原来路径更好度量值的路由，就标记为可以访问，并取消抑制计时器。如果在抑制计时器超时之前从不同邻居收到的更新信息中包含的度量值比以前的更差，更新将被忽略，这样可以有更多的时间让更新信息传遍整个网络。

9.4 RIPv1 与 RIPv2

在 TCP/IP 发展的历史上，第一个在网络使用的动态路由协议就是 RIP，即 RIPv1 是第一个动态路由协议。随着时间推移，路由器更加强大，CPU 更快，内存更大，传输链路也越来越快，又相继开发了更高级的路由算法和路由协议，如 OSPF 等，同时，增强 RIP 的标准版本 2 也相继推出。

1．RIP 版本 1

RIP 版本 1（RIPv1）使用广播的方式（255.255.255.255）发送路由更新，而且不支持 VLSM，因为它的路由更新信息中不携带子网，RIPv1 没有办法传达不同网络中变长的子网掩码的详细信息。因此，RIPv1 只能在有类网络中运行。

RIPv1 每 30 秒发送一次更新分组，分组中不包含子网掩码，不支持 VLSM，默认进行边界自动路由汇总，且不可关闭。因此，该路由不能支持非连续网络，不支持身份验证，使用跳数作为度量，管理距离为 120，每个分组中最多只能包含 25 条路由信息，使用广播进行路由更新。

2．RIP 版本 2

RIP 版本 2（RIPv2）在版本 1 的基础上增加了一些高级功能。这些新特性使得 RIPv2 可以将更多的网络信息加入路由表中。RIP 版本 1 不支持 VLSM，使得用户不能通过划分更小网络地址的方法，来更高效地使用有限的 IP 地址空间。RIPv2 版本做了改进，在每一条路由信息中加入了子网掩码，所以 RIPv2 是无类的路由协议。

此外，RIPv2 发送更新报文的方式为组播，组播地址为 224.0.0.9（代表所有 RIPv2 路由器）。RIPv2 还支持认证，确保路由器学到的路由信息来自于通过安全认证的路由器。

RIPv2 是无类路由，因此发送的分组中还包含有子网掩码信息。RIPv2 支持 VLSM 技术，但默认该协议开启自动汇总功能，因此，如果需要向不同主类网络发送子网信息，需要手工关闭自动汇总功能（no auto-summary）。

RIPv2 支持将路由汇总至主网络，但无法将不同主类网络汇总，所以不支持 CIDR。使用多播 224.0.0.9 进行路由更新，在 MAC 层就能区分是否对分组响应支持身份验证。

3．RIPv1 和 RIPv2 的区别

对 RIP 特性做以下总结，对比版本 1 和版本 2 之间的不同之处。

① RIPv1 是有类路由协议，RIPv2 是无类路由协议。

② RIPv1 不能支持 VLSM，RIPv2 可以支持 VLSM。

③ RIPv1 没有认证的功能，RIPv2 可以支持认证，有明文和 MD5 两种认证。

④ RIPv1 没有手工汇总的功能，RIPv2 在关闭自动汇总的前提下，可手工汇总。

⑤ RIPv1 是广播（255.255.255.255）更新，RIPv2 是组播（224.0.0.9）更新。

⑥ RIPv1 对路由没有标记的功能，RIPv2 可以对路由打标记（Tag），用于过滤和做策略。

⑦ RIPv1 发送的更新最多携带 25 条路由，RIPv2 在有认证的情况下最多能携带 24 条路由。

⑧ RIPv1 发送的更新里没有 "Next Hop" 属性，RIPv2 有 "Next Hop" 属性，可以与路由更新重定。

9.5 RIP 的配置方法

下面介绍 RIPv1 和 RIPv2 的配置，以及在一个网络中同时使用这两个版本的方法。

9.5.1 配置 RIP 命令

RIP 的配置比较简单，启用 RIP 只需要执行两条命令即可，"router rip" 和 "network network-number"。

路由器要运行 RIP，首先需要创建 RIP 路由进程，并定义与 RIP 路由进程相关联的网络。在路由进程配置模式中，执行以下命令可以启动 RIP 动态路由协议。

```
Router(config)# router  rip                    ! 启用 RIP
Router(config-router)# version  {1 | 2}        ! 定义 RIP 版本
Router(config-router)# network  network-number
! 向外通告直连的网络，RIP 只向关联网络所属接口通告路由信息
```

"network" 命令可告诉路由器哪个接口开启 RIP，然后从这个接口发送路由更新，通告给接口直连的网络，并从接口监听来自其他路由器发来的 RIP 更新。

需要注意的是，"network" 命令需要一个有类网络号（没有子网掩码），即 A、B、C 等 3 类网络（版本 1 和 2 都是如此）。如果在 "network" 命令中使用一个带子网的 IP 地址，路由器也会接受这个命令，但会修改 "network" 命令，自动匹配为 A、B、C 有类网络。

RIP 路由自动汇总是当子网路由穿越有类网络边界时，将自动汇总成有类网络路由。RIPv2 默认情况下进行路由自动汇总，RIPv1 不支持该功能。

RIPv2 路由自动汇总功能，提高了网络的伸缩性。如果有汇总路由存在，在路由表中将看不到包含在汇总路由内的子路由，这样大大缩小了路由表规模。通告汇总路由比通告单条路由更有效率，原因是，查找 RIP 数据库时，汇总路由会得到优先处理，忽略子网路由可以减少处理时间。

不过，当网络全部采用 VLSM 来划分子网时，希望学到具体子网路由，而不愿意只看到汇总后的网络路由，这时需要使用 "no auto-summary" 命令关闭路由自动汇总功能，具体如下。

```
Router(config)# router rip
Router(config-router)# no auto-summary        ! 关闭路由自动汇总
```

RIP 提供时钟调整功能，可根据网络情况调整时钟，使 RIP 能够运行得更好。

默认情况下，RIP 路由的更新时间为 30 秒，无效时间为 180 秒，刷新时间为 120 秒。

通过调整时钟，可加快路由协议收敛时间及故障恢复时间，连接在同一网络上的路由器的 RIP 时钟的值一定要一致。

```
Router(config)# router rip
Router(config-router)# timers basic update invalid flush    (可选)
```

在 RIP 中默认打开水平分割。如果需要关闭，则需在接口模式下使用"no ip split-horizon"关闭该接口上的水平分割功能，相应地，"ip split-horizon"命令可打开水平分割。

```
Router(config)# interface fastethernet-id
Router(config-if)# no ip split-horizon        ! 关闭水平分割（可选）
```

9.5.2 RIP 配置实例

RIPv2 动态路由技术

如图 9-13 所示，3 台路由器连接的网络，在路由器 A、B、C 上启用 RIPv2 动态路由，其中，配置所有路由器主机名、接口 IP 地址等的步骤，见之前路由器基础配置，此处为节省篇幅，省略。

图 9-13 RIPv2 基本配置实例拓扑结构图

相关配置命令依次如下。

```
......
RouterA(config)#router rip
RouterA(config-router)#version 2
RouterA(config-router)#network 1.0.0.0
RouterA(config-router)#network 2.0.0.0
RouterA(config-router)#no auto-summary
RouterA(config-router)#end

RouterA#show ip route
...... ......

......
RouterB(config)#router rip
RouterB(config-router)#version 2
```

```
RouterB(config-router)#network 2.0.0.0
RouterB(config-router)#network 3.0.0.0
RouterB(config-router)#no auto-summary
RouterB(config-router)#end

RouterB#show ip route
...... ......
```

```
...... ......
RouterC(config)#router rip
RouterC(config-router)#version 2
RouterC(config-router)#network 3.0.0.0
RouterC(config-router)#network 4.0.0.0
RouterC(config-router)#no auto-summary
RouterC(config-router)#end

RouterC#show ip route
...... ......
```

9.5.3   配置单播更新和被动接口

如图 9-14 所示，3 台路由器连接在一个广播网络上，默认情况下，每台路由器都发出广播更新报文，这些更新报文都能被其他路由器接收。

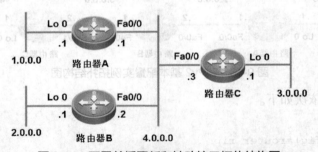

图 9-14   配置单播更新和被动接口拓扑结构图

如果希望 RIP 路由器某个接口仅学习 RIP 路由，不进行 RIP 路由通告，可以配置 RIP 被动接口，方法是在 RIP 配置模式中使用如下命令。

```
Router(config)#router rip
Router(config-router)#passive-interface      {default     |interface-type
interface-num}
```

被动接口接收到 RIP 更新请求后，不进行响应，但在收到非 RIP（如路由诊断程序等）请求后，进行响应，因为这些请求程序希望了解所有设备的路由情况。

RIP 路由报文通常是广播，但有时需要限制一个接口通过广播式的路由更新报文，实现更灵活的 RIP 工作方式。例如，希望路由器 A 发出的更新报文，只被路由器 B 接收，而不被路由器 C 收到，就可以配置被动接口情况下，以 RIP 报文单播方式更新，相关命令如下。

```
Router(config-router)# neighbor ip-address
```

在图 9-14 所示的拓扑结构中，在路由器 A 的 Fa0/0 端口上配置被动接口。这个端口不再发出路由更新报文，但可以接收路由更新报文。因此，路由器 A 可以学习到全部 RIP 路由，而路由器 B 和 C 将学习不到路由 1.0.0.0/8，配置过程如下。

```
......
RouterA(config)#router rip
RouterA(config-router)#passive-interface fastEthernet 0/0
RouterA(config-router)#end
RouterA#show ip route
......

RouterB#show ip route
```

在路由器 A 配置被动接口后，路由器 B 和 C 无法收到路由 1.0.0.0/8 的更新，在无效计时器超时后，路由器 B 和 C 就会将这条路由度量值记为无穷大，等到计时器超时后，再删除这条路由。

此时，如果继续在路由器 A 上配置单播更新，指定将路由更新发送给地址 4.0.0.2/8，那么路由器 A 虽然不再发出广播更新，但会单播给路由器 B 发送更新，因此路由器 B 将能够学习到路由 1.0.0.0/8，而路由器 C 仍然无法学习到，配置如下所示。

```
RouterA(config)#router rip
RouterA(config-router)#neighbor 4.0.0.2
RouterA(config-router)#end

RouterA#show running-config      ! 查看路由器 A 上 RIP 部分的配置
......
router rip
passive-interface FastEthernet 0/0
network 1.0.0.0
network 4.0.0.0
neighbor 4.0.0.2
......
```

此时观察路由器 A 发出的更新报文，就会发现，其不在 Fa0/0 端口发送广播更新了，而是使用单播给 4.0.0.2 发送更新。

9.6 RIP 的检验与排错

可以在路由器上使用一些命令进行 RIP 的检验与排错。

9.6.1 使用 "show" 命令检验 RIP 的配置

对一个路由协议进行排错，最重要的命令就是 "show ip route"。这条命令显示路由器

网络互联技术（理论篇）

路由表的内容，包括当前转发数据包的所有路由，通过查看路由表，可以知道路由协议是否正确工作。

另外，"show running-config"命令也经常被用来检查路由器的整体配置是否正确。

还可以使用下面这几个命令，有针对性地检查 RIP 和接口配置。

① "show ip rip"命令。

② "show ip rip database"命令。

③ "show ip interface brief"命令。

这些命令的输出结果可以提供大量信息，分别如示例 9-1、示例 9-2、示例 9-3 所示。通过这些命令，可以看到 RIP 进程是否已正确运行、关联接口是否激活、计时器是否合适等重要信息。

示例 9-1　"show ip rip"命令输出结果

```
RouterA#show ip rip
Routing Protocol is "rip"
Sending updates every 30 seconds, next due in 8 seconds
Invalid after 180 seconds, flushed after 120 seconds
Outgoing update filter list for all interface is: not set
  Incoming update filter list for all interface is: not set
  Default redistribution metric is 1
  Redistributing:
  Default version control: send version 1, receive any version
  Interface          Send    Recv    Key-chain
  FastEthernet 0/0    1       1       2
  Loopback 0          1       1       2
  Routing for Networks:
    1.0.0.0
    4.0.0.0
  Distance: (default is 120)
```

从这个输出结果可以看到，运行的路由协议是 RIP，更新计时器为 30 秒，无效计时器为 180 秒，刷新计时器为 120 秒，关联网络是 1.0.0.0 和 4.0.0.0，启用 RIP 的端口是 Fa0/0 和 Lo 0，默认发送 RIPv1 的更新报文，接收 RIPv1 和 RIPv2 的更新报文。

示例 9-2　"show ip rip database"命令的输出结果

```
RouterA#show ip rip database
1.0.0.0/8    auto-summary
1.0.0.0/8
   [1] directly connected, Loopback 0
2.0.0.0/8    auto-summary
2.0.0.0/8
   [1] via 4.0.0.2 FastEthernet 0/0  00:18
```

```
3.0.0.0/8     auto-summary
3.0.0.0/8
   [1] via 4.0.0.3 FastEthernet 0/0  00:08
4.0.0.0/8     auto-summary
4.0.0.0/8
   [1] directly connected, FastEthernet 0/0
```

示例 9-3　"show ip interface brief"命令的输出结果

```
RouterA#show ip interface brief
Interface                  IP-Address(Pri)    OK?    Status
FastEthernet 0/0           4.0.0.1/8          YES    UP
FastEthernet 0/1           no address         YES    DOWN
Loopback 0                 1.0.0.1/8          YES    UP
```

"Show ip interface brief"命令可列出路由器上所有接口的状态。若想要获得各个接口的详细信息，可以使用"**show interface**"命令获得接口 IP 地址、描述和统计结果等接口的状态。

9.6.2　使用"debug"命令进行排错

在以上的例子中，已经看到大量"debug ip rip"的结果。"debug"命令是一个调试排错命令，具有很多选项，RIP 只是其中之一。"debug"命令的作用是让路由器执行以下动作。

① 监视内部过程（如 RIP 发送和接收的更新）。

② 当某些进程发生一些事件后，产生日志信息。

③ 持续产生日志信息，直到用"no debug"命令关闭。

当发现路由协议不能正常工作时，可以用"debug"命令观察它的内部工作过程，以便发现存在的问题，例如是否正确发送了路由更新、能否接收到路由更新等，然后找出原因。

调试排错结束后，应当关闭"debug"命令。由于"debug"命令非常消耗路由器资源，在一个生产性网络里面要尽量少使用，并且一定要及时关闭。要关闭"debug"命令，可以使用相同的"debug"命令和参数，前面加上"no"即可，例如要关闭"debug ip rip"，可以用命令"no debug ip rip"。或者，也可以使用"no debug all"命令关闭所有正在进行中的"debug"命令。

9.7　认证测试

以下每道选择题中，都有一个正确答案或者是最优答案，请选择出正确答案。

1. RIP 依据（　　　）判断最优路由。

    A. 带宽　　　　　　　B. 跳数　　　　　　　C. 路径开销　　　　　D. 延迟时间

2. 关于 RIPv1 和 RIPv2 的描述，正确的是（　　　）。

    A. RIPv1 是无类路由，RIPv2 使用 VLSM

    B. RIPv2 是默认的，RIPv1 必须配置

    C. RIPv2 可以识别子网，RIPv1 是有类路由协议

    D. RIPv1 用跳数作为度量值，RIPv2 则是使用跳数和路径开销的综合值

3. 用于检验路由器发送的路由信息的命令是（　　　）。

  A. "Router(config-router)#show route rip" B. "Router(config)#show ip rip"

  C. "Router#show ip rip route"   D. "Router#show ip route"

4. 如果要对 RIP 进行调试排错，应该使用（　　　）命令。

  A. "Router(config)#debug ip rip"   B. "Router#show router rip event"

  C. "Router(config)#show ip interface" D. "Router#debug ip rip"

5. RIP 路由器不把从邻居路由器学来路由再发回给它，被称为（　　　）。

  A. 水平分割   B. 触发更新   C. 毒性逆转   D. 抑制

6. 以下关于 RIP 的计数到无穷大的描述，正确的是（　　　）。

  A. RIP 网络里面出现了环路就可能会导致计数到无穷大

  B. 指路由信息在网络中不断循环传播，直至跳数达到 16

  C. 指数据包在网络中不断循环传播，直至 TTL 值减小为 0

  D. 只要网络中没有冗余链路，就不会产生计数到无穷大的情况

7. 防止路由环路可以采取的措施包括（　　　）。

  A. 路由毒化和水平分割   B. 水平分割和触发更新

  C. 单播更新和抑制计时器   D. 关闭自动汇总和触发更新

  E. 毒性逆转和抑制计时器

8. 在抑制计时器的时间内，（　　　）。

  A. 路由器将不接受一切路由更新

  B. 路由器仅仅不接受对相应的毒化路由的一切更新

  C. 路由器不接受对相应的毒化路由的更新，除非更新来自于原始通告这条路由的
   路由器

  D. 路由器不接受对相应的毒化路由的更新，除非一样的路由信息被多次收到

9. 默认情况下，（　　　）。

  A. 一旦路由器启动 RIP，就立刻广播响应报文通告自己的直连网络

  B. 每隔 30 秒发送路由更新，内容包括全部路由信息，同时遵循水平分割原则

  C. 如果收到毒化的路由，会立刻发送触发更新，且不再遵循水平分割的原则

  D. 只发送和接收 RIPv1 的更新报文

10. RIP 的最大跳数是（　　　）。

  A. 24   B. 18   C. 15   D. 12

9.8 科技之光：小米科技，让每个人都享受科技乐趣

【扫码阅读】小米科技，让每个人都享受科技乐趣

第 ⑩ 章 OSPF 路由协议

【本章背景】

中山大学的学生宿舍网实施二期改造，新规划的几十个学生宿舍子网，使用动态路由实现宿舍网和校园网联通，并经过网络中心接入互联网。

目前主流的动态路由有 RIPv2 和 OSPF，二者各有优缺点。但在为宿舍网络联通选择具体的路由协议时，施工工程师和网络中心陈工程师的意见又发生了冲突，现场施工方工程师认为，在宿舍网络场景中，选择 RIPv2 路由基本满足建设需要，而且施工简单，高效，但网络中心的陈工程师坚持使用 OSPF 路由协议，认为这样方便未来校园网的扩充。

最后通过沟通，施工方技术人员同意采纳陈工的意见，在宿舍网二期规划上，采用 OSPF 路由技术实现二期宿舍网络联通。

网络中心的晓明记得书上说 RIP 最适合学校这样的小型网络的互联，他不明白为什么学生宿舍子网需要采用复杂的 OSPF 路由协议。网络中心的陈工程师在了解到晓明的困惑后，思考了一下，列出了晓明需要学习的知识内容。本章知识发生在以下网络场景中。

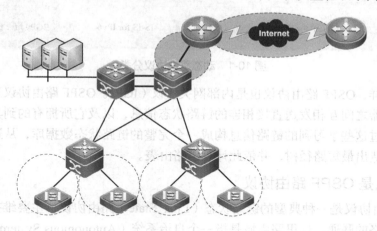

【学习目标】

◆ 了解 OSPF 动态路由原理
◆ 会配置 OSPF 单区域动态路由
◆ 会配置 OSPF 多区域静态路由

动态路由 RIP 只适用小型网络，并且有时不能准确选择最优路径，收敛的时间也略长一些。对于小规模、缺乏专业人员维护的网络来说，RIP 是首选路由协议。但随着网络范围的扩大，RIP 在网络的路由学习上就显得力不从心，这时就需要 OSPF 动态路由协议来解决。

开放最短路径优先（Open Shortest Path First，OSPF）协议是网际互联网工程任务组（The Internet Engineering Task Force，IETF）开发的基于链路状态的自治系统内部动态路由协议。在 IP 网络中，它通过收集和传递自治系统的链路状态，动态发现并传播路由。

OSPF 路由协议适合更广阔范围网络的路由学习，支持 CIDR 以及来自外部路由的信息选择，同时提供路由更新验证，利用 IP 组播发送/接收更新资料。此外，OSPF 协议还支持各种规模的网络，具备快速收敛，以及支持安全验证和区域划分等特点。

10.1　OSPF 概述

动态路由协议按照工作的区域和范围，分为外部网关协议（EGP）和内部网关协议（IGP），如图 10-1 所示。

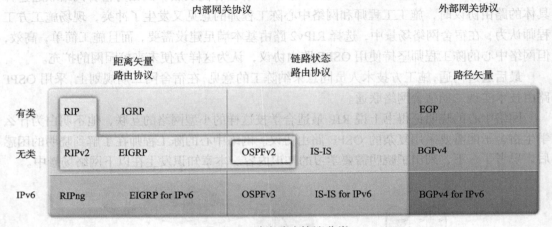

图 10-1　动态路由协议分类

和 RIP 一样，OSPF 路由协议也是内部网关协议（IGP）。OSPF 路由协议采用链路状态技术，在路由器之间互相发送直接相连的链路状态信息，以及它所拥有的到其他路由器的链路信息。通过这些学习到的链路信息构成一个完整的链路状态数据库，从这个链路状态数据库里，构造出最短路径树，并依此计算出路由表。

10.1.1　什么是 OSPF 路由协议

OSPF 路由协议是一种典型的链路状态（Link State）路由协议，主要维护工作在同一个路由域内网络的联通。这里路由域是指一个自治系统（Autonomous System，AS），即一组使用统一的路由政策或路由协议，互相交换路由信息的网络系统。在自治系统中，所有 OSPF 路由器都维护一个具有相同网络结构的自治系统结构数据库，该数据库中存放路由域中相应链路的状态信息，如图 10-2 所示。

每台 OSPF 路由器都维护相同的自治系统拓扑结构数据库，OSPF 路由器通过这个数据库计算出其 OSPF 路由表。当网络拓扑结构发生变化时，OSPF 协议能迅速重新计算出路径，只产生少量路由协议流量。

作为一种经典的链路状态的路由协议，OSPF 协议将链路状态广播（Link State Advertisement，LSA）数据包传送给在指定区域内的所有路由器。这一点与距离矢量路由协议不同，运行距离矢量路由协议的路由器是将部分或全部的路由表，传递给相邻的路由器。

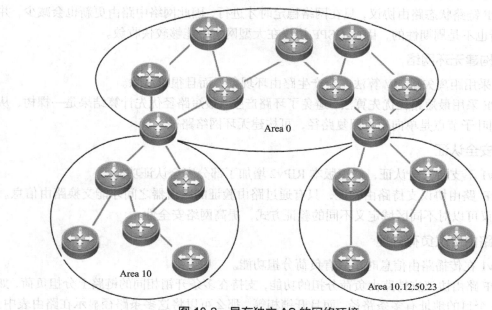

图 10-2 具有独立 AS 的网络环境

OSPF 动态路由协议不再采用跳数的概念，而是根据网络中接口的吞吐率、拥塞状况、往返时间、可靠性等实际链路的负荷能力来决定路由选择的代价。同时，OSPF 动态路由协议选择最短、最优路由作为数据包传输路径，并允许到达同一目标地址的多条路由存在，从而平衡网络负荷。此外，OSPF 路由协议还支持不同服务类型、不同代价，从而实现不同的路由服务。OSPF 路由器不再交换路由表，而是同步各路由器对网络状态的认识。

10.1.2 OSPF 路由协议的特点

OSPF 路由协议是一种链路状态路由协议。为了更好地说明 OSPF 路由协议的基本特征，下面将 OSPF 路由协议与 RIP 作比较。

1. 网络管理距离不同

在 RIP 中，路由的管理距离是 120，而 OSPF 路由协议具有更高的优先级和可信度，其管理距离为 110。

2. 网络范围不同

在 RIP 中，表示目的网络远近的参数为跳（Hop），该参数最大为 15。

在 OSPF 路由协议中，路由表中表示目的网络远近的参数为路径开销（Cost），该参数与网络中的链路带宽相关，也就是说，OSPF 路由不受物理跳数限制。因此，OSPF 协议适合于支持几百台路由器的大型网络。

3. 路由收敛速度不同

网络中路由收敛的快慢是衡量网络路由协议的一个关键指标。

RIP 周期性地将整个网络的路由表信息广播至邻居的网络中（该广播周期为 30 秒），不仅占用较多网络带宽，且收敛速度过慢，影响网络的更新速度。

OSPF 链路状态路由协议，只在网络稳定时才进行，因此网络中路由更新也会减少，并且其更新也不是周期性的，因此 OSPF 协议在大型网络中能够较快收敛。

4．构建无环网络

RIP 采用距离矢量 DV 算法，会产生路由环现象，而且很难清除。

OSPF 采用最短路径优先算法，避免了环路产生。最短路径优先计算结果是一棵树，从根节点到叶子节点是单向不可回复路径，可构建无环网络路径。

5．安全认证

RIPv1 不支持安全认证，修正版本 RIPv2 增加了部分安全认证功能。

OSPF 路由协议支持路由验证，只有通过路由验证的路由器之间才能交换路由信息。OSPF 协议可以对不同区域定义不同的验证方式，提高网络安全性。

6．路由协议负荷分担

RIPv1 在传播路由信息时不具有负荷分担功能。

OSPF 路由协议支持路由负荷分担的功能，支持在多条开销相同的链路上分担负荷，如果到同一个目的地址有多条路径，而且开销相等，那么可以将这多条路径显示在路由表中。

7．以组播地址发送报文

RIP 使用广播报文传播路由送给网络上的所有设备，这种周期性的广播形式会产生一定干扰，同时在一定程度上也占用了宝贵的带宽资源。

随着技术发展，出现了以组播地址来发送协议报文的形式。OSPF 协议使用 224.0.0.5 组播地址来发送协议报文，只有运行 OSPF 协议的设备才会接受发送来的报文，其他设备不参与接收。

10.2 OSPF 路由的基本概念

下面简单介绍下 OSPF 协议在运行过程中涉及的部分专业术语。通过对这些专业术语的讲解，可加强读者对 OSPF 协议的认识。

1．自治系统

自治系统是一组使用相同路由协议、互相之间交换路由信息的路由器总称。

2．Router ID 号

路由器启用运行 OSPF 协议，必须具有标识身份信息的 Router ID。Router ID 是一个 32 位二进制数，在一个自治系统中能唯一标识一台路由器。通常，OSPF 协议将最高 IP 地址分配给 Router ID。如果在路由器中使用 Loopback 回送接口，则 Router ID 就是回送接口的最高 IP 地址，而不使用物理接口的 IP 地址。

3．OSPF 协议报文

OSPF 协议报文信息，用来保证联通的路由器之间互相传播各种消息，实现路由通信过程的控制。OSPF 协议主要有 5 种类型协议报文。

① Hello 报文：周期性发送，发现和维持 OSPF 邻居关系，内容包括定时器数值、主路由器（Designated Router，DR）、备份路由器（Backup Designated Router，BDR）及已知邻居。

② 数据库描述（Database Description，DD）报文：描述本地 LSDB 中每一条 LSA 的摘要信息，用于两台路由器数据库同步通信。

③ 链路状态请求（Link State Request，LSR）报文：向对方请求所需的 LSA。两台路由器之间互相交换 DD 报文后，了解对端路由器有哪些 LSA 是本地 LSDB 缺少的，然后发送 LSR 报文，向对方请求所需的 LSA 报文。

④ 链路状态更新（Link State Update，LSU）报文：向对方发送其所需要的 LSA 报文。

⑤ 链路状态确认（Link State Acknowledgment，LSAck）报文：对收到的 LSA 报文信息进行确认，内容为需要确认 LSA 的 Header，一个 LSAck 报文可对多个 LSA 进行确认。

4. 链路状态的类型

链路状态（LSA）也被称为链路状态协议数据单元（Protocol Data Unit，PDU），是 OSPF 路由协议中对链路状态信息的描述，都封装在链路状态 LSA 中对外发布出去。LSA 描述路由器本地的链路状态，通过通告向整个 OSPF 区域扩散。

常见的 LSA 有以下几种类型。

① Router LSA（Type1）：由每台路由器产生，描述本网段所有路由器的链路状态和开销。

② Network LSA（Type2）：由 DR 产生，描述本网段所有路由器的链路状态。

③ Network Summary LSA（Type3）：由区域边界路由器（Area Border Router，ABR）产生，描述区域内某个网段的路由，并通告给其他区域。

④ ASBR Summary LSA（Type4）：由 ABR 产生，描述到自治系统边界路由器（Autonomous System Boundary Router，ASBR）的路由，通告给相关区域。

⑤ AS External LSA（Type5）：由 ASBR 产生，描述到自治系统外部的路由，通告到所有区域（除 Stub 区域和 NSSA 区域）。

⑥ NSSA External LSA（Type7）：由 NSSA（Not-So-Stubby Area）区域内的 ASBR 产生，描述到自治系统外部的路由，仅在 NSSA 区域内传播。

5. 邻居和邻接关系

在 OSPF 中，邻居（Neighbor）和邻接（Adjacency）是两个不同概念。

运行 OSPF 路由协议的路由器，通过 OSPF 接口向外发送 Hello 报文。收到 Hello 报文的 OSPF 路由器检查报文中的定义参数，如果双方一致，就会形成邻居关系。

形成邻居关系的双方，不一定都能形成邻接关系。这要根据网络类型而定。只有当双方成功交换 DD 报文，交换 LSA，并达到链路状态数据库（Link State Database，LSDB）同步后，才形成真正意义上的邻接关系。如果需要的话，路由器会转发新的 LSA 给其他的邻居，以保证整个区域内 LSDB 的完全同步。

在邻居关系中，OSPF Hello 报文中的 Area ID、Hello intervals、Dead intervals、Authentication Password、Stub Flag 等内容必须相同，如图 10-3 所示。

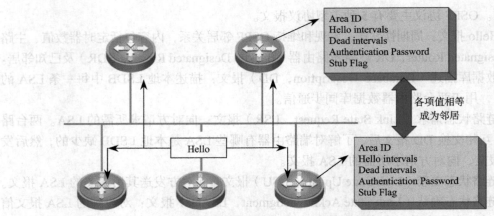

各项值相等
成为邻居

图 10-3　成为邻居时的 Hello 报文参数

6. 指定路由器

在运行 OSPF 路由协议的广播网和 NBMA 网络中，任意两台路由器之间都要交换路由信息。如果网络中有 n 台路由器，则需要建立 $n(n-1)/2$ 个邻接关系。这使得任何一台路由器的路由变化，都会导致多次传递，浪费带宽资源。

为解决这一问题，OSPF 协议定义了 DR，所有路由器都只将消息发送给 DR，由 DR 再将网络链路状态向公共网络传播，如图 10-4 所示。

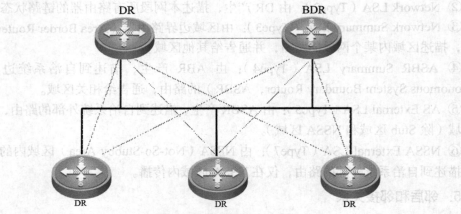

图 10-4　DR 和 BDR

7. 备份指定路由器

如果 DR 由于某种故障失效，则网络中的路由器必须重新选举 DR，这需要较长时间。为了缩短这个过程，OSPF 协议定义了 BDR。

BDR 是对 DR 的一个备份，在选举 DR 的同时，也选举出 BDR。BDR 也和本网段内所有路由器建立邻接关系并交换路由信息。当 DR 失效后，BDR 会立即成为 DR。由于不需要重新选举，并且邻接关系事先已建立，所以 BDR 成为 BR 的过程非常短暂。

DR 和 BDR 是同网段中所有路由器，根据优先级（priority）、Router ID，通过 Hello 报文选举出来的。当选举 DR/BDR 的时候，要比较 Hello 包中的优先级，优先级高为 DR，次高为 BDR，默认优先级都为 1。只有优先级大于 0 的路由器才有选举资格。进行 DR/BDR

选举时，每台路由器将自己选出的 DR 写入到 Hello 报文中，发给网段上每台运行 OSPF 协议的路由器。当同一网段中两台路由器同时宣布自己是 DR 时，路由器优先级高者胜出。

在优先级相同的情况下，就比较 Router ID，Router ID 大者胜出为 DR，次高的为 BDR。当把优先级设置为 0 以后，OSPF 路由器就不能成为 DR/BDR，只能成为 DROTHER。

当网络中新加入一个优先级更高的路由器时，不会影响现有的 DR/BDR。除非 DR 出故障，BDR 随即升级为 DR，并重新选举 BDR。如果是 BDR 出故障了，就重新选举 BDR。

BDR 对 DR 是否出故障的判定是根据 Wait Timer，如果 BDR 在 Wait Timer 超时前确认 DR 仍然在转发 LSA 的话，它就认为 DR 出故障。

8. 链路状态数据结构

OSPF 路由协议的链路状态数据结构由 3 张表组成，分别为邻居表、拓扑表和路由表。

（1）邻居表

邻居表（Neighbor Table）也叫邻接状态数据库，其存储了邻居路由器的信息。如果一台 OSPF 路由器和它的邻居路由器失去联系，在几秒钟的时间内，它会标记所有到达那台路由器的路由均为无效，并且重新计算到达目标网络的路径。

（2）拓扑表

拓扑表（Topology Table）也叫链路状态数据库，OSPF 路由器通过链路状态信息包学习到其他路由器和网络的状况，链路状态信息包存储在链路状态数据库中。

（3）路由表

路由表（Routing Table）也叫转发数据库，包含到达目标网络的最佳路径信息。

10.3　OSPF 路由区域

当大型网络中路由器都运行 OSPF 路由协议时，路由器数量增多会导致链路状态数据库（LSDB）非常庞大，占用大量存储空间，使得最短路径优先算法的复杂度增加，导致 CPU 负担很重。

在网络规模增大之后，拓扑结构发生变化的概率也增大，网络会经常处于"振荡"，造成网络中会有大量 OSPF 协议报文在传递，降低网络带宽利用率。更为严重的是，每一次变化都会导致网络中所有路由器重新进行路由计算。

OSPF 协议通过将自治系统划分成不同区域（Area）来解决上述问题。区域从逻辑上将路由器划分为不同组，每个组用区域号（Area ID）来标识，如图 10-5 所示。

区域的边界是路由器，因此有一些路由器属于不同区域（ABR）。一台路由器可以属于不同区域，但一个接口连接的网段（链路）只能属于一个区域，或者说每个运行 OSPF 的接口必须指明属于哪一个区域。划分区域后，可以在区域边界路由器上进行路由聚合，以减少通告到其他区域的 LSA 数量，还可以将网络拓扑结构变化带来的影响最小化。

OSPF 划分区域之后，并非所有区域都是平等关系，其中有一个区域是与众不同的，它的区域号（Area ID）是 0，通常被称为骨干区域（Backbone Area）。所有非骨干区域必须与骨干区域保持联通。骨干区域负责区域之间的路由，非骨干区域之间的路由信息必须通过骨干区域转发。

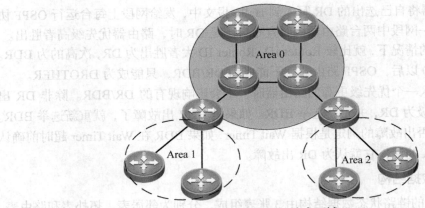

图 10-5　OSPF 路由区域

10.4 OSPF 报文类型

OSPF 报文是运行在 OSPF 路由器之间互相传播消息的重要工具，OSPF 报文可以直接封装为 IP 数据包协议报文，协议号为 89。

一个比较完整的 OSPF 报文（以 LSU 报文为例）结构如图 10-6 所示。

IP Header	OSPF Packet Header	Number of LSAs	LSA Header	LSA Data

图 10-6　OSPF 报文结构

1．OSPF 报文头

数据字段可能包含 5 种 OSPF 数据包类型，每一种报文类型都由一个 OSPF 报文头开始。这个 OSPF 报文头对于所有的报文类型都是相同的，如图 10-7 所示，5 种报文类型都具有相同的报文头。

0	7	15	31
Version	Type	Packet Length	
Router ID			
Area ID			
Checksum		AuType	
Authentication			
Authentication			

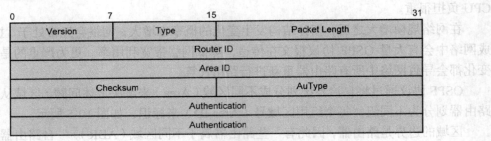

图 10-7　OSPF 报文头格式

每个 OSPF 数据包都具有 ID 数据包报头，IP 数据包报头中，协议字段被设为 89，代表 OSPF，目的地址为 224.0.0.5 或 224.0.0.6。

图 10-7 中的主要字段的解释如下。

① Version：OSPF 版本号，对于 OSPFv2 来说值为 2，OSPFv3 适用于 IPv6。

② Type：OSPF 报文类型，数值从 1 到 5，分别对应 Hello 报文、DD 报文、LSR 报文、LSU 报文和 LSAck 报文。

③ Packet Length：OSPF 报文的总长度，包括报文头在内，单位为字节。

④ Router ID：路由器的 ID，以 IP 地址来表示。

⑤ Area ID：路由器所在的区域 ID，所有 OSPF 数据包都属于一个特定的 OSPF 区域。

⑥ Checksum：是对整个报文的校验和，用于标记数据包在传递时的纠错码。

⑦ AuType：指使用的认证模式，0 为没有认证，1 为简单口令认证，2 为加密检验和（MD5）。

⑧ Authentication：指报文认证的必要信息，当验证类型为 0 时表示未作定义，为 1 时表示此字段为密码信息，为 2 时表示此字段包括 Key ID、MD5 验证数据长度和序列号信息。

2. OSPF 报文类型

OSPF 协议共有 5 种报文类型，每一种报文类型都由一个 OSPF 报文头开始，因此所有报文类型的报文头都相同。报文头之后是 OSPF 报文数据流，根据报文类型不同会有所不同，可构成多重封装，如图 10-8 所示。

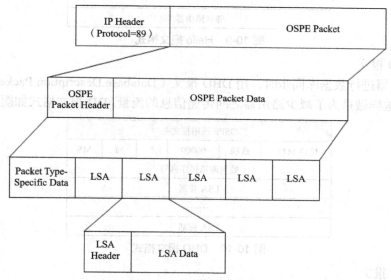

图 10-8　OSPF 报文类型

OSPF 的 5 种类型报文直接被封装到 IP 分组有效负荷中。表 10-1 列举了 5 种 OSPF 报文类型。

表 10-1　OSPF 报文类型

类型	名称	描述
1	Hello	发现邻居并在它们之间建立邻接关系
2	DBD	检查路由器的数据库之间是否同步
3	LSR	向另一台路由器请求特定的链路状态记录
4	LSU	发送请求的链路状态记录
5	LSAck	对其他类型的分组进行确认

（1）Hello 报文

Hello 报文（Hello Packet）是 5 种 OSPF 报文类型中最常用的一种报文。路由器通过周期性发送 Hello 报文给邻居路由器，维持邻居关系及 DR/BDR 选举。Hello 报文格式如图 10-9 所示。

OSPF 通用报文头		
网络掩码		
Hello Interval	选项	路由器优先级
Router Dead Interval		
指定路由器		
后援指定路由器		
邻居路由器		
……		
邻居路由器		

图 10-9　Hello 报文格式

（2）DBD 报文

两台路由器进行数据库同步时，用 DBD 报文（Database Description Packet）来描述自己的 LSDB，这样做是为了减少路由器之间传递信息的流量。DD 报文格式如图 10-10 所示。

OSPF 通用报文头					
接口 MTU	选项	00000	I	M	MS
数据库描述序列号					
LSA 首部					
……					
LSA 首部					

图 10-10　DBD 报文格式

（3）LSR 报文

两台路由器互相交换过 DBD 报文之后，路由器检测链路状态数据库是否有不一致或过时 LSA。此时，路由器可向邻居请求更新一些数据库描述包，以达到 LSA 完全同步。这时需要发送 LSR 报文（Link State Request Packet），并向对方请求所需的 LSA。LSR 报文格式如图 10-11 所示。

OSPF 通用报文头
LS 类型
链路状态 ID
宣告路由器
……
LS 类型
链路状态 ID
宣告路由器

图 10-11　LSR 报文格式

（4）LSU 报文

LSU 报文（Link State Update Packet）向对端路由器发送它所需要的 LSA，以实现 LSA 的洪泛，也用于对链路状态请求包响应，LSU 报文内容是多条 LSA（全部内容）的集合。LSU 的报文格式如图 10-12 所示。

| OSPF 通用报文头 |
| LSA 的个数 |
| LSAs |

图 10-12　LSU 报文格式

（5）LSAck 报文

路由器从紧邻接收到 LSA 后，必须要用链路状态确认包给予明确确认应答。LSAck 报文（Link State Acknowledgment Packet）对接收到的 LSU 报文进行确认，LSA 的确认通过链路状态确认包中的 LSA 首部实现。一个 LSAck 报文可对多个 LSA 进行确认。报文格式如图 10-13 所示，其中，LSAs 首部是由一系列 LSA 首部组成的一个列表。

| OSPF 通用报文头 |
| LSAs 的首部 |

图 10-13　LSAck 报文格式

10.5　OSPF 路由计算过程

OSPF 动态路由工作过程

10.5.1　SPF 算法

SPF（最短路径优先）算法是 OSPF 路由协议的基础，也被称为 Dijkstra 算法。这是因为 SPF 算法由 Dijkstra 发明。SPF 算法将每一台路由器作为根（ROOT），计算到每一台目标路由器的距离。每一台路由器根据最后统一的数据库，计算出路由域的拓扑结构图。该拓扑结构图类似于一棵树，在 SPF 算法中，称为最短路径树，如图 10-14 所示。

在 OSPF 路由协议中，最短路径树干长度，即 OSPF 路由器到每一个目的路由器的距离，称为 OSPF 的路径开销（Cost）。也就是说，OSPF 的 Cost 与链路带宽成反比，带宽越高则 Cost 越小，表示 OSPF 到目的网络距离越近。例如，先统计分布式数据接口（Fiber Distributed Data Interface,FDDI）或快速以太网的 Cost 值为 1,2 Mbit/s 串行链路的 CostOSPF 报文为 48，10 Mbit/s 以太网的 CostOSPF 报文为 10。

所有的路由器都拥有相同的链路状态数据库后，都把自己放进最短路径树中的 Root 里，然后根据每条链路的 Cost，选出耗费最低的作为最佳路径，最后把最佳路径放进转发数据库（路由表）里。

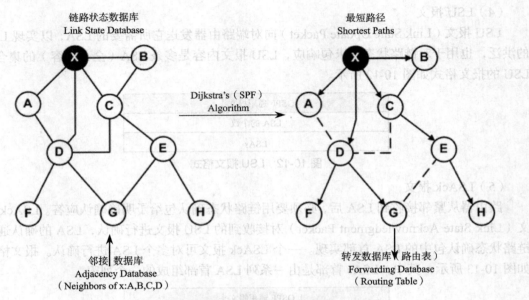

图 10-14　最短路径树结构

10.5.2　SPF 的工作过程

SPF 算法非常简单，可简单描述为以下 4 个步骤。

步骤 1：当路由器初始化或网络拓扑结构发生变化时（如增减路由器等），路由器产生链路状态广播数据包，包含路由器的所有相连链路，即所有接口的状态信息。

步骤 2：所有路由器通过泛洪（Flooding）方法来交换链路状态数据，相邻路由器根据接收到的链路状态信息，更新自己的数据库，并将链路状态信息转送给相邻的路由器，直至稳定。

步骤 3：当网络稳定下来，也可以说 OSPF 路由协议收敛下来，所有路由器根据各自的链路状态信息数据库，计算出各自的路由表，包含路由器到每一个可到目的地的 Cost，以及到达该目的地的转发下一台路由器（Next Hop）。

步骤 4：当网络状态比较稳定时，网络中的传递链路状态信息比较少，或者说，当网络稳定时，网络比较安静。这正是链路状态路由协议区别于距离矢量路由协议的一大特点。

10.5.3　OSPF 的路由计算过程

每台 OSPF 路由器根据周围的网络拓扑结构，生成 LSA，并通过更新报文，将 LSA 发送给网络中的其他 OSPF 路由器。

每台运行了 OSPF 的路由器，都会收集其他路由器的通告 LSA，所有的 LSA 放在一起，便组成 LSDB，其中，LSA 是对路由器周围网络拓扑结构的描述，LSDB 则是对整个自治系统网络拓扑结构的描述。

OSPF 路由器将 LSDB 转成一张带权有向图，这张图便是对整个网络拓扑结构的真实反映。各个路由器得到的带权有向图完全相同，如图 10-15 所示。

每台路由器根据带权有向图，使用 SPF 算法，计算出一棵以自己为根的最短路径树。这棵树给出到自治系统中的各节点的路由，如图 10-16 所示。

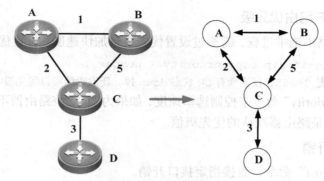

图 10-15　带权有向图

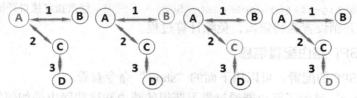

图 10-16　SPF 算法最短路径树

10.6 配置单区域 OSPF

10.6.1 配置 OSPF 路由

1. 启动 OSPF 路由进程

在全局配置模式下，执行如下所示的命令。

```
Router(config)#router ospf（process-id）        ! 创建 OSPF 路由进程
```

如果未配置 router id，则路由器选择环回接口的最高 IP 地址。

2. 配置 OSPF router id

要创建 OSPF 路由标识，需在全局配置模式中执行如下格式的命令。

```
Router(config)#router ospf process-id
Router(config-router)# router-id X.X.X.X         ! 配置 OSPF 路由进程标识 ID
```

3. 发布 OSPF 路由网络区域

在全局配置模式中执行如下所示的命令。

```
Router(config)#router ospf process-id
Router(config-router)# network [network- address ] [Wildcard-mask ] area
[ area-id ]
                                              ! 发布接口网络以及所属区域
```

配置 OSPF 路由进程，并定义与该 OSPF 路由进程关联的 IP 地址范围，以及该 IP 地址所属的 OSPF 区域，对外通告该接口的链路状态。相关参数的含义如下。

① process-ID 只在本路由器中有效，可以设成和其他路由器的 process-ID 一样的号码。

② network- address 为接口连接的网络和匹配的反掩码（Wildcard Mask）。

③ area-ID 为所属的区域。

4. 配置 OSPF 路由优先级

为减少 OSPF 路由选举进程，需通过设置优先级来加快速度。设置优先级的命令如下。

```
Router(config-if)#ip ospf priority [ number ]
! number 范围是 0~255，仅当现有 DR 状态 down 掉，新设置的接口优先级才生效
```

使用 "ip ospf priority" 命令来控制选举速度，如果为 "0"，该路由器不具备成为 DR 或 BDR 的资格，"1" 是路由器默认的优先级值。

5. 修改链路开销

使用 "ip ospf cost" 命令，直接指定接口开销。

```
Router (config)#interface serial 1/0
Router (config-if)#ip ospf cost 1562          ! 修改指定接口开销为 1562
```

直接将链路开销设置为特定值，免除计算过程。

6. 验证 OSPF 路由配置信息

为了验证 OSPF 的配置，可以用下面的 "show" 命令查看。

"show ip route" 显示了路由器通过学习获得的路由和这些路由是如何学习的。这是确定本地路由器和其他网络之间连接的最好方法之一。命令格式如下。

```
Router(config)# Show ip route
......
```

如果希望显示邻居路由器的详细信息，包括它们的优先级和状态，可使用如下命令。

```
Router(config)#Show ip ospf neighbor detail
......
```

使用 "show ip ospf database" 命令，显示路由器维护的拓扑数据库的内容，这条命令可以显示路由器 ID 和 OSPF 进程 ID，用这条命令的一些关键字可以显示数据库的类型。

```
Router(config)# Show ip ospf database
......
```

如想检验已经配置在目标区域中的接口，而没有指定环回地址，接口地址就会被认为是路由器 ID，它也显示定时器的时间间隔，包括 Hello 分组的时间间隔，还能显示毗邻关系。

```
Router(config)# Show ip ospf interface
......
```

如想显示 SPF 算法的执行次数，并显示拓扑结构没有发生改变时，链路状态的更新时间间隔，可使用如下命令配置。

```
Router(config)# show ip ospf
......
```

此外，还可以使用如下命令调试 OSPF 路由状态。

```
Clear ip route *              ! 用来清除整个 ip 路由选择表
Debug ip ospf                 ! 用来测试 OSPF
```

10.6.2　OSPF 路由应用

OSPF 动态路由技术

如图 10-17 所示，互相连接的 3 台路由器，使用 OSPF 路由协议实现联通，图中 3 台路由器都属于区域 0。

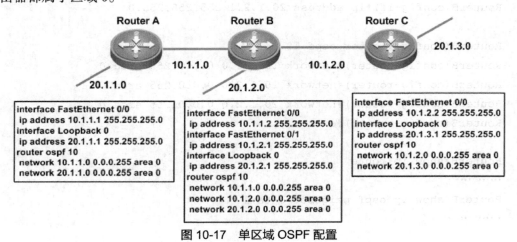

图 10-17　单区域 OSPF 配置

该网络的 OSPF 动态路由信息配置如下。

```
                                      ! Router A 的 OSPF 动态路由配置过程
Router#config terminal
Router(config)#hostname RouterA
RouterA(config)#interface FastEthernet 0/0
RouterA(config-if)#ip address 10.1.1.1 255.255.255.0
RouterA(config)#interface Loopback 0
RouterA(config-if)#ip address 20.1.1.1 255.255.255.0

RouterA(config)#router ospf 10
RouterA(config-router)#network 10.1.1.0 0.0.0.255 area 0
RouterA(config-router)#network 20.1.1.0 0.0.0.255 area 0
RouterA(config-router)#exit

RouterA#show ip route
…… ……
RouterA#show ip ospf neighbor detail
…… ……
```

！Router B 的 OSPF 动态路由配置过程

```
Router#config terminal
Router(config)#hostname RouterB
RouterB(config)#interface FastEthernet 0/0
RouterB(config-if)#ip address 10.1.1.2 255.255.255.0
RouterB(config)#interface FastEthernet 0/1
RouterB(config-if)#ip address 10.1.2.1 255.255.255.0
RouterB(config)#interface Loopback 0
RouterB(config-if)#ip address 20.1.2.1 255.255.255.0

RouterB(config)#router ospf 10
RouterB(config-router)#network 10.1.1.0 0.0.0.255 area 0
RouterB(config-router)#network 10.1.2.0 0.0.0.255 area 0
RouterB(config-router)#network 20.1.2.0 0.0.0.255 area 0
RouterB(config-router)#exit

RouterB#show ip route
...... ......
RouterB#show ip ospf neighbor detail
...... ......
```

！Router C 的 OSPF 动态路由配置过程

```
Router#config terminal
Router(config)#hostname RouterC
RouterC(config)#interface FastEthernet 0/0
RouterC(config-if)#ip address 10.1.2.2 255.255.255.0
RouterC(config)#interface Loopback 0
RouterC(config-if)#ip address 20.1.3.1 255.255.255.0

RouterC(config)#router ospf 10
RouterC(config-router)#network 10.1.2.0 0.0.0.255 area 0
RouterC(config-router)#network 20.1.3.0 0.0.0.255 area 0
RouterC(config-router)#exit

RouterC#show ip route
...... ......
RouterC#show ip ospf neighbor detail
...... ......
```

10.7　配置多区域 OSPF

10.7.1　单区域 OSPF 路由问题

在单区域的 OSPF 路由协议运行过程中，如果每台路由器都维持每一条路由信息，那么每个路由器需要维护的路由表就非常庞大，使得路由器工作效率大大降低。而每台路由器都需要维持网络中繁多的路由信息，要经过频繁的 SPF 运算，这对路由器的硬件消耗也会过大，从而造成网络中转发数据缓慢，如图 10-18 所示。

单区域 OSPF 路由协议存在的问题主要表现在以下几个方面。

① 每台路由器需要维护的路由表越来越大，单区域内路由无法汇总。

② 收到的 LSA 通告太多。

③ 内部动荡会引起全网路由器的完全 SPF 计算。

④ 资源消耗过多，性能下降，影响数据转发。

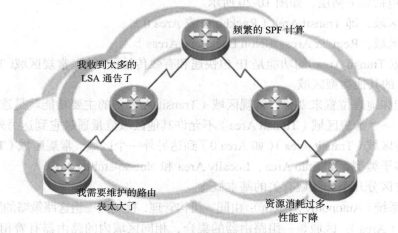

图 10-18　单区域 OSPF 路由问题

10.7.2　多区域 OSPF 网络优越性

把大型 OSPF 网络分隔为多个较小、可管理的单 OSPF 区域 Area，可以有效优化 OSPF 路由网络的传输效率。

划分 OSPF 网络区域是解决单区域网络中资源消耗最有效的方法。如图 10-19 所示，在 Area 10 中的路由器的路由表发生了变化，只会把路由变化信息限制在 Area 10 内，而不会转发到 Area 0 甚至是 Area 20 内。运行在 Area 0 和 Area 20 中的路由器，就不必关心 Area 10 中具体是哪台路由器产生了收敛，也不用知道是哪条路由信息发生了变化，从而减少了 OSPF 网络中的 LSA 的数据包，也相应减少了 SPF 的运算，提高了 OSPF 网络中路由转发的效率。

设计多区域 OSPF 的好处如下。

① 在区域边界可以做路由汇总，减小了路由表。

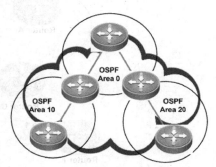

图 10-19　多区域 OSPF 网络

② 减少了 LSA 洪泛的范围，有效地把拓扑结构变化控制在区域内，提高了网络的稳定性。

③ 拓扑结构变化的影响可以只涉及本区域。

④ 多区域提高了网络的扩展性，有利于组建大规模的网络。

10.7.3　设计多区域 OSPF 网络

在链路状态路由协议中，所有的路由器都保存有 LSDB。OSPF 路由器越多，LSDB 就越大，这对了解完整网络信息有帮助。但随着网络的增长，可扩展性的问题就会越来越大，采用的折中方案就是引入区域的概念。在某一个区域里的路由器，只保持该区域中所有路由器链路的详细信息和其他区域的一般信息。

当某台路由器或某条链路出故障以后，信息只会在那个区域内在邻居之间传递，那个区域以外的路由器不会收到该信息。OSPF 的网络设计要求是双层层次化（2-Layer Hierarchy），包括如下两层，如图 10-20 所示。

① 中转区域，即 Transit Area（Rackbone 或 Area 0）。

② 常规区域，Regular Areas（Non Backbone Areas）。

中转区域（Transit Area）的功能是 IP 包快速和有效传输的区域。常规区域（Transit Area）可连接 OSPF 的其他类型区域。

根据功能和地理位置来划分，常规区域（Transit Area）的主要功能就是连接用户网络和资源网络。一个常规区域（Transit Area）不允许其他区域流量通过它到达另外一个区域，只能通过中转区域（Transit Area）（如 Area 0）到达另外一个区域。常规区域（Transit Area）还可以有很多子类型，如 Stub Area、Locally Area 和 Not-so-stubby Area。

这里需要区分几个和区域有关的基本概念。

① 自治系统（Autonomy System）：由同一机构管理，使用同一组选路策略的路由器集合。

② 区域（Area）：区域是一组路由器的集合，相同区域内的路由器有着相同的拓扑结构数据库。

③ 区域 ID（Area ID）：用 32 位的整数来标识，可以定义为 IP 地址格式，也可以用十进制数来标识，其中，Area 0 为骨干区域，非骨干区域一定要连接在骨干区域上。

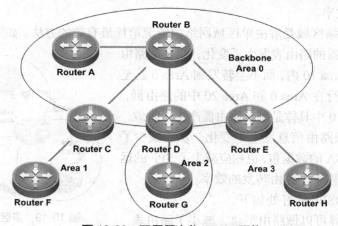

图 10-20　双层层次化 OSPF 网络

10.7.4　多区域 OSPF 网络

OSPF 路由层次化的网络设计,建议每个区域中路由器的数量为 50 到 100 台。构建 Area 0 的路由器称为骨干路由器(Backbone Router,BR),这意味着所有的区域都要和 Area 0 直接相连,区域边界路由器(Area Border Router,ABR)连接 Area 0 和 Non Backbone Areas, 如图 10-21 所示。

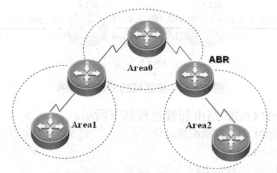

图 10-21　ABR 连接的 OSPF 网络

一个网段只能属于一个区域。每台路由器运行 OSPF 协议的接口,必须指明属于某一特定区域,区域号用 Area ID 表示。不同区域间用 ABR 来传递路由信息,ABR 通常具有以下特征。

① 分隔 LSA 洪泛的区域。

② 是区域地址汇总的主要因素。

③ 一般作为默认路由的源头。

④ 为每个区域保持 LSDB。

理想的设计是使每个 ABR 只连接两个区域,Backbone 和其他区域,3 个区域为上限。OSPF 多区域设计有如下规定。

① 每个区域都有自己独立的 LSDB,SPF 路由计算独立进行。

② LSA 洪泛和 LSDB 同步只在区域内进行。

③ OSPF Area 0,必须是连续的。

④ 其他区域必须和 Area 0 直接连接,其他区域之间不能直接交换路由信息,区域间的路由交换必须通过 Area 0,区域间是距离矢量行为。

⑤ 形成 OSPF 邻居关系的接口必须在同一区域,不同 OSPF 区域的接口不能形成邻居。

⑥ ABR 把区域内的路由转换成区域间路由,传播到其他区域。

10.7.5　配置多区域 OSPF 网络

多区域的 OSPF 路由技术

配置多区域 OSPF 的命令和配置单区域 OSPF 的过程相似，只是在配置过程中，需要区别路由器相应的接口所在的网络及其发布的网络范围。

图 10-22 所示为通过 OSPF 动态路由协议连接的网络。为优化网络传输，规划为多区域的 OSPF 网络环境，通过配置多区域 OSPF 网络实现联通。

图 10-22　多区域的 OSPF 网络

全部网络中路由器的 OSPF 路由配置过程如下所示。

```
！Router-RT2 的 OSPF 动态路由配置过程
Router#config terminal
Router(config)#hostname RT2
RT2 (config)#interface FastEthernet 1/0
RT2 (config-if)#ip address 10.83.10.1 255.255.255.0
RT2 (config)#interface FastEthernet 1/1
RT2 (config-if)#ip address 192.168.1.1 255.255.255.0

RT2 (config)#router ospf
RT2 (config-router)#network 10.83.10 0.0.0.255 area 1
RT2 (config-router)#network 192.168.1.0 0.0.0.255 area 1
RT2 (config-router)#exit

RT2#show ip route
…… ……
RT2#show ip ospf neighbor detail
…… ……
```

```
！Router-RT3 的 OSPF 动态路由配置过程
Router#config terminal
Router(config)#hostname RT3
RT3 (config)#interface FastEthernet 1/0
RT3 (config-if)#ip address 192.168.1.2 255.255.255.0
RT3 (config)#interface FastEthernet 1/1
RT3 (config-if)#ip address 192.168.2.1 255.255.255.0

RT3 (config)#router ospf
RT3 (config-router)#network 192.168.1.0 0.0.0.255 area 1
RT3 (config-router)#network 192.168.2.0 0.0.0.255 area 0
RT3 (config-router)#exit

RT3#show ip route
…… ……
```

```
RT3#show ip ospf neighbor detail
...... ......
```

！Router-RT4 的 OSPF 动态路由配置过程

```
Router#config terminal
Router(config)#hostname RT4
RT4 (config)#interface FastEthernet 1/0
RT4 (config-if)#ip address 192.168.2.2 255.255.255.0
RT4 (config)#interface FastEthernet 1/1
RT4 (config-if)#ip address 192.168.3.1 255.255.255.0

RT4 (config)#router ospf
RT4 (config-router)#network 192.168.2.0 0.0.0.255 area 0
RT4 (config-router)#network 192.168.3.0 0.0.0.255 area 2
RT4 (config-router)#exit

RT4#show ip route
...... ......
RT4#show ip ospf neighbor detail
...... ......
```

！Router-RT1 的 OSPF 动态路由配置过程

```
Router#config terminal
Router(config)#hostname RT1
RT1 (config)#interface FastEthernet 1/0
RT1 (config-if)#ip address 192.168.3.2 255.255.255.0
RT1 (config)#interface FastEthernet 1/1
RT1 (config-if)#ip address 173.11.2.1 255.255.255.0

RT1 (config)#router ospf
RT4 (config-router)#network 192.168.3.0 0.0.0.255 area 2
RT1 (config-router)#network 173.11.2.0 0.0.0.255 area 2
RT1 (config-router)#exit

RT1#show ip route
...... ......
RT1#show ip ospf neighbor detail
...... ......
```

10.8 认证测试

以下每道选择题中，都有一个正确答案或者是最优答案，请选择出正确答案。

1. DR 和 BDR 选举出来后，OSPF 网络处于（   ）状态。

    A. exstart   B. full   C. loading   D. exchange

2. （　　　）的 OSPF 分组可以建立和维持邻居路由器的比邻关系。

    A. 链路状态请求　　　　　　　　　B. 链路状态确认

    C. Hello 分组　　　　　　　　　　D. 数据库描述

3. OSPF 默认的成本度量值是基于（　　　）的。

    A. 延时　　　　　　B. 带宽　　　　　　C. 效率　　　　　　D. 网络流量

4. 下列组播地址有 OSPF 路由器的是（　　　）。

    A. 224.0.0.6　　　B. 224.0.0.1　　　C. 224.0.0.4　　　D. 224.0.0.5

5. 下列关于 OSPF 协议的优点描述正确的是（　　　）。

    A. 支持变长子网屏蔽码（VLSM）　　B. 无路由自环

    C. 支持路由验证　　　　　　　　　D. 对负荷分担的支持性能较好

6. 在 OSPF 路由选择协议中，如果想使两台路由成为邻居，那么其在 Hello 报文必须相同的选项是（　　　）。

    A. 末节区域的标志位　　　　　　　B. 验证口令

    C. Hello 时间间隔　　　　　　　　D. 区域 ID

7. 选举 DR 和 BDR 时，不使用（　　　）作为条件来决定选择哪台路由器。

    A. 优先级最高的路由器为 DR

    B. 优先级次高的路由器为 BDR

    C. 如果所有路由器的优先级皆为默认值，则 Router ID 最小的路由器为 DR

    D. 优先级为 0 的路由器不能成为 DR 或 BDR

8. 下列关于 OSPF 协议的说法错误的是（　　　）。

    A. OSPF 支持基于接口的报文验证

    B. OSPF 支持到同一目的地址的多条等值路由

    C. OSPF 是一个基于链路状态算法的边界网关路由协议

    D. OSPF 发现的路由可以根据不同的类型而有不同的优先级

10.9　科技之光：12306，全球最大的订票平台

【扫码阅读】12306，全球最大的订票平台

第11章 DHCP 动态地址获取协议

【本章背景】

中山大学的学生宿舍网络，经过二期扩容和改造，实现了高带宽网络访问需求。

学生宿舍网络在前期规划的时候，为了管理和安全的需求，每名学生在登记上网账户时，开一个账户就分配给一个静态 IP 地址，让学生上网时手工配置。

通过手工方式实施学生宿舍网络静态分配的原因是便于管理学生宿舍网络。因为一期校园网络在规划的时候，网络中心还没有开始安装计费软件，只能通过 IP 地址的实名制来管理学生的上网行为，如出现学生没有缴费，就禁止对应账户的 IP 地址访问网络。

二期学生宿舍网络改造后，校园网安装了计费软件，通过计费软件来管理学生的上网缴费行为。因此不再使用之前手工分配 IP 的烦琐方法，一是管理难度大，二是经常发生地址冲突等问题。现在决定实施动态地址管理协议来实现宿舍网络的地址管理。

当网络中的计算机开启后，动态地址获取协议能自动从网络中心的 DHCP 服务器上获取地址，简化了手工管理地址的麻烦，简单、高效。

本章知识发生在以下网络场景中。

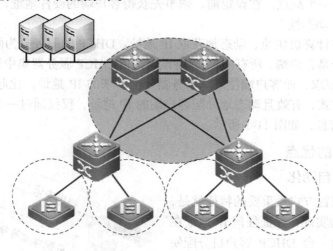

【学习目标】

◆ 配置网络设备 DHCP，动态获取地址
◆ 配置 DHCP 服务器
◆ 配置 DHCP 客户机

连接到 Internet 上的每台计算机，在发送或接收数据包前，都需要知道对方设备的 IP 地址。

随着网络规模的不断扩大，如果整个办公网设备都采用固定 IP 地址的配置方案，那么网络管理人员就需要修改每一台电脑的 IP 配置，无疑工作任务非常繁重。在计算机的数量超过可分配 IP 地址的情况下，通过手工方式配置网络中设备的 IP 地址，已经越来越不能满足实际需求。

为方便用户快速接入网络、提高 IP 地址利用率，IETF 设计了能自动进行网络地址分配，减少人工对 IP 地址的干预的动态主机配置协议（Dynamic Host Configuration Protocol，DHCP）。

DHCP 是 TCP / IP 协议簇中的一个，主要用来给网络客户机动态分配 IP 地址。这些被分配的 IP 地址，都是 DHCP 服务器预先保留的一个或多个地址池，并且它们一般是一段连续的地址。

11.1 DHCP 概述

11.1.1 什么是 DHCP

网络中的每台计算机都没有固定的 IP 地址，计算机开启后从网络中的一台 DHCP 服务器上，获取暂时提供给这台机器使用的 IP 地址、子网掩码、网关及 DNS 等信息。当这台计算机关机后，就自动退回这个 IP 地址，而对应的 IP 地址被分配给其他需要上网的计算机使用。这就是 DHCP 服务。

DHCP 的前身是 BOOTP，BOOTP 原本用于无盘主机连接的网络上，网络中的主机使用 BOOT ROM，而不是磁盘启动并连接网络。BOOTP 可以自动为那些主机设定 TCP/IP 环境，但 BOOTP 有一个缺点，在设定前，须事先获得客户端的硬件地址，而且与 IP 对应，是静态的，缺乏"动态性"。

DHCP 则允许计算机快速、动态地获取 IP 地址。DHCP 的服务分为两个部分：一个是服务器端，另一个是客户端。所有的 IP 网络设定都由 DHCP 服务器集中管理，并负责处理客户端的 DHCP 要求，而客户端使用从服务器分配下来的 IP 地址。比起 BOOTP，DHCP 透过"租约"的方式，有效且动态地分配客户端的 IP 地址，仅仅通过一个报文就可以获取所需的全部配置信息，如图 11-1 所示。

11.1.2 DHCP 的优点

1. 地址配置自动化

DHCP 主机配置方式最重要的特征就是，整个配置过程自动实现，保证任何 IP 地址在同一时刻，只能由一台 DHCP 客户机分配使用，而且所有配置信息在一个地方集中控制，这就是 DHCP 服务器集中控制的作用。

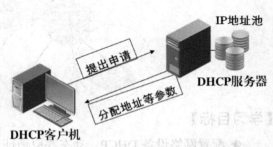

图 11-1　DHCP 透过"租约"的方式获取地址

2. 减少错误

通过配置 DHCP，把手工配置 IP 地址所导致的错误减少到最低程度，例如，已分配的 IP 地址再次分配给另一设备所造成的地址冲突机会将大大减少。

3. 减少网络管理

DHCP 配置是集中化和自动完成的，不需要网络管理员手工配置。使用 DHCP 选项可以给 DHCP 客户机分配全部 IP 配置信息，并实现 DHCP 客户机配置的地址经常更新，适应远程访问 DHCP 客户机经常到处移动的特性。这样便于它在新的地点重新启动时，高效而又自动地进行配置。

11.2　DHCP 地址分配流程

11.2.1　DHCP 分配形式

DHCP 的工作环境，采用客户机/服务器结构。配置为 DHCP 服务器都拥有一个 IP 地址池，任何启用 DHCP 的客户机登录到网络时，可从它那里租借一个 IP 地址。不使用的 IP 地址就自动返回地址池，供再分配，如图 11-2 所示。

图 11-2　DHCP 客户机/服务器工作结构

因此，必须保证至少有一台 DHCP 服务器工作在网络中，它会监听网络中的 DHCP 请求。DHCP 提供两种 IP 定位方式。

1. 自动分配

自动分配（Automatic Allocation）的情形是，一旦 DHCP 客户机端第一次成功地从 DHCP 服务器端租用到 IP 地址之后，就永远使用这个地址。

2. 动态分配

动态分配（Dynamic Allocation）的情形是，当客户机端第一次从 DHCP 服务器端租用到 IP 地址之后，并非永久的使用该地址，只要租约到期，客户机端就得释放（release）这个 IP 地址，以给其他工作站使用。当然，客户端可以比其他主机更优先地更新（renew）租约，或是租用其他的 IP 地址。

11.2.2　DHCP 地址第一次分配流程

使用 DHCP 服务从网络中获取 IP 地址的过程共分为 4 个阶段，分别为发现阶段、提供阶段、选择阶段、确认阶段，如图 11-3 所示。

图 11-3　DHCP 服务的 4 个阶段

1. 发现阶段

DHCP 客户机首先会先发出 DHCP DISCOVER 的广播信息到网络中，查找连接的网络中能够提供 IP 地址的一台 DHCP 服务器，即 DHCP 客户机寻找 DHCP 服务器的阶段。

当 DHCP 客户机第一次登录网络的时候，也就是客户发现本机上没有任何 IP 数据设定时，它会以广播方式向网络发出一个 DHCP DISCOVER 封装请求包，来寻找 DHCP 服务器，即以目标地址 255.255.255.255 向全网发送特定的广播信息。

因为客户机还不知道自己属于哪一个网络，所以封装请求包的来源地址会为 0.0.0.0，而目的地址则为 255.255.255.255，然后封装请求包再附上 DHCP DISCOVER 的信息，向网络进行广播。

网络上每一台安装了 TCP/IP 的主机都会接收到这种广播信息，但只有 DHCP 服务器才会做出响应，如图 11-4 所示。

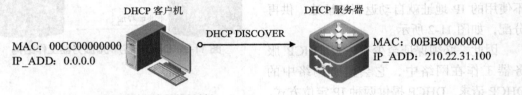

图 11-4　DHCP 发现阶段

2. 提供阶段

网络中的 DHCP 服务器在收到客户机发来的广播信息后，从 IP 地址池挑选一个还没有出租出去的 IP 地址，并利用单播的方式提供给 DHCP 客户机，即 DHCP 服务器提供 IP 地址的阶段。

DHCP DISCOVER 的等待时间预设为 1 秒，也就是当客户机将第一个 DHCP DISCOVER 封装请求包送出去之后，在 1 秒之内没有得到响应的话，就会进行第二次 DHCP DISCOVER 广播。若一直得不到响应，客户机一共会有 4 次 DHCP DISCOVER 广播（包括第一次在内），除第一次会等待 1 秒之外，其余 3 次等待时间分别是 9、13、16 秒。如果都没有得到 DHCP 服务器的响应，客户机则会显示错误信息，宣告 DHCP DISCOVER 的失败。

系统会继续在 5 分钟之后再重复一次 DHCP DISCOVER 的过程。当网络中的 DHCP 服务器监听到客户机发出的 DHCP DISCOVER 广播后，也即接收到网络中计算机发来的 DHCP DISCOVER 请求后，DHCP 服务器会及时做出响应，它会从那些还没有出租的 IP 地址池范围内，选择最前面的空置 IP 地址，连同其他 TCP/IP 要求配置的信息，分配给客户机。图 11-5 所示为向发生信息请求 IP 地址的客户机，发送一个包含出租的 IP 地址和其他设置的 DHCP 配置信息。

由于客户机在开始的时候还没有 IP 地址，所以在其 DHCP DISCOVER 封装请求包内会带有其 MAC 地址信息，并且有一个 XID 编号来辨别该封装请求包，DHCP 服务器响应的 DHCP OFFER 封装请求包，则会根据这些请求资料传递相关配置信息给要求租约的客户机。并且，根据服务器端的设定要求，DHCP OFFER 封装请求包会设置一个包含一个租约期限的信息。

DHCP 客户机

MAC：00CC00000000
IP_ADD：0.0.0.0

DHCP OFFER

DHCP 服务器

MAC：00BB00000000
IP_ADD：210.22.31.100

SMAC：00BB00000000
SIP_ADD：210.22.31.100
Data： 你可用地址 210.22.31.157，
      使用期限为 8 天
DIP_ADD：255.255.255.255
DMAC：00CC00000000（直接）
ID：1421

图 11-5 DHCP 提供阶段

3. 选择阶段

如图 11-6 所示，客户机收到 DHCP OFFER 信息后，利用广播的方式，响应一个 DHCP REQUEST 信息给 DHCP 服务器，即 DHCP 客户机选择某台 DHCP 服务器提供的 IP 地址的阶段。

DHCP客户机

MAC：00CC00000000
IP_ADD：0.0.0.0

DHCP REQUEST

DHCP服务器

MAC：00BB00000000
IP_ADD：210.22.31.100

SMAC：00CC00000000
SIP_ADD：0.0.0.0
Data： 我要使用IP地址
      210.22.31.157了
      谢谢其他响应的系统
DIP_ADD：255.255.255.255
DMAC：FFFFFFFFFFFF
ID：18823

图 11-6 DHCP 选择阶段

如果网络中有多台 DHCP 服务器同时向申请 IP 地址的客户机发来 DHCP 提供信息，则客户机只接收第一个收到的 DHCP 服务器提供的 IP 地址信息，然后以广播方式回答一个 DHCP 请求，该信息包含向它所选定的 DHCP 服务器请求 IP 地址的内容。以广播方式回答是为了通知所有的 DHCP 服务器，将选择某台 DHCP 服务器所提供的 IP 地址。

4. 确认阶段

DHCP 服务器收到客户机的接收到 IP 地址的 DHCP REQUEST 信息后，再利用广播的方式，向客户机发送一个 DHCP ACK 确认信息，即 DHCP 服务器确认所提供的 IP 地址的阶段。

网络中的 DHCP 服务器收到客户回答 DHCP REQUEST 请求信息之后，它便向客户机发送一个包含它所提供的 IP 地址和其他设置的 DHCP ACK 确认信息，告诉客户机可以使用它提供的 IP 地址。

然后，DHCP 客户机便将配置完成的 TCP/IP 信息与网卡绑定，另外，除客户机选中的服务器外，其他 DHCP 服务器都将收回曾提供的 IP 地址，如图 11-7 所示。

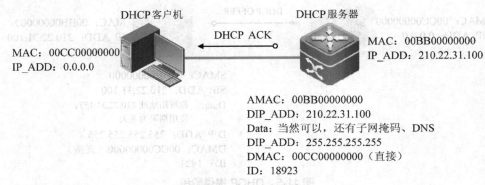

图 11-7　DHCP 确认阶段

11.2.3　DHCP 地址租约

1. DHCP 发放流程

一旦 DHCP 客户机成功地从服务器那里取得 DHCP 租约之后，除非其租约已经失效，并且 IP 地址也重新设定为 0.0.0.0，否则就无需再发送 DHCP DISCOVER 消息，而是直接使用已经租借到的 IP 地址，并向之前的 DHCP 服务器发出 DHCP REQUEST 信息。

DHCP 服务器尽量让客户机使用原来的 IP 地址，响应 DHCP ACK 来确认。如果该地址已经失效或已经被其他机器使用，服务器则会响应一个 DHCP NACK 消息包给客户机，要求其重新执行 DHCP DISCOVER。

至于 IP 租约期限却是非常考究的，并非如租房子那样简单。DHCP 工作站在开机时第一时间发出 DHCP REQUEST 请求，在租约期限剩一半的时候也会发出 DHCP REQUEST 请求，如果此时得不到 DHCP 服务器的确认的话，工作站还可以继续使用该 IP 地址；然后在剩下的租约期限剩一半的时候（即租约 75%），如果还得不到确认的话，那么工作站就不能拥有这个 IP 地址。要想退租，客户机可随时送出 DHCP RELEASE 命令解约，就算租约在前一秒钟才获得。

2. 跨网络的 DHCP 运作

从前面的描述中不难发现，DHCP DISCOVER 是以广播方式进行的，其情形只能在同一网络之内进行，因为路由器不会将广播传送出去。如果 DHCP 服务器安装在其他网络上，由于 DHCP 客户机还没有 IP 地址，所以也不知道路由器地址，而且有些路由器也不会将 DHCP 广播封装请求包传递出去。这种情形下，DHCP DISCOVER 永远无法抵达 DHCP 服务器，当然也不会发生 DHCP OFFER 及其他动作。

要解决这个问题，可以用 DHCP Agent（或 DHCP Proxy）主机来接管 DHCP 客户机的请求，然后将此请求传递给真正的 DHCP 服务器，后将 DHCP 服务器的回复传给 DHCP 客户机。这里代理 Proxy 主机必须具有路由能力，且能将双方的 IP 数据包互相传输给对方。若不使用代理 Proxy 主机，也可以在每一个网络之中安装 DHCP 服务器，但这样的话，一来设备成本会增加，二来管理上面也比较分散，如图 11-8 所示。

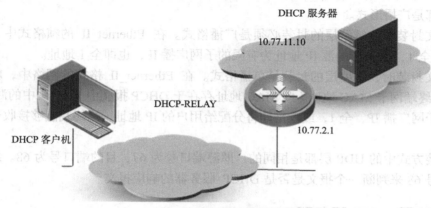

图 11-8　DHCP 服务器代理

11.3　DHCP 报文的封装

　　DHCP 采用客户机/服务器的方式实现，而且 DHCP 是基于 UDP 层之上的应用，DHCP 客户机采用端口号 68，DHCP 服务器采用端口号 67 进行交互通信。

　　DHCP 报文内容的封装如图 11-9 所示。

链路层头	IP 头	UDP 头	DHCP 报文

图 11-9　DHCP 报文

各部分内容如下。

　　① 链路层头：链路层信息头，常见的格式有 Ethernet_II、IEEE 802.1q、IEEE 802.3 等。

　　② IP 头：标准 IP 头，IPv4 长度为 20 bytes，包括 Src_Ip、Dst_Ip 等信息。

　　③ UDP 头：8 bytes，包括 Src_Port、Dst_Port、报文长度及 UDP 校验和等信息。

　　④ DHCP 报文：具体的 DHCP 报文内容。

　　由于 DHCP 是初始化协议，简单地说，就是让网络中客户机获取 IP 地址的协议。既然终端连 IP 地址都没有，如何能够发出 IP 报文呢？服务器给客户机回送报文怎么封装？

　　为了解决这个问题，DHCP 报文封装采取了如下措施。

　　① 首先链路层封装必须是广播形式，即让在同一物理子网中的所有主机，都能够收到这个报文。在 Ethernet_II 格式的网络中，目标 MAC 地址为全 1。

　　② 由于终端设备没有 IP 地址，IP 头中的源 IP 地址规定为全 0。

　　③ 当终端设备发出 DHCP 请求报文，它并不知道 DHCP 服务器的 IP 地址，因此 IP 头中的目标 IP 地址填为有限的子网广播 IP，为全 1，以保证 DHCP 服务器的 IP 协议栈不丢弃这个报文。

　　④ 上面的措施保证了 DHCP 服务器能够收到终端的请求报文，但仅凭链路层和 IP 层的信息，DHCP 服务器无法区分出 DHCP 报文，因此终端发出的 DHCP 请求报文的 UDP

层中的源端口号为 68，目的端口号为 67，即 DHCP 服务器通过端口号 67 来判断一个报文是否是 DHCP 报文。

⑤ DHCP 服务器给终端的响应报文，将会根据 DHCP 报文中的内容，决定是广播还是单播，一般都是广播形式。

广播报文封装时，链路层的封装必须是广播格式。在 Ethernet_II 的帧格式中，其源 MAC 地址为全 1，IP 头中的源 IP 地址为有限的子网广播 IP，也即全 1 地址。

单播报文封装时，链路层的封装是单播格式。在 Ethernet_II 格式的网络中，就是源 MAC 地址为终端网卡 MAC 地址（此 MAC 地址存在于 DHCP 报文中）。IP 头中的源 IP 地址为有限的子网广播 IP，全 1，或者是即将分配给用户的 IP 地址（当终端能够接收这样的 IP 报文时）。

两种封装方式中的 UDP 层都是相同的，即源端口号为 67，目的端口号为 68。终端设备通过端口号 68 来判断一个报文是否是 DHCP 服务器的响应报文。

11.4 配置 DHCP 服务器

给客户机配置 DHCP 的各项参数，都需要在 DHCP 服务器的地址池中定义。如果服务器没有配置 DHCP，即使启用 DHCP 服务器，也不能对客户机进行地址分配。如果启用了 DHCP 服务器，不管是否配置 DHCP 地址池，DHCP 中继代理的特性也能起到帮助获取 IP 地址的作用。

1. 配置地址池名

可以给 DHCP 地址池起个易识别的名字，也可以定义多个地址池。DHCP 服务器将根据 DHCP 封装请求包中的中继代理 IP 地址，来决定分配哪个地址池的地址给客户机。如果 DHCP 封装请求包中没有中继代理的 IP 地址，就分配与请求接口 IP 地址同一子网络的地址给客户机。如果没有定义这个网段的地址池，则地址分配失败。

配置新建地址池的子网及其掩码，为 DHCP 服务器提供了一个可分配给客户端的地址空间，除非有地址排斥配置，否则地址池中的所有地址都可以分配给客户机。DHCP 服务器在分配地址池中的地址时按顺序进行，如果该地址已经在 DHCP 绑定表中或者检测到该地址已经在该网段中存在，就检查下一个地址，直到分配一个有效的地址。

进入配置模式，配置地址池，相关命令如下。

```
Switch (config)# server DHCP                              ! 开启 DHCP 服务
switch (config)# ip dhcp pool VLAN10
                                    !定义一个地址池名为 VLAN10 的 DHCP 地址池
switch (dhcp-config)# network 10.1.1.0 255.255.255.0   !配置地址池子网和掩码
```

2. 配置地址租约

DHCP 服务器给客户机分配的 IP 地址，在默认情况下租约为 1 天，当租期快到时，客户机需要请求续租，否则过期后不能使用该 IP 地址。使用以下命令定义地址的租约。

```
Lease { days [ hours ] [ minutes ] |[ infinite ] }
```

各命令参数如表 11-1 所示。

表 11-1　地址租约参数

参数	描述
days	定义租期时间，以天为单位
hours	（可选）定义租期时间，以小时为单位，定义小时数前必须定义天数
minutes	（可选）定义租期时间，以分钟为单位，定义分钟数前必须定义天数和小时
infinite	定义没有限制租期

示例 11-1 为配置地址租约的过程。

示例 11-1　配置地址租约

```
switch (config)# server DHCP
switch (config)# ip dhcp pool VLAN10
switch (dhcp-config)# network 10.1.1.0 255.255.255.0
switch (dhcp-config)# lease 8 0 0                    ! 配置地址租约为 8 天
```

3. 配置客户机所在网络的网关

网络中客户机启动后，将所有不在同网络的数据包，转发到默认网关。默认网关的 IP 地址必须与 DHCP 客户机的 IP 地址在同一网络。

示例 11-2 为配置默认网关的过程。

示例 11-2　配置默认网关

```
switch (config)# server DHCP
switch (config)# ip dhcp pool VLAN10
switch (dhcp-config)# network 10.1.1.0 255.255.255.0
switch (dhcp-config)# lease 8 0 0
switch (dhcp-config)# default-router 10.1.1.1 10.1.1.2     ! 配置默认网关
```

4. 配置客户机所在网络的域名

可以指定客户机的域名，当客户机访问网络时，自动完成域名地址解析。

示例 11-3 为使用命令 "domain-name domain" 给客户端分配域名 "ruijie.com.cn"。

示例 11-3　分配域名

```
switch (config)# ip dhcp pool VLAN10
switch (dhcp-config)# network 10.1.1.0 255.255.255.0
switch (dhcp-config)# lease 8 0 0
switch (dhcp-config)# default-router 10.1.1.1 10.1.1.2
switch (dhcp-config)# domain-name ruijie.com.cn     ! 给客户端分配域名
```

5. 配置客户机域名服务器

当客户机访问网络时，可以指定 DNS 服务器进行域名解析。

示例 11-4 为使用命令 "dns-server address" 给客户机分配 DNS 服务器 202.106.0.20。

示例 11-4　配置客户机域名服务器

```
switch (config)# ip dhcp pool VLAN10
switch (dhcp-config)# network 10.1.1.0 255.255.255.0
switch (dhcp-config)# lease 8 0 0
switch (dhcp-config)# default-router 10.1.1.1 10.1.1.2
switch (dhcp-config)# domain-name ruijie.com.cn
switch (dhcp-config)# dns-server 202.106.0.10          ! 配置域名服务 IP 地址
```

6. DHCP 排除地址配置

如果没有特别配置，DHCP 服务器将把地址池中定义的所有子网地址分配给客户机。如果想保留一些地址不被分配，必须明确定义这些地址不允许分配给客户端。

使用命令 "ip dhcp excluded-address start-address end-address" 定义 IP 地址范围，则这些地址不会分配给客户机，如示例 11-5 所示。

示例 11-5　定义 IP 地址范围

```
switch (config)# ip dhcp pool VLAN10
switch (dhcp-config)# network 10.1.1.0 255.255.255.0
switch (dhcp-config)# lease 8 0 0
switch (dhcp-config)# default-router 10.1.1.1 10.1.1.2
switch (dhcp-config)# domain-name ruijie.com.cn
switch (dhcp-config)# dns-server 202.106.0.10
switch (dhcp-config)# ip dhcp excluded-address 10.1.1.150 10.1.1.200
!   定义排除地址配置范围
```

7. 配置 DHCP Relay

可以在路由器上启用 DHCP 服务器和中继代理功能，可以使用 "service dhcp" 命令。该命令的 "no" 的形式可以关闭 DHCP 服务器和中继功能，命令如下。

```
Router(config)# service dhcp
! 配置网络互联设备具有 DHCP 中继功能
```

配置了 DHCP 服务器后，交换机所收到的 DHCP 请求报文将全部转发给它，交换机收到的 DHCP 服务器的响应报文也转发给 DHCP 客户机。

示例 11-6 为使用命令 "ip helper-address address" 指定 DHCP 服务器的 IP 地址。

示例 11-6　指定 DHCP 服务器的 IP 地址

```
Router(config)# service dhcp
Router(config)# ip helper-address10.1.1.254
! 配置指定 DHCP 服务器
```

11.5　配置 DHCP 客户机

使用接口命令 "ip address dhcp"，可以使接入办公网的计算机通过 DHCP 获得 IP 地址，该命令的 "no" 的形式可以取消该配置。

默认情况下，设备接口不能通过 DHCP 获得 IP 地址。相关配置过程如下。

```
Router(config)# interface FastEthernet 1/0
Router(config-if)#ip address dhcp
！配置客户机通过接口能获取 IP 地址
Router #show dhcp lease
Temp IP addr: 10.1.1.2  for peer on Interface: FastEthernet 1/0
Temp  sub net mask: 255.255.255.0
DHCP Lease server: 10.1.1.1, state: 5 Bound
DHCP transaction id: 3AE8C217
Lease: 86400 secs,  Renewal: 43200 secs,  Rebind: 75600 secs
Next timer fires after: 42829 secs
Retry count: 0   Client-ID: RouterA-00d0.f888.6374
```

11.6　DHCP 配置应用

配置 DHCP 技术

如图 11-10 所示，某企业网使用三层交换机作为接入设备连接终端计算机，为减少手工配置地址的麻烦，在三层设备上配置 DHCP 服务，帮助计算机自动获得 IP 地址。

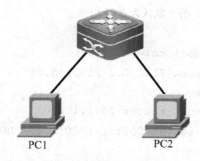

图 11-10　某企业网络配置 DHCP 自动获取地址

在三层设备上开启 DHCP 服务，需进行如下配置。

```
Switch#
Switch#configure terminal
Switch(config)# Int vlan 1
Switch(config-if)# Ip address 10.1.1.1 255.255.255.0
Switch(config-if)# No shutdown
Switch(config-if)#exit

Switch(config)# Service dhcp
```

```
Switch(config)# ip dhcp pool vlan 1
Switch(config)#network 10.1.1.0 255.255.255.0
Switch(config)#default-router 10.1.1.1
```

如图 11-11 所示，某企业网为减少手工配置地址的麻烦，使用路由器作为全网的 DHCP 服务器，帮助网络中的用户计算机自动获得 IP 地址。

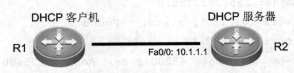

DHCP 客户机　　　　　　　　　　　DHCP 服务器

R1　　　　　　Fa0/0: 10.1.1.1　　　　　R2

图 11-11　配置路由器作为全网 DHCP 服务器

1. 开启 DHCP 功能

```
Router(config)#
Router(config)#hostname R2
R2 (config)#service dhcp
```

2. 配置 DHCP 地址池

```
R2 (config)#ip dhcp pool ccie1                          ! 地址池名为 ccie1
R2 (dhcp-config)#network 10.1.1.0 255.255.255.0
! 可供客户机使用的地址段
R2 (dhcp-config)#default-router 10.1.1.1               ! 配置默认网关
R2 (dhcp-config)#dns-server 10.1.1.1 10.1.1.2 DNS
R2 (dhcp-config)#lease 1 1 1
! 配置租期为 1 天 1 小时 1 分（默认为 1 天）


R2 (config)#ip dhcp pool ccie2                          ! 地址池名为 cciez
R2 (dhcp-config)#network 20.1.1.0 255.255.255.0
! 可供客户机使用的地址段
R2 (dhcp-config)#default-router 20.1.1.1               ! 配置默认网关
R2 (dhcp-config)#dns-server 20.1.1.1 20.1.1.2 DNS
R2 (dhcp-config)#lease 1 1 1
! 租期为 1 天 1 小时 1 分（默认为 1 天）
```

3. 去掉不提供给客户端的地址

因为某些 IP 不希望提供给客户机设备，如网关地址，所以要从地址池中移除。这样服务器就不会将这些地址分配给客户机使用。相关命令如下。

```
R2 (config)#ip dhcp excluded-address 10.1.1.1 10.1.1.10
                                    ! 移除 10.1.1.1 到 10.1.1.10


R2 (config)#ip dhcp excluded-address 20.1.1.1 20.1.1.10
                                    ! 移除 20.1.1.1 到 20.1.1.10
```

4. 查看结果

查看 DHCP 客户机会看到端口 Fa0/0 的 IP 地址为 10.1.1.11,并且产生一条指向 10.1.1.1 的默认路由(换成 PC 就会变成网关是 10.1.1.1),路由器并不需要得到 DNS。

在这里,DHCP 服务器上明明配了两个地址池,网段分别为 10.1.1.0/24 和 20.1.1.0/24,为什么客户端向服务器请求地址的时候,服务器就偏偏会把 10.1.1.0/24 网段的地址发给客户机,而不会错把 20.1.1.0/24 网段的地址发给客户机呢?

这是因为服务器从哪个端口收到 DHCP 请求,就只能向客户机发送地址段和接收端口地址相同的网段。如果不存在相同网段,就会丢弃请求数据包。在图 11-11 中,接收端口地址为 10.1.1.1,而地址池 ccie1 中的网段 10.1.1.0/24 正好和接收端口是相同网段,所以向客户机发送了 IP 地址 10.1.1.11。

11.7 认证测试

以下每道选择题中,都有一个正确答案或者是最优答案,请选择出正确答案。

1. DHCP 的作用是(   )。
   - A. 将 NetBIOS 名称解析成 IP 地址
   - B. 将专用 IP 地址转换成公共地址
   - C. 将 IP 地址解析成 MAC 地址
   - D. 自动将 IP 地址分配给客户机

2. 以下关于 DHCP 的描述中,错误的是(   )。
   - A. DHCP 客户机可以从外网段获取 IP 地址
   - B. DHCP 客户机只能收到一个 DHCP OFFER
   - C. DHCP 不会同时租借相同的 IP 地址给两台主机
   - D. DHCP 分配的 IP 地址默认租期为 8 天

3. 在 Windows 系统中需要重新从 DHCP 服务器获取 IP 地址时,使用(   )命令。
   - A. "ifconfig –a"　　　　　　　　B. "ipconfig"
   - C. "ipconfig/all"　　　　　　　　D. "ipconfig/renew"

4. 在无盘工作站中,客户端是通过(   )来自动获得 IP 地址的。
   - A. DHCP　　　B. BOOTP　　　C. BOOTUP　　　D. MADCAP

5. 以下关于 DHCP 技术特征的描述中,错误的是(   )。
   - A. DHCP 是一种用于简化主机 IP 地址配置管理的协议
   - B. 在使用 DHCP 时,网络上至少有一台 Windows 2003 服务器上安装并配置了 DHCP 服务,其他要使用 DHCP 服务的客户机必须配置 IP 地址。
   - C. DHCP 服务器可以为网络上启用了 DHCP 服务的客户机管理动态 IP 地址分配和其他相关环境配置工作
   - D. DHCP 降低了重新配置计算机的难度,减少了工作量

6. 下列关于 DHCP 的配置的描述中,错误的是(   )。
   - A. DHCP 服务器不需要配置固定的 IP 地址

B. 如果网络中有较多可用的 IP 地址，并且很少对配置进行更改，则可适当增加地址租约期限的长度

C. 释放地址租约的命令是"ipconfig/release"

D. 在管理界面中，作用域被激活后，DHCP 才可以为客户机分配 IP 地址

7. 在三层交换机上配置命令"Switch(config-if)#no switchport"，该命令的作用是(　　)。

    A. 将该端口配置为 Trunk 端口　　　　B. 将该端口配置为二层交换端口

    C. 将该端口配置为三层路由端口　　　　D. 将该端口关闭

8. DHCP 服务器的主要作用是(　　)。

    A. 动态 IP 地址分配　　　　　　　　　B. 域名解析

    C. IP 地址解析　　　　　　　　　　　D. 分配 MAC 地址

9. 下面有关 DHCP 服务描述不正确的是(　　)。

    A. DHCP 只能为客户机提供不固定的 IP 地址分配

    B. DHCP 是不进行身份验证的协议

    C. 可以通过向 DHCP 服务器发送大量请求来实现对 DNS 服务器的攻击

    D. 未经授权的非 Microsoft 的 DHCP 服务器可以向 DHCP 客户端租用 IP 地址

10. 有关 DHCP 客户机的描述不正确的是(　　)。

    A. DHCP 客户机可以自行释放已获得的 IP 地址

    B. DHCP 客户机获得的 IP 地址可以被 DHCP 服务器收回

    C. DHCP 客户机在未获得 IP 地址前只能发送广播信息

    D. DHCP 客户机在每次启动时所获得的 IP 地址都将不一样

11.8 科技之光：抖音＋Tiktok，全球访问流量第一的互联网平台

【扫码阅读】抖音＋Tiktok，全球访问流量第一的互联网平台

第 ⑫ 章 保护企业网安全

【本章背景】

中山大学校园网络经过二期工程改造之后，实现了学生宿舍网络的接入扩容，按楼层规划了多个子网，优化了网络传输，更换了网络中心骨干设备，扩展了校园网络的带宽，增强了校园网的稳定性和健壮性。

更多的学生把计算机接入校园网中，年轻人对网络的热情也给校园网带来了很多安全事故。首先是网络中心监控到校园网中的 ARP 病毒有增多的迹象，之后，教导处也反映教学服务器最近运行缓慢，有很多非教师区域的 IP 非法访问。这些网络事件的出现，都给校园网络安全带来很多隐患，如果不及时制止，未来将有更多安全事故发生。

经过讨论之后，在网络中心陈工程师的指导下，晓明和网络中心的同事们一起，针对校园网目前运行的现状，实施了一系列校园网安全规划，例如，对接入校园网中的每一台设备的 IP 地址、MAC 地址，都把其捆绑到对应的接口上，以实施交换机端口安全，再如，制定部门之间的安全策略，禁止学生宿舍网络登录行政及教学办公网络的服务器等。

本章的安全技术发生在下图的网络场景中。

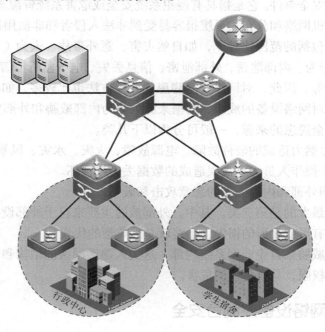

【学习目标】

◆ 配置交换机端口安全

◆ 配置编号访问控制列表安全
◆ 配置名称访问控制列表安全
◆ 配置时间访问控制列表安全

计算机网络安全涉及环境、硬件、软件、数据、传输、体系结构等各个方面。除传统的安全保密技术及单机安全以外，网络安全技术还包括计算机安全、通信工程安全、访问控制安全以及安全管理和法律规则等诸多内容，并逐渐形成了相对独立的学科体系。

随着网络开放性、共享性以及网络互联互通范围的扩大，特别是 Internet 在生活中的广泛使用，网络上各种新业务，如电子商务（Electronic Commerce）、电子现金（Electronic Cash）、数字货币（Digital Cash）、网络银行（Network Bank）等层出不穷，并和生活紧密相关，这使得网络安全显得尤为重要。

12.1　企业网安全隐患

网络安全报告

网络安全的隐患指计算机或其他通信设备，利用网络进行交互时，可能会受到的窃听、攻击或破坏等网络安全事件。它是指具有侵犯系统安全或危害系统资源能力的潜在的环境、条件或事件。计算机网络和分布式系统很容易受到非法入侵者和非法用户的威胁。

网络安全隐患包括的范围比较广，如自然灾害、意外事故、人为（如使用不当、安全意识差等）、黑客行为、内部泄密、外部泄密、信息丢失、电子监听（信息流量分析、信息窃取等）和信息战等。因此，对网络安全隐患的分类方法也比较多，如根据威胁可分为对网络数据的威胁和对网络设备的威胁，根据来源可分为内部威胁和外部威胁。

常见的网络安全隐患的来源，一般可分为以下几类。

① 非人为或自然力造成的硬件故障、电源故障、火灾、水灾、风暴和工业事故等。
② 人为但属于操作人员无意失误造成的数据丢失或损坏。
③ 来自企业网外部和内部人员的恶意攻击和破坏。

网络安全隐患最大的是第三类。其中，外部威胁主要来自于外部设备对网络的非法访问，并造成的网络有形或无形的损失，黑客就是最典型的代表。

还有一种网络威胁来自企业网系统内部，这类人熟悉网络的结构和系统的操作步骤，并拥有合法的操作权限，具有更大的危害。

12.2　管理网络设备控制台安全

据国外调查显示，80%的安全破坏事件都是由薄弱的口令引起的，因此，为安装在网络中每台网络设备配置一个恰当的口令，是保护企业内部网络不受侵犯，实施网络安全的最基本保护。

12.2.1 管理交换机控制台登录安全

交换机是企业网中直接连接终端计算机的最重要的网络设备，在企业网络中承担终端设备的接入功能。交换机的控制台默认情况下没有口令，如果网络中有非法者连接到交换机的控制口（Console），就可以像管理员一样任意篡改交换机配置，带来网络安全带来隐患。

从保护网络安全的角度考虑，所有的交换机控制台都应当根据用户管理权限的不同，配置不同的特权访问权限。

图 12-1 所示为学院大楼中一台接入交换机设备，负责大楼中办公室电脑的接入。为保护大楼中网络设备的安全，需要给交换机配置管理密码（控制台密码），以禁止网络中非授权用户的非法访问。

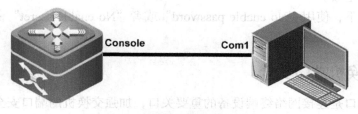

图 12-1 配置交换机设备控制台安全

给交换机配置控制台密码，需要使用一根配置线缆连接到交换机的配置端口（Console），另一端连接到配置计算机的串口（Com1）（或者 USB 端口上，需要相应的转USB 口线缆以及安装相应的驱动程序），如图 12-1 所示。

通过如下命令，配置登入交换机控制台的特权密码。

```
Switch >
Switch # configure terminal
Switch(config)#enable secret level 1 0  ruijie      ! 配置交换机登录密码
Switch (config)#enable secret level 15 0  ruijie   ! 配置进入特权模式的密码
! 15 表示口令所适用的特权级别
! 0 表示输入明文形式口令，1 表示输入密文形式口令
```

配置完成的密码，在退出到交换机的普通用户模式后，立即生效。再次使用"enable"命令进入交换机时，需要使用以上配置的密码才能进入。

在配置模式下，使用"No enable secret"命令，可以清除以上配置的密码。

12.2.2 管理路由器控制台安全

路由器通常安装在内网和外网的分界处，是企业网络的重要出口。在和外部网络的接入方面，由于路由器直接和其他互联设备相连，控制着其他网络设备的全部活动，因此具有比交换机更为重要的安全地位。

新安装的路由器也没有任何安全保护措施。从维护网络整体安全的角度出发，应立即配置控制台和特权级口令。图 12-2 所示为配置路由器设备控制台安全连接拓扑结构。

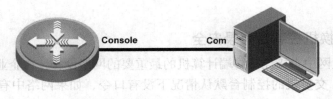

图 12-2　配置路由器设备控制台安全

通过以下命令，配置路由器控制台特权密码。

```
Router # configure terminal
Router (config)# enable password ruijie        ! 表示输入的是明文形式的口令
Router (config)# enable secret ruijie          ! 表示输入的是密文形式的口令
```

在同一台设备上，如果同时配置两种类型的密码，则密文格式的 Secret 模式具有启用的优先权，立即生效。

在配置模式下，使用 "No enable password" 或者 "No enable secret" 命令，可以清除以上配置的密码。

12.3　交换机端口安全

交换机的端口是连接网络终端设备的重要关口，加强交换机的端口安全是提高整个网络安全的关键。在一个交换网络中，如何过滤办公网内的用户通信，保障安全有效的数据转发？如何阻挡非法用户，保证网络安全应用？如何进行安全网络管理，及时发现网络非法用户、非法行为及如何保障远程网络管理信息的安全性……这些都是网络构建人员首先需要考虑的问题。

默认情况下，交换机的所有端口都是完全敞开的，不提供任何安全检查措施，允许所有的数据流通过。因此，为保护网络内的用户安全，对交换机的端口增加安全访问功能，可以有效保护网络安全。交换机的端口安全是工作在交换机二层端口上的安全特性，主要有以下功能。

① 只允许特定 MAC 地址的设备接入到网络中，防止非法或未授权设备接入网络。

② 限制端口接入的设备数量，防止用户将过多的设备接入到网络中。

12.3.1　配置端口安全地址

交换机端口安全功能

大部分网络攻击行为都采用欺骗源 IP 地址或源 MAC 地址的方法，对网络核心设备进行连续数据包的攻击，从而耗尽网络核心设备系统资源，如典型的 ARP 攻击、MAC 攻击、DHCP 攻击等。这些针对交换机端口产生的攻击行为，可以启用交换机的端口安全功能来防范。

1．配置端口安全地址

通过在交换机某个端口上配置限制访问的 MAC 地址及 IP 地址（可选），可以控制该端口上的数据安全输入。当交换机的端口配置端口安全功能，设置只有某些源地址的数据是合法地址数据后，除了源地址为安全地址的数据包外，这个端口将不再转发其他任何包。

为了增强网络的安全性，还可以将 MAC 地址和 IP 地址绑定在端口上，作为安全接入的地址，实施更为严格的访问限制。当然也可以只绑定其中一个地址，如只绑定 MAC 地址而不绑定 IP 地址，或者相反，如图 12-3 所示。

非授权用户　　授权用户

图 12-3　非授权用户无法接入访问

2．配置端口安全地址的个数

交换机的端口安全功能还表现在可以限制一个端口上能连接安全地址的最多个数。如果一个端口被配置为安全端口，并且配置有最多安全地址连接数量，则当连接的安全地址的数目达到允许的最多个数，或者该端口收到一个源地址不属于该端口的安全地址时，交换机将产生一个安全违例通知。

交换机的端口安全违例产生后，可以选择多种方式来处理违例，如丢弃接收到的数据包、发送违例通知或关闭相应端口等。如果将交换机上某个端口只配置一个安全地址，则连接到这个端口上的计算机（其地址为配置的安全地址）将独享该端口的全部带宽。

3．端口安全检查过程

当一个端口被配置成为一个安全端口后，交换机不仅将检查从此端口接收到的帧的源 MAC 地址，还检查该端口上配置的允许通过的最多安全地址个数。

如果安全地址数没有超过配置的最大值，交换机还将检查安全地址表。若此帧的源 MAC 地址没有被包含在安全地址表中，那么交换机将自动学习此 MAC 地址，并将它加入到安全地址表中，标记为安全地址，进行后续转发。若此帧的源 MAC 地址已经存在于安全地址表中，那么交换机将直接转发该帧。安全端口的安全地址表项既可以通过交换机自动学习，也可以手工配置。

配置端口安全存在以下限制。

① 一个安全端口必须是 Access 端口及连接终端设备端口，而非 Trunk 端口。

② 一个安全端口不能是一个聚合端口（Aggregate Port）。

12.3.2　配置端口最大连接数

最常见的对交换机端口安全的理解，就是根据交换机端口上连接设备的 MAC 地址，实施对网络流量的控制和管理，例如，限制具体端口上通过的 MAC 地址的最多连接数量，这样可以限制终端用户非法使用集线器等简单的网络互联设备，随意扩展企业内部网络的连接数量，造成网络中流量的不可控制，增大网络的负荷。

要想使交换机的端口成为一个安全端口，需要在端口模式下，启用端口安全特性。

```
Switch(config-if)#switchport port-security
```

启用端口安全特性后，使用如下命令为端口配置允许的最多安全地址数。

```
Switch(config-if)#switchport port-security maximum number
```

默认情况下，端口的最多安全地址数为 128 个。

当交换机端口上所连接的安全地址数目达到允许的最多个数，交换机将产生一个安全违例通知。

当安全违例产生后，可以设置交换机，针对不同的网络安全需求，采用不同的安全违例处理模式。相关需求的含义如下。

① Protect：当所连接端口通过安全地址，达到最大的安全地址数后，安全端口将丢弃其余未知名地址（不是该端口的安全地址中任何一个）数据包，但交换机将不作出任何通知以报告违规的产生。

② Restrict Trap：当安全端口产生违例事件后，交换机不但丢弃接收到的帧（MAC 地址不在安全地址表中），还将发送一个 SNMP Trap 报文，等候处理。

③ Shutdown：当安全端口产生违例事件后，交换机将丢弃接收到的帧（MAC 地址不在安全地址表中），发送一个 SNMP Trap 报文，而且将端口关闭，端口将进入 "err-disabled" 状态，之后端口将不再接收任何数据帧。

在特权模式下，通过以下步骤，可配置安全端口和违例处理方式。

```
switchport port-security      ! 打开接口的端口安全功能
switchport port-security maximum value
! 设置接口上的最多安全地址数，范围是 1~128，默认值为 128
switchport port-security violation { protect | restrict | shutdown }
! 设置接口违例方式，当接口因为违例而被关闭后选择方式


Show port-security interface [interface-id]        ! 验证配置
......
```

在特权模式下，通过以下命令配置，恢复安全端口和违例处理方式到默认工作状态。

```
No switchport port-security                  ! 关闭端口安全功能
No switchport port-security maximum          ! 恢复交换机端口默认连接地址个数
No switchport port-security violation        ! 将违例处理置为默认模式
```

如图 12-4 所示，校园网络中某楼层接入交换机时，配置交换机 Fa0/3 端口安全端口功能，设置最多连接的地址个数为 4，设置安全违例方式为 Protect 模式。

示例 12-1 说明了配置端口安全的实施过程。

示例 12-1　配置端口安全的过程

```
Switch# configure terminal
Switch(config)# interface FastEthernet 0/3
Switch(config-if)# switchport port-security
Switch(config-if)# switchport port-security maximum 4
Switch(config-if)# switchport port-security violation protect
Switch(config-if)# end
```

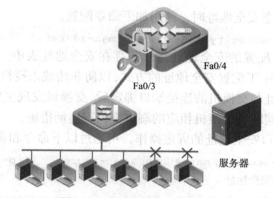

图 12-4　配置交换机端口安全

限制接入交换机端口连接的最多终端数量，是实施企业网络内部交换机安全最常采用的措施之一，默认配置如表 12-1 所示。

表 12-1　交换机端口安全的默认设置

交换机端口安全内容	端口安全的默认设置
端口安全开关	所有端口均关闭端口安全功能
最大安全地址个数	128
安全地址	无
违例处理方式	保护（Protect）

交换机一个百兆接口上，最多可以支持 128 个 IP 安全地址和 MAC 安全地址。但是同时申明的 IP 地址和 MAC 地址的安全地址限制过多时，会占用交换机的硬件系统资源，影响设备的工作效率。此外在交换机的端口上，如果还实施访问控制列表（Access Control List, ACL）检查技术，则相应端口上所能通过的安全地址个数还将减少。

建议安全端口上的安全地址特征保持一致：或者全绑定 IP 安全地址，或者都不绑定 IP 安全地址。如果一个安全端口上同时绑定两种格式的安全地址，则不绑定 IP 地址的安全地址将失效（绑定 IP 安全地址优先级更高）。若想使端口上取消绑定 IP 安全地址，则必须删除端口上所有绑定 IP 安全地址的配置。

12.3.3　绑定交换机端口安全地址

配置交换机的端口安全

实施交换机端口安全的管理，还可以根据 MAC 地址限制端口接入安全，例如把接入主机的 MAC 地址和与交换机相连的端口绑定。通过在交换机的指定端口上限制某些接入设备的 MAC 地址的帧流量，从而实现对网络接入设备的安全控制访问目的。

当需要手工指定静态安全地址时，使用如下命令配置。

```
switchport port-security mac-address mac-address
```

默认情况下，手工配置的安全地址将永久存在安全地址表中。预先知道接入设备的 MAC 地址时，可以通过手工配置安全地址的方式，以防非法或未授权的设备接入到网络中。

当主机的 MAC 地址与交换机的连接端口绑定后，交换机发现主机 MAC 地址与交换机上配置的 MAC 地址不同时，交换机相应的端口将执行违例措施。

在交换机上配置端口安全地址的绑定操作，可通过以下命令和步骤手工配置。

```
Switchport port-security mac-address mac-address     [ip-address ip-address]
! 手工配置端口上的安全地址
Switch (config-if)#switchport port-security mac-address 00-90-F5-10-79-C1
! 配置端口的安全 MAC 地址
Switchport port-security maximum 1
! 限制此端口允许通过的 MAC 地址数为 1
Switchport port-security violation shutdown
! 当配置不符时端口 down 掉


Show port-security address                          ! 验证配置
……
```

通过以下命令恢复交换机上配置端口安全地址的绑定操作。

```
No switchport port-security mac-address mac-address
! 删除该端口的安全地址
```

如示例 12-2 所示，在交换机的端口 Gigabitethernet 1/3 上，配置安全端口功能，为该端口配置一个安全 MAC 地址 00d0.f800.073c，并绑定 IP 地址 192.168.12.202。

示例 12-2　配置安全端口

```
Switch # configure terminal
Switch (config# interface gigabitethernet 1/3
Switch (config-if# switchport port-security
Switch ( config-if#switchport port-security  mac-address  00d0.f800.073c
ip-address 192.168.12.202
Switch (config-if# end
```

默认情况下，交换机安全端口自动学习到的和手工配置的安全地址都不会老化，将永久存在，使用如下命令可以配置安全地址的老化时间。

```
switchport port-security aging { time time | static }
```

如果此命令指定了 static 关键字，那么老化时间也将会应用到手工配置的安全地址上。默认情况下，老化时间只应用于动态学习到的安全地址，手工配置的安全地址会永久存在。

当交换机安全端口的安全地址数达到最大值后，如果收到了一个源 MAC 地址不在安全地址表中的帧，将发生地址违规。当发生地址违规时，交换机可以进行多种操作，使用如下命令可以配置发生地址违规时的操作。

```
switchport port-security violation { protect | restrict | shutdown }
```

默认情况下，地址违规操作为 Protect。

当地址违规操作为 "Shutdown" 的关键字时，交换机将丢弃接收到的帧（MAC 地址不在安全地址表中），并发送一个 SNMP Trap 报文，然后将端口关闭，端口将进入"err-disabled"状态，之后端口将不再接收任何数据帧。

当端口由于违规操作而进入 "err-disabled" 状态后，必须在全局模式下使用如下命令手工将其恢复为 "UP" 状态。

```
errdisable recovery
```

使用如下命令可以设置端口从 "err-disabled" 状态自动恢复，当指定的时间到达后，"err-disabled" 状态的端口将重新进入 "UP" 状态。

```
errdisable recovery interval time
```

示例 12-3 所示为将由于违例操作造成的交换机端口关闭操作重新恢复的配置操作。

示例 12-3　恢复端口配置

```
Switch#configure
Switch(config)#interface fastEthernet 0/1
Switch(config-if)#switchport port-security
Switch(config-if)#switchport port-security mac-address 0001.0001.0001
Switch(config-if)#switchport port-security maximum 1
Switch(config-if)#switchport port-security violation shutdown
Switch(config-if)#end

Switch# show port-security interface fastEthernet 0/1
…… ……
Switch(config)#interface fastEthernet 0/1
Switch(config-if)# errdisable recovery
Switch(config-if)#end
```

当配置完端口安全特性后，可使用如下命令查看端口安全配置及安全端口状态信息。

```
show port-security
```

查看端口安全配置及安全端口信息时，可以使用 "show" 命令。

```
Switch#show port-security interface fastEthernet 0/1
……

Switch#show port-security address
……
```

备注：不同版本的交换机端口安全配置命令稍有不同，在实际配置过程中，在主命令相同情况下，使用 "？" 可帮助查询具体的命令内容。

12.4　访问控制列表技术

访问控制列表（ACL）技术是一种重要的 IP 数据包安全检查技术，配置在三层设备上，为所连接的网络提供安全保护功能。访问控制列表中配置了一组网络安全控制和检查的命令列表，其应用在交换机或者路由器的三层接口上，用于检测三层设备的工作状态，决定哪些数据包可以通过三层设备，哪些数据包将被拒绝。

至于具有什么样特征的数据包将被接收，是由数据包中携带的源地址、目的地址、端口号、协议等包的特征信息和访问控制列表中的指令匹配来决定的。

通过对网络中所有的输入和输出的数据流进行控制，配置 ACL 技术，过滤网络中非法、未授权的数据服务包，限制网络中的非法数据流，可实现对通信流量的控制，提高网络安全性能。

ACL 技术是一种应用在交换机与路由器上的三层安全技术，其目的是对进出网络的通信流进行过滤，从而实现各种安全访问控制。ACL 技术通过对 IP 数据包中的五元组（源 IP 地址、目标 IP 地址、协议号、源端口号、目标端口号）的安全访问控制来区分网络中的特定数据流，同时该技术通过匹配预设规则来决定允许或拒绝数据通过，从而实现对网络的安全控制。

12.4.1　ACL 概述

包过滤防火墙示意图

1. 什么是 ACL 技术

ACL 技术，简单地说就是数据包过滤技术。网络管理人员通过配置三层网络设备来实施对网络中通过的数据包的过滤，从而实现对网络资源的安全访问控制。ACL 安全实施的内容是编制一张规则检查表，其中包含了很多简单的指令规则，可告诉设备哪些数据包可以接收，哪些数据包需要被拒绝。

安装在网络中的三层设备，按照编制完成的 ACL 规划中的指令顺序，依次检查、匹配、执行这些规则，处理每一个进入或输出端口的数据包，以实现对网络中的数据包的过滤。作为一种网络控制工具，通过在网络设备中灵活地配置 ACL 规则，过滤流入和流出网络的数据包，可确保企业内部网络的安全，因此有时也把 IP ACL 称为软件防火墙，因为其具有和防火墙一样的安全访问控制机制，如图 12-5 所示。

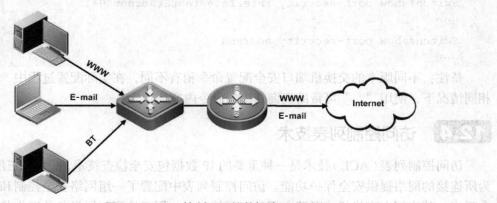

图 12-5　ACL 控制不同的数据流通过网络

2. 访问控制列表的作用

ACL 提供了一种安全访问机制，用来控制和过滤通过网络的信息流。通过 ACL 可以实现在路由器、三层交换机上进行网络安全属性的配置，也可以实现对进入到路由器、三层交换机上的数据流的过滤。IP ACL 提供的主要安全保护功能如下。

① 提供网络安全访问控制手段，例如允许主机 A 访问 FTP 网络，而拒绝主机 B 访问。

② ACL 应用在网络设备的接口上，决定不同类型的通信流被转发或阻塞。

③ ACL 根据数据包中的协议信息及数据包优先级，限制网络访问流量，提高网络性能。

④ ACL 可以限定或简化路由更新信息长度，从而限制通过某一网段的通信流。

3. 使用访问控制列表

首先，需要在网络互联设备上定义 ACL 规则，然后将定义好的规则应用在接口上。该接口一旦激活，就按照 ACL 中的配置检查规则，针对进出的每一个数据包的特征进行匹配，决定该数据包被允许还是拒绝通过。在 IP 数据包匹配检查的过程中，指令自上向下匹配数据包，逻辑地进行检查和处理。

如果一个数据包头特征的信息与访问控制列表中的某一规则不匹配，则继续检测匹配列表中的下一条语句，直达最后执行隐含的规则。ACL 的执行流程如图 12-6 所示。

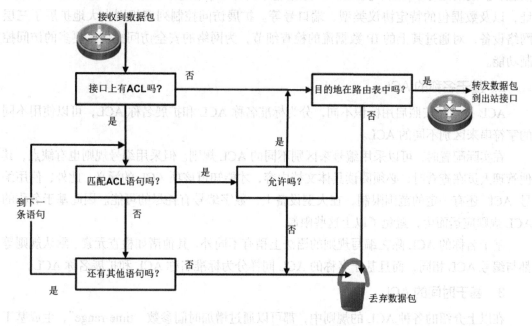

图 12-6　IP ACL 控制信息包过程

所有的数据包在通过启用了访问控制列表的接口时，都需要找到与自己匹配的指令语句。如果某个数据包匹配到访问控制列表的最后，还没有与其相匹配的特征语句，则按照"一切危险的，都将被禁止"的安全规则，该数据包将被隐含的"拒绝"语句拒绝通过。

ACL 的相关注意事项如下。

① 安全控制只有两种结果，要么拒绝，要么允许。

② 安全控制按照由上而下的顺序处理。

③ 安全控制匹配不成功就一直向下查找直到最后，一旦找到匹配成功的指令，则马上执行相应动作，不再继续向下匹配。

④ ACL 指令最后都默认拒绝所有（Any）。

⑤ 编制 ACL 时，需要把最精确的安全规则放在前面，而把模糊的安全规则放在后面，否则，会因为宽松的安全规则提前让数据包匹配成功，让有危险的数据包得以提前通过。

⑥ 所配置列表中必须有一条允许语句，以免所有数据包都被拒绝。

12.4.2 ACL 分类

根据访问控制标准的不同，ACL 分多种类型，以实现不同的网络安全访问控制。

1. 基于编号的 ACL

最为常见的 ACL 使用编号来进行区分，可以分为标准访问控制列表（标准 ACL）和扩展访问控制列表（扩展 ACL）。其中，标准访问控制列表的识别编号取值范围为 1~99，扩展访问控制列表的识别编号取值范围为 100~199。

两种编号的 ACL 区别是，标准的编号 ACL 只匹配、检查数据包中携带的源 IP 地址信息；扩展的编号 ACL 不仅匹配 IP 数据包中的源地址信息，还检查 IP 数据包的目的地址，以及数据包的特定协议类型、端口号等。扩展访问控制列表规则大大地扩展了三层网络设备，对通过其上的 IP 数据流的检查细节，为网络的安全访问提供了更多的访问控制功能。

2. 基于名称的 ACL

ACL 技术还按照启用标识不同，分为标准名称 ACL 和扩展名称 ACL，可以使用不同的字符串来区别不同的 ACL。

在实际配置时，可以采用编号来区别不同的 ACL 规则。但采用编号规则也有缺点，其他管理人员在查看时，必须阅读具体文档内容，才能知道该项 ACL 的涵义；此外，使用编号 ACL 还有一定的范围限制，在大型设备上，数字编号有耗尽的可能。因此基于名称的 ACL 规则应运而生，避免了以上这些限制。

基于名称的 ACL 除在编写规则的语法上稍有不同外，其他诸如检查元素、默认规则等都与编号 ACL 相同，而且基于名称的 ACL 同样分为标准名称 ACL 和扩展名称 ACL。

3. 基于时间的 ACL

在以上介绍的各种 ACL 的规则中，都可以通过增加时间参数 "time-range"，生成基于时间的 ACL 访问控制规则。基于时间的 IP ACL 不是独立 IP ACL，是在以上介绍的 IP ACL 基础上的功能扩展和延伸。通过在 IP ACL 后面增加时间参数，就可以按照时间来实现对网络的安全访问控制。

例如，要求上班时间不能上 QQ，下班可以上，平时不能访问某网站，只有周末可以。对于这种情况，使用基于时间的 ACL 可以解决。

12.5 基于编号的标准 ACL

基于编号的标准 ACL 的重要特征是：一是通过 1~99 的编号来区别不同的 ACL；二是只检查 IP 数据包中的源地址信息（数据包在通过网络设备时，设备解析 IP 数据包中的源地址信息），对匹配成功的数据包采取拒绝或允许操作。

在编制标准编号 ACL 规则时，使用编号 1~99 值，区别同一设备不同 IP ACL 列表条数。

12.5.1 标准 ACL 的定义

标准 ACL 安全防范过程

标准 ACL，只检查收到的 IP 数据包中的源 IP 地址信息，以控制网络中数据包的流向。在实施安全设施的过程中，如果要阻止来自某一特定网络的所有通信流，或者允许来自某一特定网络的所有通信流，可以使用标准 ACL 来实现。

标准 ACL 通过检查 IP 数据包的源地址，允许或拒绝基于子网或主机 IP 的通信流通过。标准 ACL 只能过滤 IP 数据包头中的源 IP 地址，如图 12-7 所示。

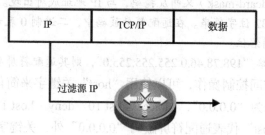

图 12-7　标准 ACL

为帮助理解标准 ACL 应用规则，下面以某公司内网安全需求为例进行说明。

某公司内网的拓扑结构如图 12-8 所示，内部规划使用 C 类 172.16.0.0 地址，通过网络中心控制所有网络。现公司规定，只允许网络 172.16.1.0 中的主机访问服务器 172.17.1.1，其他网络中的主机禁止访问服务器 172.17.1.1。

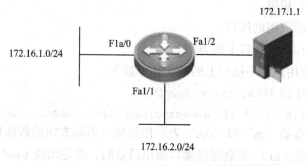

图 12-8　标准 IP ACL

12.5.2 编写标准 ACL 规则

标准 ACL 编写规则分为分析需求、编制规则和应用规则等几个环节，下面分别说明。

1. 分析需求

在图 12-8 所示的网络环境中，在公司的安全需求中，只允许 172.16.1.0/24 网段内的主机访问 IP 地址为 172.17.1.1 的服务器，其他主机禁止访问服务器。由于限制的是"来自某一指定网络中"的数据包，所以使用标准 ACL 规则。

2. 编制规则

在网络设备上，使用以下的语法配置标准 IP ACL 规则。

```
Access-list list-number {permit | deny} source-address [ wildcard-mask ]
```

上述命令中的参数的相关含义如下。

① list-number：创建 ACL 编号，标准 ACL 编号是 1~99 和 1300~1999。

② permit | deny：permit 表示允许数据包通过，deny 表示拒绝数据包通过。

③ source-address：需要检测源 IP 网络，可使用 any 表示任何源地址。

④ wildcard–mask：检测源 IP 地址的通配符屏蔽码，也称反掩码，用于限定匹配网络范围。

小知识

通配符屏蔽码（wildcard-mask）又叫反掩码，与 IP 地址成对出现。通配符屏蔽码与子网掩码写法相似，都是一组 32 位字符串。在通配符屏蔽码中，二进制 0 表示"匹配"对应网络位，1 表示"不匹配"对应网络位。

假设有一个 C 类网络"198.78.46.0 255.255.255.0"，则其通配符屏蔽码为"0.0.0.255"。

此外，对于单机访问控制操作，可以使用"host"关键字来简化操作。"host"表示一种精确的匹配，屏蔽码为"0.0.0.0"，如 access-list 10 deny host 172.16.1.10。

除利用关键字"host"代表通配符屏蔽码"0.0.0.0"外，关键字"any"也可以作为网络中所有主机的源地址缩写，代表"0.0.0.0 255.255.255.255"。

3. 应用规则

在网络设备上配置好 ACL 规则后，还需要把配置好的规则应用在对应的接口上，只有当这个接口激活以后，规则才起作用。因此，配置 ACL 需要 3 个步骤。

① 定义好 ACL 规则。

② 指定 ACL 所应用的接口。

③ 定义 ACL 作用于接口上的方向。

将 ACL 规则应用到某一接口上的语法指令如下。

```
Router (config)# interface fa0/1
Router (config-if) # IP access-group list-number {in | out }
```

上述命令中的参数"in"和"out"表示控制接口不同方向的数据包。当数据经接口流入设备时，就是入栈（in），当数据经端口流出设备时，就是出栈（out）。如果不配置参数，默认为 out。

4. 验证 ACL 配置

配置完成 ACL 之后，使用"show"命令可以查看配置和操作。如果只输入"show access-list"，会显示所有协议的所有 ACL，命令格式如下。

```
Router#show access-lists
......
```

也可以使用"show ip access-group"查看端口应用的 ACL 情况，格式如下。

```
Router#show ip access-group
......
```

12.5.3　标准 ACL 的应用

在图 12-8 所示的公司内网中，只允许来自网络 172.16.1.0 中的主机访问服务器，由于只过滤来源于网段 172.16.1.0 的源 IP 数据，所以其 ACL 规则如下。

```
Router # configure terminal
Router(config)# access-list 1 permit 172.16.1.0  0.0.255.255
             ! 允许来自网段 172.16.1.0 中的数据通过访问服务器
Router(config)# access-list 1 deny  0.0.0.0  255.255.255.255
                ! 其他所有网络都将禁止访问服务器（可选，默认禁止所有，any）
```

接下来，需要把编制完成的规则应用在接口上。

```
Router(config)#interface fa1/2
Router(config-if)# IP  access-group  list-number 1 out
   ! 配置完成 ACL 规则，应用在靠近受保护的连接服务器的接口上
Router(config-if)#no shutdown
```

在配置 ACL 时，需要注意的是，在 ACL 中，默认规则是拒绝所有。也就是说，在上述 ACL 规则最后，包含有一条隐含规则"access-list 1 deny any"。

ACL 的应用并无复杂之处，但是一定要牢记其运行的基本规则，并根据规则来定义 ACL 的匹配条件与顺序等。

需要注意的是，ACL 规则编写时，要逐条添加上去。

在同一组 ACL 中，后编写的规则依次接在之前规则后，如果写错了，就无法删除，甚至无法修改一组规则中的某一条。修改已编制完成的 ACL 规则的唯一办法是删除，重新编写。

推荐方法是，将原有 ACL 规则复制到记事本中，然后再进行添加或删除。之后，再将设备中原先的 ACL，使用"no access-list"命令删除掉，然后再将修改后的 ACL 复制到配置中。

12.6　基于编号的扩展 ACL

基于编号的扩展 ACL 的重要特征是：一是通过编号 100~199 来区别不同的 ACL；二是不仅检查数据包中的源 IP 地址，还检查数据包中的目的 IP 地址、源端口、目的端口、网络连接和 IP 优先级等数据包特征信息。

数据包在通过网络设备时，设备解析 IP 数据包中的多种类型信息的特征，对匹配成功的数据包采取允许操作，如图 12-9 所示。

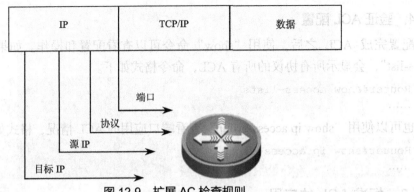

图 12-9　扩展 AC 检查规则

在编制扩展 ACL 规则时，使用编号 100~199 标识同一台设备上配置的不同 ACL。

12.6.1　基于编号的扩展 ACL

路由器扩展 ACL 防范过程

和标准 ACL 相比，扩展 ACL 也存在一些缺点：一是配置难度加大，考虑不周容易限制正常访问；二是扩展 ACL 会消耗路由器更多的 CPU 资源。所以在中低档路由器中应尽量减少扩展 ACL 的条数，以提高工作效率。

基于编号的扩展 IP ACL 指令格式如下。

Access-list listnumber {permit | deny} protocol source source-wildcard-mask destination destination-wildcard-mask [operator　operand]

上述命令中的相关参数的含义如下。

① listnumber：表示范围为 100~199。

② protocol：指定需要过滤的协议，如 IP、TCP、UDP、ICMP 等。

③ source：表示源地址。

④ destination：是目的地址。

⑤ wildcard-mask：是通配符屏蔽码。

⑥ operand：是源端口和目的端口号，省略就默认全部端口号 0~65535。端口号可使用助记符表示，如 ftp，ppp 等。

⑦ operator：是端口控制操作符，主要有 "<"（小于）、">"（大于）、"="（等于）。

⑧ 语法规则中的 "deny /permit"、源地址和通配符屏蔽码、目的地址和通配符屏蔽码，以及 "host / any" 的使用方法，均与标准 ACL 的语法规则相同。

需要注意的是，端口号 "operand" 可以用不同方法来指定，它可以使用一个数字或使用可识别助记符指定，如使用 80 或 http 指定超文本传输协议。

表 12-2 显示了系统中支持过滤的常见端口的名称和端口号的关系，其中，"0" 代表所

有 TCP 端口。

表 12-2　TCP 端口号名称

名称	端口号	描述
bgp	179	边界网关协议
daytime	13	日期时间
domain	53	域名系统区域传输
echo	7	回声
ftp	21	文件传输协议控制通道
ftp-data	20	FTP 数据通道
login	513	远程登录（rlogin）
pop2	109	邮局协议 v2
pop3	110	邮局协议 v3
smtp	25	简单邮件传输协议
telnet	23	Telnet
www	80	WWW 服务

配置完扩展 ACL 规则后，还需把配置好的规则应用在接口上，应用的方法和标准 ACL 相同。

12.6.2　扩展 ACL 的应用

路由表工作原理

图 12-10 所示的拓扑结构是某企业的内网场景，多个部门通过三层路由实现互联互通。其中，网络中心的路由器的 Fa1/2 端口上连接的是一个服务器群，服务器 172.17.1.1 提供 Web 服务，服务器 172.17.1.2 提供 FTP 服务。公司规定只允许行政中心的网络 172.16.1.0/24 中的计算机访问网络中心的服务器，其他网络中的计算机都禁止访问。

1. 需求分析

公司只允许来自行政中心的网络 172.16.1.0/24 中的计算机访问网络中心的服务器。安全访问控制是指定网络中的服务，除需要对源网络地址过滤外，还需要对目标网络地址进行过滤，并对 IP 数据包中的服务信息进行检查。

显然，使用标准 ACL 无法实现此需求。在这种场景下，就需要使用扩展 ACL。扩展 ACL 可以检查的元素有源 IP 地址、目标 IP 地址、协议、源端口号、目标端口号。

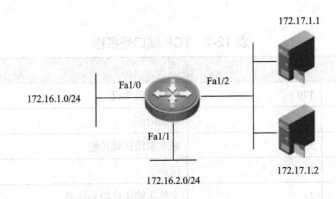

图 12-10 扩展 IP ACL 应用场景

2. 编写扩展 ACL 规则

按照公司的网络安全需求，只允许行政中心的网络 172.16.1.0 中的计算机能够访问服务器 172.17.1.1 上的 FTP 服务和 Web 服务，而对其他网络中的计算机禁止访问。

相应的 ACL 配置规则如下。

```
Router#configure terminal
Router(config)#access-list 101 permit tcp 172.16.1.0 0.0.0.255 host
172.17.1.1 eq www
  ! 允许来自网络 172.16.1.0 中的计算机访问服务器 172.16.1.1 的 WWW 服务（80 端口）

Router(config)#access-list 101 permit tcp 172.16.1.0 0.0.0.255 host
172.17.1.1 eq ftp
Router(config)#access-list 101 permit tcp 172.16.1.0 0.0.0.255 host
172.17.1.1 eq ftp-data
  ! 允许来自网络 172.16.1.0 中的计算机访问服务器 172.16.1.2 的 FTP 服务（20、21 端口）

Router(config)# access-list 101 deny ip any any
  ! 拒绝其他所有网络中计算机访问服务器（默认，可省略）
```

在上面的配置命令中，www 表示端口号为 80，ftp 表示 FTP 的控制端口号为 21，ftp-data 表示 FTP 的数据端口号为 20。

由于 ACL 的默认操作是拒绝所有，所以最后一句的拒绝其他所有流量的规则可以省略。

3. 应用扩展 ACL 规则

把编制完成的扩展 ACL 规则，尽量应用在离受保护的目标网络最近的接口上。

在接口应用扩展 ACL 的方式，与之前的标准 ACL 一样。在扩展 ACL 中，由于对数据的检查可以做得比较精确，所以 ACL 规则可以应用在靠近源端的位置。

```
Router(config)#interface fastEthernet 1/2
Router(config-if)#ip access-group 101 out
Router(config-if)#end
```

无论是标准 ACL 还是扩展 ACL，取消一条 ACL 匹配规则时，都可以用 "no access-list number" 命令，每次只能对一条 ACL 命令进行管理。

```
Router(config)#interface fastEthernet 1/2
Router(config-if)#no ip access-group 101 out
Router(config-if)#end
```

4. ACL 规则的验证技术

编制完成的 ACL，如果需要查看，可以使用下面的命令。

```
Router#show  running-config          ! 显示配置文件中的 ACL 内容
......
Router#show access-lists             ! 显示全部的 ACL 内容
......
Router#show access-lists <1-199>     ! 显示指定的 ACL 内容
......
Router#show ip interface <接口名称> <接口编号>    ! 显示接口的访问列表应用
......
```

5. 扩展 IP ACL 规则使用原则

（1）最小特权原则

只给受控对象完成任务所必需的最小权限。也就是说，被控制的总规则是各个规则的交集，只满足部分条件的是不允许通过的规则。

（2）最靠近受控对象原则

也就是说，在检查规则时，采用自上而下的方式在 ACL 中一条条检测，只要符合条件就立刻转发，而不继续检测下面的 ACL 语句。

（3）默认丢弃原则

默认最后一句为 "Deny any any"，也就是丢弃所有不符合条件的数据包。

（4）自身流量无法限制

ACL 只能过滤流经路由器的流量，对路由器自身发出的数据包不起作用。

（5）允许通过原则

一个 ACL 中至少有一条允许语句，否则所有的语句将会全部被拒绝通行。

（6）指令的优先级原则

在组织 ACL 指令规则时，越具体的语句要越放在前面，越一般的语句要越放在后面。

（7）至少有一条 Permit 语句

编写的规则中，至少有一条 "Permit" 语句，否则会导致全部数据包被隐含规则拒绝。

12.7　基于名称的 ACL

前面介绍的都是基于编号的 ACL，基于编号的 ACL 是 ACL 技术早期应用最为广泛的技术之一。标准 ACL 使用的数字编号范围为 1~99 和 1300~1999，扩展 ACL 使用的数字编号范围为 100~199 和 2000~2699，来标识不同的安全规则。

但使用基于编号的 ACL 有时不容易识别，数字编号不容易区分，特别是基于编号的 ACL 在修改上非常不方便。因此，近些年来，随着设备的性能改善及技术的进步，基于名称的 ACL 应运而生，基于名称的 ACL 在技术开发上，避免了基于编号的 ACL 的不足。

12.7.1　基于名称的 ACL 的概述

基于名称的 ACL 在规则编辑上，使用一组字符串来标识编制完成的安全规则，具有见名识意的效果，方便网络管理人员识别和管理。除了命名规则，以及在编写规则的语法上稍有不同外，其他诸如检查的元素、默认的规则等都与基于编号的 ACL 相同。

此外，基于名称的 ACL 也同样分为标准 ACL 和扩展 ACL。

与基于编号 ACL 相比，基于名称的 ACL 的主要优点如下。

① 允许管理员给 ACL 指定一个描述性的名称，能见名识意。

② 允许管理员生成超过 99 条的标准 ACL 或超过 100 条的扩展 ACL，大大地扩展了 ACL 数量的初始限制。

③ 引入有序的 ACL，允许插入和删除特定的 ACL 条目。

从之前的应用可以看到，基于编号的 ACL 有一个弊端，即设置完成 IP ACL 规则后，如果发现其中某条有问题，希望修改或删除的话，只能将全部 ACL 信息都删除。也就是说，修改一条或删除一条，都会影响到整个 ACL，由此带来了繁重的负担。

基于名称的 ACL 在编制完成后，可以方便地修改。应该使用基于名称的 ACL 进行管理，这样可以减轻很多后期维护的工作，方便随时调整 ACL 规则。

12.7.2　基于名称的标准 ACL 规则

在网络设备上，实施基于名称的 ACL 与之前学习的基于编号的 ACL 的实施思路一样，也需要经过分析安全需求、编制规则及应用到相关的接口上等几个过程。

创建基于名称的 ACL 与基于编号的 ACL 的语法命令的不同之处在于基于名称的 ACL 使用"ip access-list"命令开头。

1. 创建标准名称 ACL

在全局模式下，使用如下命令创建标准 ACL。

```
Router(config)#ip access-list standard { name | access-list-number }
！指定名称 ACL 的类型以及名称，启用名称 IP ACL 规则
Router(config-std-nacl)# { permit | deny } { any | source source-wildcard }
！允许或者拒绝操作，命令中各个参数的含义均与基于编号的 ACL 相同
```

上述命令中的相关数的含义如下。

① name：表示 ACL 的名称，可以使用数字或英文字符表示。

② access-list-number：标准 ACL 编号，范围为 1~99 和 1300~1999。当这里指定 ACL 的编号而不指定名称时，此 ACL 还将为一个基于编号的 ACL，与之前介绍的标准 ACL 一样。

2. 应用标准名称 ACL

在接口模式上，应用基于名称的 ACL 与应用基于编号的 ACL 的方法和命令一样，只不过此处将编号替换为"name"（名称）即可。

```
Router(config)#ip access-group name { in | out }
！"name"表示基于名称的 ACL 的名称
```

3. 标准 ACL 实施案例

某公司的内网拓扑结构如图 12-11 所示，其内部规划使用 C 类 172.16.0.0 地址，通过公司的网络中心控制所有网络。现公司规定只允许网络 172.16.1.0 中的计算机访问网络服务器 172.17.1.1，其他网络中的计算机禁止访问服务器 172.17.1.1。

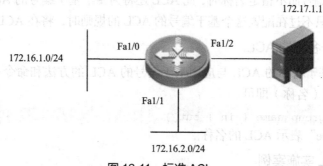

图 12-11   标准 ACL

基于名称的 ACL 的规则的命令如下。

```
Router(config)#
Router(config)#ip access-list standard Permit-172-Subnetwork
！定义名称为 "permit-172-subnetwork（允许 172.16.1.0 范围子网）" 的规则
Router(config-std-nacl)#permit 172.16.1.0 0.0.0.255!配置允许访问的子网的范围
Router(config-std-nacl)#deny any          ！拒绝其他网络访问（默认，可省略）
```

把编制完成的 ACL 规则，尽量应用在离受保护的目标网络最近的接口上。

```
Router(config)#interface fastEthernet 1/2
Router(config-if)#ip access-group  permit-172-subnetwork  out
！ 把配置完成的名称为 "permit-172-subnetwork" 的规则应用在接口上
Router(config-if)#end
Router(config)#
```

12.7.3   基于名称的扩展 ACL 规则

创建基于名称的扩展 ACL 的语法命令与标准 ACL 相同，也使用 "ip access-list" 命令开头。

1. 创建扩展 ACL 规则

使用 "ip access-list extended" 命令，建立扩展 ACL，后面跟 ACL 的名称。执行该命令时，进入子配置模式，输入 "permit" 或 "deny" 语句，在这点上，语法和基于编号的 ACL 相同，并且支持相同的选项。

```
ip access-list extended { name | access-list-number }
！指定 ACL 的类型及名称，启用基于名称的扩展 ACL 规则
{ permit | deny } protocol { any | source source-wildcard } [ operator port ]
{ any | destination destination-wildcard } [ operator port ] [ time-range
time-range-name ] [ dscp dscp ] [ fragment ]
！允许或者拒绝操作，命令中各个参数含义均与基于编号的扩展 ACL 相同
```

上述命令中的相关参数的含义如下。

① name：表示 ACL 的名称，可以使用数字或英文字符表示。执行完此命令后，系统将进入到扩展 ACL 配置模式。

② access-list-number：表示扩展 ACL 的编号，范围是 100~199 和 2000~2699。注意，这里指定 ACL 的编号而不指定名称时，此 ACL 还将为一个基于编号的 ACL，与之前介绍的扩展 ACL 一样，只不过在配置这个基于编号的 ACL 的规则时，将在 ACL 配置模式下进行。

2. 应用基于名称的 ACL

在接口应用基于名称的 ACL 与应用基于编号的 ACL 的方法和命令一样，只不过将编号替换为 "name"（名称）即可。

```
ip access-group name { in | out }
```

这里的 "name" 表示 ACL 的名称。

3. 扩展 ACL 实施案例

图 12-12 所示的网络拓扑结构是某企业内的网络场景，其中，多个部门子网通过三层路由设备实现互联互通，网络中心路由器的 Fa1/2 端口上连接的是一个服务器群，其中，服务器 172.17.1.1 提供 Web 服务，服务器 172.17.1.2 提供 FTP 服务。公司规定只允许来自网络 172.16.1.0/24 中的计算机访问网络中心的服务器，其他网络禁止访问。

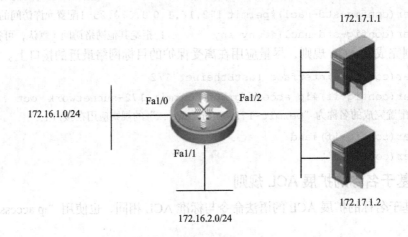

图 12-12　扩展名称 IP ACL

```
Router#configure terminal
Router(config)#ip access-list extended allow_ftp_web
! 定义名称为 "allow_ftp_web" 的规则
Router(config-ext-nacl)#permit tcp 172.16.1.0 0.0.0.255 host 172.17.1.1 eq www
Router(config-ext-nacl)#permit tcp 172.16.1.0 0.0.0.255 host 172.17.1.1 eq ftp
Router(config-ext-nacl)#permit tcp 172.16.1.0 0.0.0.255 host 172.17.1.1 eq
ftp-data
Router(config-ext-nacl)#permit ip 172.16.1.0 0.0.0.255 host 172.17.1.2
Router(config-ext-nacl)#exit
```

把编制完成的扩展 ACL 规则，尽量应用在离受保护的目标网络最近的接口上。

```
Router(config)#interface fastEthernet 1/2
Router(config-if)#ip access-group allow_ftp_web out
! 把名称为 "allow_ftp_web" 的规则用在接口上
Router(config-if)#end
```

12.8 基于时间的 ACL

基于时间的 ACL 技术，是在标准 ACL 和扩展 ACL 的基础上的功能的扩展，通过在规则配置中加入有效的时间范围，来更有效地控制网络在访问时间上的限制范围。

基于时间的 ACL 需要先定义一个时间范围，然后在原来各种 ACL 的基础上应用它。可以根据一天中的不同时间，或者根据一周中的不同日期控制网络范围，例如在学校网络中，希望上课时间禁止学生访问学校服务器，而下课时间允许学生访问。

基于时间的 ACL，对于基于编号的 ACL 和基于名称的 ACL 均适用。

12.8.1 定义基于时间的 ACL 规则

1. 创建时间段

创建基于时间的 ACL，需要依据两个要点，一是使用参数 **"time-range"**，定义一个时间段，二是编制基于编号的 ACL 或者基于名称的 ACL，再将 IP ACL 规则和时间段结合起来应用。

ACL 需要和时间段结合起来应用，即基于时间的 ACL。事实上，基于时间的 ACL 只是在 ACL 规则后，使用 **"time-range"** 选项为规则指定一个时间段。只有在此时间范围内，此规则才会生效。各类 ACL 规则均可以使用时间段。

时间段可分为 3 种类型，分别为绝对（absolute）时间段、周期（periodic）时间段和混合时间段。

① **绝对时间段**：表示一个时间范围，即从某时刻开始到某时刻结束，如 1 月 5 日早晨 8 点到 3 月 6 日早晨 8 点。

② **周期时间段**：表示一个时间周期，如每天早晨 8 点到晚上 6 点，或每周一到每周五的早晨 8 点到晚上 6 点。

③ **混合时间段**：可以将绝对时间段与周期时间段结合起来，称为混合时间段，如 1 月 5 日到 3 月 6 日的每周一至周五早晨 8 点到晚上 6 点。

在全局模式下，使用如下命令创建并配置时间段，当执行此命令后，系统将进入到时间段配置模式。

```
time-range time-range-name
! time-range-name 表示时间段的名称
```

2. 定义时间段

在时间段模式下，使用 "absolute" 命令，配置绝对时间段。

```
absolute { start time date [ end time date ] | end time date }
! 在时间段配置模式下，定义绝对时间段
```

上述命令的相关参数的含义如下。

① start time date：表示时间段起始时间。time 表示时间，格式为"hh:mm"。date 表示日期，格式为"日 月 年"。

② end time date：表示时间段结束时间，格式与起始时间相同。在配置绝对时间段时，可以只配置起始时间，或者只配置结束时间。

以下为 2007 年 1 月 1 日 8 点到 2008 年 2 月 1 日 10 点，使用绝对时间段范围表示的配置示例。

```
absolute start 08:00 1 Jan 2007 end 10:00 1 Feb 2008
```

在时间段模式下，使用"periodic"命令，配置周期时间段。

```
periodic { weekdays | weekend | daily } hh:mm to hh:mm
! 在时间段配置模式下，定义周期时间段
```

上述命令的相关参数的含义如下。

① day-of-the-week：表示一个星期内一天或者几天，可取值为 Monday、Tuesday、Wednesday、Thursday、Friday、Saturday、Sunday。

② hh:mm：表示时间。

③ weekdays：表示周一到周五。

④ weekend：表示周六到周日。

⑤ daily：表示一周中的每一天。

以下为每周一到周五早晨 9 点到晚上 18 点使用周期时间段范围表示的配置示例。

```
periodic weekdays 09:00 to 18:00
```

3. 应用时间段

配置完时间段后，在编制完成的 ACL 规则中，需要使用"time-range"参数引用时间段后才会生效。只有配置了"time-range"的规则才会在指定的时间段内生效，其他未引用时间段的规则将不受影响。

时间段和基于编号的标准 ACL 的结合如下。

```
Access-list    list-number        {permit  |  deny}     source-address
[ wildcard-mask ] time-range  name
```

时间段和基于编号的扩展 ACL 的结合如下

```
Access-list listnumber {permit | deny} protocol source source-wildcard-mask
destination destination-wildcard-mask [operator operand ] time-range  name
```

12.8.2 基于时间的 ACL 规则应用

基于时间的 ACL 的防范过程

基于时间的 ACL

图 12-13 所示为某公司网络，其通过三层路由设备分别连接公司不同的子网络。

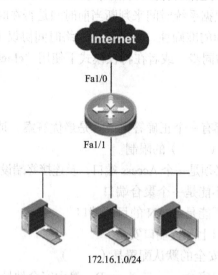

图 12-13　基于时间的 ACL

公司上班制度规定在上班时间（9：00~18：00），不允许员工的计算机（172.16.1.0/24）访问 Internet，下班时间可以访问 Internet 上的 Web 服务。因此，网络中心需要实施安全访问控制规则。

首先，需要定义上班时间段，其次，编制基于编号的扩展 ACL 规则，要求办公网 172.16.1.0/24 内的计算机访问 Internet，在此规则中引用了一个时间段 "off-work"。也就是说，只有在此时间段内此条规则才会生效。如果当前时间不在此时间范围内，则系统会跳过此条规则去检查下一条规则，即下班时间可以访问 Internet。最后，将此 ACL 应用到了内部接口的入方向以实现过滤。

```
Router#configure terminal

Router(config)#time-range off-work          ! 定义时间段名称
Router(config-time-range)#periodic weekdays 09:00 to 18:00
! 定义访问的周期时间段
Router(config-time-range)#exit

Router(config)#access-list 100 deny ip 172.16.1.0 0.0.0.255 any time-range
off-work
Router(config)#access-list 100 permit tcp 172.16.1.0 0.0.0.255 any eq www
! 定义基于编号的扩展 ACL 规则
```

把编制完成的基于时间的扩展 ACL 规则，尽量应用在离受保护目标网络最近的接口上。

```
Router(config)#interface fastEthernet 1/1
Router(config-if)#ip access-group 100 in
! 把配置完成的基于时间的 ACL 规则应用在接口上
Router(config-if)#end
```

在使用基于时间的 ACL 时，最重要的一点是要保证设备（路由器或交换机）的系统时间的准确性，因为设备是根据系统时间来判断当前时间是否在时间段范围内的。

为了保证设备系统时间的准确性，可以使用网络时间协议（Network Time Protocol，NTP）来保证网络中时钟的同步，或者在特权模式下使用"**clock set**"命令调整系统时间。

12.9 认证测试

以下每道选择题中，都有一个正确答案或者是最优答案，请选择出正确答案。

1. 配置端口安全存在（　　）的限制。

    A. 一个安全端口必须是一个 Access 端口，及连接终端设备的端口，而非 Trunk 端口

    B. 一个安全端口不能是一个聚合端口

    C. 一个安全端口不能是 SPAN 的目的端口

    D. 只能在部分端口上配置端口安全

2. 在交换机上，端口安全的默认配置是（　　）。

    A. 默认为关闭端口安全　　　　　　　　B. 最大安全地址个数是 128

    C. 没有安全地址　　　　　　　　　　　D. 违例方式为保护（Protect）

3. 当端口由于违规操作而进入"err-disabled"状态后，可以使用（　　）命令手工将其恢复为 UP 状态。

    A. "errdisable recovery"　　　　　　　B. "no shutdown"

    C. "recovery errdisable"　　　　　　　D. "recovery"

4. 交换机 RGNOS 目前支持的访问列表类型有（　　）。

    A. 标准 IP ACL　　　B. 扩展 IP ACL

    C. MAC ACL　　　D. MAC 扩展 ACL

    E. Expert 扩展 ACL　　　　　　　　　F. IPv6 ACL

5. ACL 的作用是（　　）。

    A. 安全控制　　　B. 流量过滤　　　C. 数据流量标识　　　D. 流量控制

6. 某台路由器上配置了访问列表，则如下命令的含义是（　　）。

```
access-list 4 deny 202.38.0.0 0.0.255.255
access-list 4 permit 202.38.160.1 0.0.0.255
```

    A. 只禁止源地址为 202.38.0.0 的网段的所有访问

    B. 只允许目的地址为 202.38.0.0 的网段的所有访问

    C. 检查源 IP 地址，禁止网段 202.38.0.0 的计算机，但允许其中网段 202.38.160.0 的计算机

    D. 检查目的 IP 地址，禁止网段 202.38.0.0 的计算机，但允许其中网段 202.38.160.0 的计算机

7. 以下情况可以使用 ACL 准确描述的是（　　）。

    A. 禁止有 CIH 病毒的文件到我的计算机

    B. 只允许系统管理员可以访问我的计算机

    C. 禁止所有使用 Telnet 的用户访问我的计算机

　　D. 禁止使用 UNIX 系统的用户访问我的计算机

8. 配置如下两条 ACL, 分别为 ACL1 和 2, 则它们所控制的地址范围的关系是(　　)。

```
access-list 1 permit 10.110.10.1 0.0.255.255
access-list 2 permit 10.110.100.100 0.0.255.255
```

　　A. 1 和 2 的范围相同　　　　　　　B. 1 的范围在 2 的范围内

　　C. 2 的范围在 1 的范围内　　　　　D. 1 和 2 的范围没有包含关系

9. 如下访问控制列表的含义是 (　　)。

```
access-list 102 deny udp 129.9.8.10 0.0.0.255 202.38.160.10 0.0.0.255 gt
128
```

　　A. 规则序列号是 102, 禁止网段 202.38.160.0/24 的计算机与网段 129.9.8.0/24 的计算机使用端口大于 128 的 UDP 进行连接

　　B. 规则序列号是 102, 禁止网段 202.38.160.0/24 的计算机与网段 129.9.8.0/24 的计算机使用端口小于 128 的 UDP 进行连接

　　C. 规则序列号是 102, 禁止网段 129.9.8.0/24 的计算机与网段 202.38.160.0/24 的计算机使用端口小于 128 的 UDP 进行连接

　　D. 规则序列号是 102, 禁止网段 129.9.8.0/24 的计算机与网段 202.38.160.0/24 的计算机使用端口大于 128 的 UDP 进行连接

10. 标准 ACL 以 (　　) 作为判别条件。

　　A. 数据包的大小　　　　　　　　　B. 数据包的源地址

　　C. 数据包的端口号　　　　　　　　D. 数据包的目的地址

12.10　科技之光：数字人民币，未来全球领先的移动支付

【扫码阅读】数字人民币，未来全球领先的移动支付

第⓭章 NAT 技术

【本章背景】

中山大学二期校园网改造，把校园网中更多的区域接入到互联网络中，满足了教育信息化的建设目标。

由于有更多的设备需要接入到互联网中，网络中心之前申请到的几个有限公网IP地址，已经不能满足扩容后的校园网访问互联网的需求，所以网络中心安排晓明到接入服务商（ISP）中国电信去一趟，提交一份申请书，希望能申请到更多个公有IP地址，以加快校园网访问互联网的速度。

接到任务安排后，晓明很困惑，从之前的学习中，他知道按照 TCP/IP 规则，每一台接入互联网的计算机都需要有一个唯一的 IP，但为什么学校中只有几个公网 IP 地址，而且很多计算机的地址和自己上大学时的一样，会有很多重复的 IP 地址？公有 IP 地址是什么样的 IP 地址？私有 IP 地址是什么样的 IP 地址？为什么向运营商能申请公有 IP 地址？网络中心的陈工程师在了解到晓明的困惑后，列出了他需要学习的知识内容。

本章知识发生在以下网络场景中。

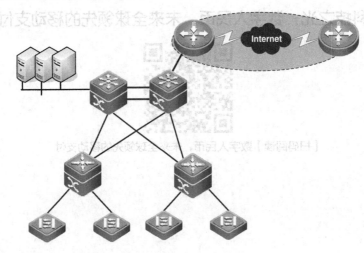

【学习目标】

◆ 了解动态 NAT、NAPT 技术原理

◆ 配置动态 NAT 技术，实现校园网访问互联网

◆ 配置 NAPT

随着 Internet 技术的发展，Internet 内连接的主机数量，也以指数级速度增长。主机数量的增长，对网络 IP 地址的分配需求也越来越多，有限的 IP 地址个数已经无法满足越来

越多的主机需要，逐渐造成了接入互联网中的 IP 地址枯竭的现象发生。

网络地址转换（Network Address Translation，NAT）技术，有效解决了主机数量增长对 IP 地址疯狂需求的局面。NAT 是一种将私有（保留）地址转化为合法 IP 地址的转换技术，被广泛应用于各种类型 Internet 接入方式中。NAT 不仅完美地解决了 IP 地址不足的问题，而且还能够有效地避免来自网络外部的攻击，可隐藏并保护网络内部的计算机。

13.1 私有地址概述

NAT（Network Address Translation）的中文意思是"网络地址转换"，通过将 IP 数据包头中的 IP 地址，转换为另一个 IP 地址，允许一个组织内部使用私有 IP 地址，出口处使用同一个公用 IP 地址出现在 Internet 上。顾名思义，它是一种把内部私有网络地址（IP 地址），翻译成合法网络 IP 地址的技术。如图 13-1 所示，企业内网中使用的私有地址，通过出口路由器转为公网可以使用的 IP 公网地址，使得内部设备接入 Internet。

NAT 技术的典型应用是将使用私有 IP 地址（RFC 1918）的园区网连接到 Internet 上，实现私有网络访问公共网络的功能。这样公司就无需再给内部网络中的每台设备都分配公有 IP 地址，既避免了公有地址的浪费，又节省了申请公有 IP 地址的费用，同时也减缓了 IPv4 地址空间被耗尽的速度。

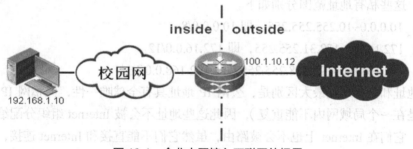

图 13-1 企业内网接入互联网的场景

13.1.1 IPv4 地址困境

随着 Internet 技术的发展，各种网络设备如 PDA（Person、Digtal、Assistant，掌上电脑）、便携式计算机、台式计算机、主机、存储设备、路由器、交换机、视频游戏机等都接入到 Internet 上，甚至有些家用电器也需要接入 Internet。可以非常明显地看到，IPv4 地址严重不足，如果没有扩展方案，Internet 技术的发展就会受到限制。

当今 Internet 面临的两个扩展问题如下。

① 注册 IP 地址空间将要耗尽，而 Internet 的规模仍在持续增长。

② 随着 Internet 的增长，骨干互联网路由表中的 IP 路由数据也在增加，这就引发了路由选择算法的扩展问题。

为有效解决 Internet 地址供给不足的问题，Internet 组织委员会在过去的几十年通过各种技术，已经实现了几种扩展的方案，包括可变长子网掩码（VLSM）技术、无类域间路由选择（CIDR）技术和 IP 第 6 版本（IPv6）的开发，以及 IP 地址扩展问题的解决方案。

NAT 技术就是私有地址（RFC 1918）技术方案应用的产物，NAT 技术在大型网络中大规模使用私有 IP 地址，是简化 IP 地址的寻址管理任务的机制。

目前，NAT 技术已经标准化并在 RFC 1613 中描述。

13.1.2 私有 IP 地址

安装在 Internet 中的计算机之间互相通信，必须使用全球唯一的 IP 地址。由于目前 IPv4 地址的数量有限，并被广泛使用，造成了 IP 地址日益枯竭的现象发生。这样，就不能为需要接入 Internet 中的每一台计算机分配一个公网 IP。

为解决 IPv4 地址枯竭的困境，Internet 组织委员会规划了具有更多 IP 地址的替代方案，也即 IPv6 新地址开发规划，来替代传统的 IPv4 地址。但由于 IPv6 新地址开发周期漫长，就启动了过渡期间使用的私有 IP 地址技术。

私有 IP 地址是从原有的 IPv4 地址中，专门规划出几段保留的 IP 地址，只能使用在局域网的私有网络环境中，不能在 Internet 上使用。安装在 Internet 公网中的路由器，不转发带有私有 IP 地址的数据包。

Internet 组织委员会从现有的公网地址中，专门规划出了 3 块 IP 地址空间（1 个 A 类地址段，16 个 B 类地址段，256 个 C 类地址段），作为内部使用的私有地址。私有地址属于非注册地址，专门为组织机构内部使用。在这个范围内的 IP 地址不能被路由到 Internet 骨干网上，这些私有地址范围分别如下。

① A：10.0.0.0~10.255.255.255，即 10.0.0.0/8。

② B：172.16.0.0~172.31.255.255，即 172.16.0.0/12。

③ C：192.168.0.0~192.168.255.255，即 192.168.0.0/16。

私有地址和公有地址最大区别是，公网 IP 地址具有全球唯一性，但私网 IP 允许重复使用（但是在一个局域网内不能重复），因此这些地址不会被 Internet 组织分配给公网中的主机使用。它们在 Internet 上也不会被路由，虽然它们不能直接和 Internet 连接，但使用私有地址的企业网络在连接到 Internet 时，需要将私有地址转换为公有地址。这个转换过程称为 NAT 技术。

13.2 NAT 技术概述

13.2.1 什么是 NAT 技术

NAT 技术是一个国际互联网工程任务组（Internet Engineering Task Force，IETF）标准，允许一个整体机构（企业网）以一个或少量的公有 IP 地址出现在 Internet 上。

简单来说，NAT 技术就是一种把内部私有网络地址（IP 地址）翻译成合法网络 IP 地址的技术，应用在图 13-2 所示的企业内网接入外网的场景。

13.2.2 NAT 技术的作用

NAT 技术让网络管理员能够在组织内部使用私有 IP 地址空间，同时，在需要接入 Internet 时，又可以使用申请到的有限的公有地址连接到 Internet 进行通信。对于不同的内部用户组，可以使用不同的公有地址池，这使得网络管理更为容易。

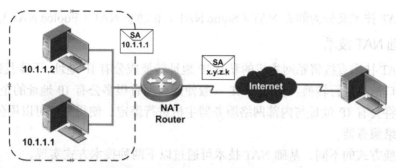

图 13-2　企业内网通过 NAT 技术接入外网

　　一台主机在局域网内部网络中使用内部私有地址通信，而当内网中使用私有 IP 地址的计算机，需要与外部 Internet 通信时，就在网关（可以理解为网络出口）处将内部地址替换成公有 IP 地址，从而保证了内部网络和外部公网（Internet）之间的正常通信。NAT 技术可以使更多的局域网内的多台计算机共享一个 Internet 连接，这一功能很好地解决了公共 IP 地址紧缺的问题。

　　通过这种方法，甚至可以只申请一个合法 IP 地址，就把整个局域网中的计算机整体接入 Internet 中。这时，NAT 技术屏蔽了内部网络，所有内部网计算机对于公共网络来说是不可见的，而对内部网计算机用户来说也是透明的，通常不会意识到 NAT 技术的存在。

　　对于大多数需要连接到 Internet 的公司来说，ISP 为成百上千的用户提供 Internet 接入服务，但用户通常只被分配极少数量的公有 IP 地址，因此 ISP 可以使用 NAT 技术将数成百上千的内部地址映射到分配给公司的几个公网地址上。

　　NAT 技术让使用非公有 IP 地址的私有 IP 网络能够无缝地连接到公网（Internet）中。通常在位于末节域（内部网络）和公共网络（外部网络）之间的边界路由器上配置 NAT 技术，如图 13-3 所示，位于 Inside 区域的内网用户将 IP 报文发送给 Outside 区域的网络之前，在出口处边界路由器上使用 NAT 技术将内部本地地址转换为全局唯一的公有 IP 地址。

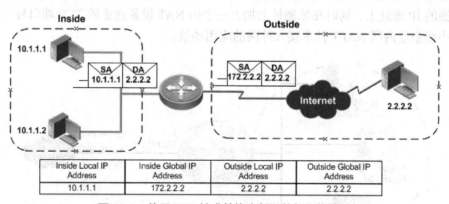

Inside Local IP Address	Inside Global IP Address	Outside Local IP Address	Outside Global IP Address
10.1.1.1	172.2.2.2	2.2.2.2	2.2.2.2

图 13-3　使用 NAT 技术转换内部和外部网络地址

13.2.3　NAT 技术的类型

　　根据 NAT 技术应用的不同环境，NAT 技术有两种类型，分别是基础 NAT 技术和端口网络端口地址转换（Network Address Port Translation，NAPT）技术。

基础 NAT 技术又分为静态 NAT（Static NAT）和动态 NAT（Pooled NAT）。

1. 基础 NAT 技术

基础 NAT 技术直接将私网主机的私有 IP 地址转换成公有 IP 地址，不涉及到 TCP/UDP 通信中的端口信息进行转换。基础 NAT 一般使用在拥有很多公有 IP 地址的企业网中，甚至可以直接将公有 IP 地址与内部网络服务器主机进行绑定，使得外部可以用公有 IP 地址访问内部网络服务器。

按照转换方式的不同，基础 NAT 技术可通过以下两种技术方式实现。

（1）静态 NAT

静态 NAT 按照一一对应的方式，将一个内部 IP 地址转换为一个外部 IP 地址。静态 NAT 设置起来最为简单，也最容易实现。此时，内部网络中的一台主机，将被永久映射成外部网络中的某个合法的 IP 地址，这种方式经常用于企业网的内部安装的网络公用服务器上，它们需要能够被外部网络方便地访问到。

（2）动态 NAT

动态 NAT 将一组内部 IP 地址转换为一组外部 IP 地址（地址池）中一个 IP 地址。动态 NAT 为每一个内部的 IP 地址都分配一个临时的外部 IP 地址。例如在电话拨号网络环境中，网络内部用户需要使用网络频繁地进行远程连接。这也是 NAT 技术在日常生活中最经常应用的场景，用户断开时，这个 IP 地址就会被释放而留待以后使用。

2. 网络地址端口转换

NAPT 也称为端口多路复用，是指改变外出数据包的源 IP 地址和端口并进行端口转换。NAPT 把内部地址映射到外部网络的一个公有 IP 地址和不同端口上。

NAPT 是人们比较熟悉的一种转换方式，普遍应用于小型的网络场景中。这时，内部网络的所有主机都只能共享一个合法的外部 IP 地址，实现对 Internet 的访问，从而可以最大限度地节约 IP 地址资源。NAPT 与动态 NAT 不同，其将内部连接映射到外部网络中的一个单独的 IP 地址上，同时在该地址上加上一个由 NAT 设备选定的 TCP 端口号。图 13-4 所示为小型企业内网 NAPT 技术接入外网的应用场景。

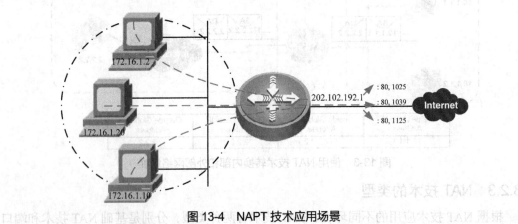

图 13-4　NAPT 技术应用场景

在 Internet 中使用 NAPT 技术时，所有不同的 IP 数据包的信息流，看起来好像来源于同一个 IP 地址。这个优点在小型办公室内非常实用，通过从 ISP 处申请的一个 IP 地址，可以将多个内部私有 IP 地址通过 NAPT 地址接入到 Internet 中。实际上，许多 SOHO 网中的远程访问设备都支持基于 PPP 的动态 IP 地址。这样，ISP 甚至不需要支持 NAPT 技术，就可以做到多个内部私有 IP 地址共用一个外部 IP 地址连接到 Internet 上。NAPT 技术可以将一个小型网络隐藏在一个合法的 IP 地址后面。虽然这样会导致信道一定程度上的拥塞，但考虑到节省的 ISP 上网费用和易管理的特点，用 NAPT 技术还是很值得推荐的。

13.3 NAT 技术的原理

13.3.1 NAT 技术的专业术语

NAT 技术可以实现使用私有地址的网络连接到公共网络，如图 13-5 所示。使用私有地址的内部网络将报文发送到配置好 NAT 技术的路由器，后者将私有地址转换为合法的公有 IP 地址，让报文能够传输到公共网络（Internet）。

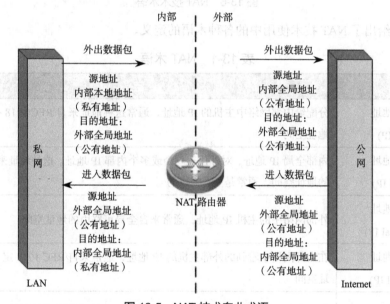

图 13-5 NAT 技术专业术语

NAT 技术通过修改 IP 数据包报文头中的源地址、目标地址实现地址转换。这种技术处理由专用的 NAT 软件或硬件完成，它可以是路由器、防火墙、Windows 服务器或其他系统。

NAT 设备通常位于末节网络的边界。末节网络通常是这样一种网络：只有一条到外部世界的连接。末节网络中的主机需要将数据传输给外部主机时，它将报文转发到默认网关。在这里，主机的默认网关就是 NAT 设备。

运行在路由器上的 NAT 进程发现需要转换报文的私有源 IP 地址时，就从地址池中选择一个公有 IP 地址，将该私有地址替换为全局公有 IP 地址，同时将该转换记录添加到 NAT 表中。当 NAT 路由器接收到外部主机发送的应答时，会查看当前的 NAT 表，再将目标地址替换为原来的私有地址。

下面是一些有关 NAT 的概念。

① 内部/外部：IP 主机相对于 NAT 设备的物理位置。

② 本地/全局：用户相对于 NAT 设备的位置或视角。

例如，内部全局地址是全局网络中的用户看到的内部网络中的主机的 IP 地址，外部用户使用该地址与内部网络中的主机通信，如图 13-6 所示。

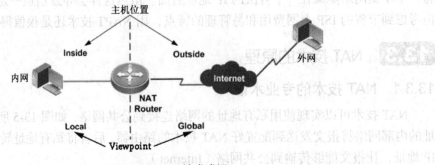

图 13-6　NAT 技术术语

表 13-1 给出了 NAT 技术使用中的各种术语的定义。

表 13-1　NAT 术语

术语	定义
内部本地 IP 地址 (Inside Local IP)	分配给内部网络中主机的 IP 地址，通常这种地址来自 RFC 1918 指定的私有地址空间
内部全局 IP 地址 (Inside Global IP)	内部全局 IP 地址，对外代表一个或多个内部 IP 地址。这种地址来自全局唯一的地址空间，通常是 ISP 提供的
外部全局 IP 地址 (Outside Global IP)	外部网络中的主机 IP 地址，通常来自全局可路由的地址空间
外部本地 IP 地址 (Outside Local IP)	在内部网络中看到的外部主机的 IP 地址，通常来自 RFC 1918 定义的私有地址空间
简单转换条目	将一个 IP 地址映射到另一个 IP 地址（通常被称为网络地址转换）的转换条目
扩展转换条目	将一个 IP 地址和端口映射到另一个 IP 地址和端口（通常被称为端口地址转换）的转换条目

13.3.2　NAT 技术的工作过程

1. 静态 NAT 的过程

图 13-7 说明了静态 NAT 的工作原理。静态 NAT 的转换条目需要预先手工进行创建，即将一个内部本地地址和一个内部全局地址进行绑定。如图 13-7 所示，静态 NAT 的步骤如下。

步骤 1：Host A 与 Host B 通信，使用私有地址 10.1.1.1 为源地址向 Host B 发送报文。

步骤 2：路由器从 Host A 收到报文后检查 NAT 表，需要将该报文的源地址进行转换。

步骤3：路由器根据NAT表，将内部本地IP地址10.1.1.1转为内部全局IP地址172.2.2.2，然后转发封装完成的数据报文。虽然内部全局地址通常是合法公网地址，但并不强制要求全局地址为哪类地址。

步骤 4：Host B 收到报文后，使用内部全局 IP 地址 172.2.2.2 作为目的地址应答 Host A。

步骤 5：路由器收到 Host B 发回的报文后，根据 NAT 表将该内部全局 IP 地址 172.2.2.2 转换回内部本地 IP 地址 10.1.1.1，将报文转给 Host A，后者收到报文后继续会话。

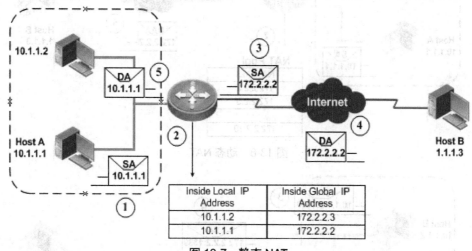

图 13-7　静态 NAT

2．动态 NAT 的过程

图 13-8 说明了动态 NAT 的工作原理。动态 NAT 也是将内部本地地址与内部全局地址一对一地进行转换，但是动态 NAT 是从内部全局地址池中动态地选择一个未被使用的地址对内部本地地址进行转换。动态地址转换条目是动态创建的，无需预先手工进行创建。

图 13-8 中动态 NAT 的步骤如下。

步骤 1：Host A 要与 Host B 通信，使用私有地址 10.1.1.1 作为源地址向 Host B 发送报文。

步骤 2：路由器从 Host A 收到报文后，发现需要将该报文的源地址进行转换，并从地址池中选择一个未被使用的全局地址 172.2.2.2 用于转换。

步骤 3：路由器将内部本地 IP 地址 10.1.1.1 转换为内部全局 IP 地址 172.2.2.2，然后转发报文，并创建一条动态 NAT 表项。

步骤 4：Host B 收到报文后，使用内部全局 IP 地址 172.2.2.2 作为目的地址来应答 Host A。

步骤 5：路由器收到 Host B 发回的报文后，再根据 NAT 表将该内部全局 IP 地址 172.2.2.2 转换回内部本地 IP 地址 10.1.1.1，并将报文转发给 Host A，后者收到报文后继续会话。

3．端口 NAPT 的过程

NAPT 是动态 NAT 的一种实现形式，NAPT 利用不同的端口号将多个内部 IP 地址转换为一个外部 IP 地址，NAPT 也称为 PAT 或端口级复用 NAT。

图 13-9 说明了 NAPT 的工作原理。

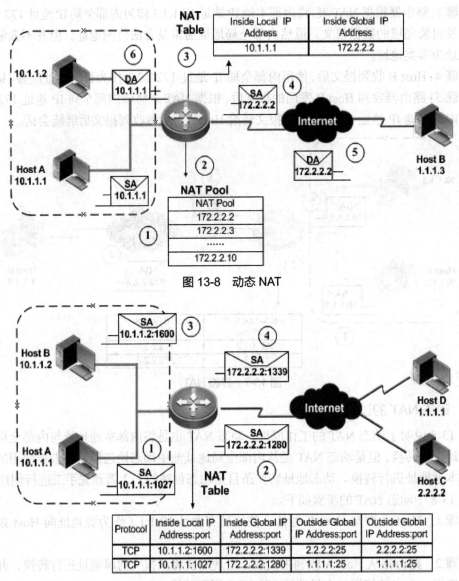

图 13-8　动态 NAT

图 13-9　NAPT 工作原理

图 13-9 中的 NAPT 的步骤如下。

步骤 1：Host A 要与 Host D 进行通信，会使用私有地址 10.1.1.1 作为源地址向 Host D 发送报文，报文的源端口号为 1027，目的端口号为 25。

步骤 2：NAT 路由器从 Host A 收到报文后，发现需要将该报文的源地址进行转换，并使用外部接口的全局地址将报文的源地址转换为 172.2.2.2，同时将源端口转换为 1280，并创建动态转换表项。

步骤 3：Host B 要与 Host C 进行通信，会使用私有地址 10.1.1.2 作为源地址向 Host C 发送报文，报文的源端口号为 1600，目的端口号为 25。

步骤 4：NAT 路由器从 Host B 收到报文后，发现需要将该报文的源地址进行转换，并使用外部接口的全局地址将报文的源地址转换为 172.2.2.2，同时将源端口转换为与之前不同的端口号 1339，并创建动态转换表项。

从以上的步骤可以看出，在 NAPT 中，NAT 路由器同时将报文的源 IP 地址、源地址和源端口进行转换，并通过不同的源端口来唯一标识一个内部主机。这种方式可以节省公有 IP 地址，对于一个小型网络用户来说，只需要申请一个公有 IP 地址即可。NAPT 也是目前最为常用的转换方式。

13.4　配置静态 NAT

13.4.1　静态 NAT 的配置过程

1．配置路由器基本信息

路由器的基本信息配置包括，配置路由器的接口地址，生成直连路由；配置路由器的动态或静态路由信息，生成非直连路由。以上配置见前面相关章节的知识，此处省略。

2．指定路由器的内、外端口

在接口配置模式下，使用"ip nat"命令，指定路由器连接的内部接口和外部接口。

这里指定内部和外部网络的目的是让路由器知道哪个是内部网络，哪个是外部网络，以便进行相应的地址转换，指明私有地址转换为公有地址的组件。

```
Router(config)#
Router(config)#interface fastethernet_id
Router(config-if)# ip nat  inside
！指定该接口为内部接口，即私有 IP 地址接口，是连接内网的接口


Router(config)#interface fastethernet_id
Router(config-if)# ip nat  outside
！指定该接口为外部接口，即公有 IP 地址接口，是连接 Internet 的接口
```

3．配置静态 NAT 的转换条目

使用"ip nat inside source static"命令，配置静态转换条目。在内网的私有 IP 地址与内部合法公有 IP 地址之间，建立静态 NAT 关系。

```
Router(config)#
Router(config)# ip nat inside source static local-ip { interface interface
| global-ip }
```

上述命令中的相关参数含义如下。

① local-ip：分配给内部网络中的主机的本地 IP 地址。

② global-ip：外部主机看到的内部主机的全局唯一的 IP 地址。

③ interface：路由器本地接口。如果指定该参数，路由器将使用该接口的地址进行转换。

要删除静态转换条目，使用该命令的"**no**"格式。

13.4.2　静态 NAT 的应用

静态 NAT 通常在将内部网络的网络服务器发布到外部网络时使用。例如，内部网络中有一台对外提供 Web 服务的服务器，这时就可以使用静态 NAT 将 Web 服务器的地址与一

网络互联技术（理论篇）

个公有地址进行绑定,外部网络的主机通过访问该公有地址实现对内部 Web 服务器的访问。

在图 13-10 所示的某企业网的拓扑结构中，内网中的一台服务器的地址为 172.16.8.5，出口路由器 Lan-router 的端口 Fa1/0 的地址是 172.16.8.1，申请到的公网地址是 200.1.8.7。网络管理员希望通过在路由器上配置静态 NAT 技术，实现在外网中可以访问内网中的服务器。

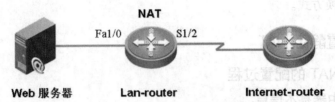

图 13-10　内网服务器提供服务

示例 13-1 给出了图 13-10 中实现外网访问内部网络中服务器的配置，关于全网设备上的路由配置过程见前面章节知识，此处省略。

示例 13-1　外网访问内部网络

```
！配置内网服务器
Router(config)#
Router(config)#hostname Lan-router

Lan-router(config)#interface fastEthernet 1/0
Lan-router(config-if)#ip address 172.16.8.1 255.255.255.0
Lan-router(config-if)#no shutdown
Lan-router(config-if)#exit

Lan-router(config)#interface serial 1/2
Lan-router(config-if)#ip address 200.1.8.7 255.255.255.0
Lan-router(config-if)#no shutdown
Lan-router(config-if)#exit

Lan-router(config)#ip route 0.0.0.0 0.0.0.0 serial 1/2

Lan-router(config)#interface fastEthernet 1/0
Lan-router(config-if)#ip nat inside
Lan-router(config-if)#exit
Lan-router(config)#interface serial 1/2
Lan-router(config-if)#ip nat outside
Lan-router(config-if)#exit
Lan-router(config)# ip nat inside source static tcp 172.16.8.5 80 200.1.8.7 80
Lan-router(config)#exit

Lan-router #show ip nat translations
```

```
…… ……
! 配置外网服务器
Router(config)#
Router(config)#hostname Internet-router
Internet-router(config)#interface fastEthernet 1/0
Internet-router(config-if)#ip address 63.19.6.1 255.255.255.0
Internet-router(config-if)#no shutdown
Internet-router(config-if)#exit

Internet-router(config)#interface serial 1/2
Internet-router(config-if)#ip address 200.1.8.8 255.255.255.0
Internet-router(config-if)#clock rate 64000
Internet-router(config-if)#no shutdown
Internet-router(config-if)#end

Internet-router #show ip nat translations
…… ……
```

13.5　配置动态 NAT

13.5.1　动态 NAT 的配置过程

1. 配置路由器基本信息

路由器的基本信息配置包括，配置路由器的接口地址，生成直连路由；配置路由器的动态或静态路由信息，生成非直连路由。以上配置见前面相关章节的知识，此处省略。

2. 指定路由器的内、外端口

在接口配置模式下，使用"ip nat"命令，分别指定路由器所连接的内部接口和外部接口。

这里指定内部和外部的目的是让路由器知道哪个是内部网络，哪个是外部网络，以便进行相应的地址转换，指明私有地址转换为公有地址的组件。

```
Router(config)#
Router(config)#interface fastethernet_id
Router(config-if)# ip nat  inside
! 指定该接口为内部接口，即私有 IP 地址接口，是连接内网的接口

Router(config)#interface fastethernet_id
Router(config-if)# ip nat  outside
! 指定该接口为外部接口，即公有 IP 地址接口，是连接 Internet 的接口
```

3. 定义 ACL 访问控制列表

使用命令"access-list access-list-number { permit | deny }"定义 IP ACL，以明确哪些内部网络中哪个子网主机的报文将被进行 NAT。关于 ACL 技术见前面相关章节的知识，此

处省略。

4. 定义合法 IP 地址池

使用 "ip nat pool" 命令定义私有网络需要转换时，可以使用有限的公有 IP 地址池，便于私有网络中的主机随机选择可供转换的公有 IP 地址内容。

定义合法 IP 地址池命令的语法如下。

```
ip nat pool 地址池名称 | 起始 IP 地址 | 终止 IP 地址 子网掩码
! 地址池名字可以任意设定
```

5. 配置动态 NAT 的转换条目

在全局模式下，使用 "ip nat inside source" 命令，将符合 ACL 条件的内部本地 IP 地址转换到地址池中的内部全局 IP 地址。

```
ip nat inside source list access-list-number { interface interface | pool pool-name }
```

上述命令中的相关参数的含义如下。

① access-list-number：引用的 ACL 的编号。

② pool-name：引用的地址池的名称。

③ interface：路由器本地接口。如果指定该参数，路由器将使用该接口的地址进行转换。

13.5.2 动态 NAT 的应用

图 13-11 所示的是某企业网接入互联网的场景。该企业内网使用私有地址进行规划，并申请到 "202.102.192.2 ~ 202.102.192.8" 累计 7 个公有 IP 地址，希望通过动态 NAT 技术接入互联网中。

配置动态外部源地址转换的步骤与前面介绍的步骤类似，相关命令如下。

```
ip nat outside source list access-list-number pool pool-name
```

该命令将符合 ACL 条件的外部全局 IP 地址映射到地址池中的外部本地 IP 地址中。

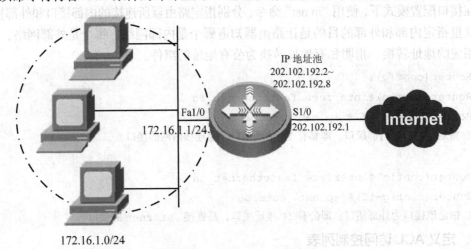

图 13-11 动态 NAT 的应用场景

示例 13-2 演示了企业私有网络通过有限的公有 IP 地址使用动态 NAT 技术接入外网配置。

示例 13-2　使用 NAT 技术接入外网

```
! 配置动态 NAT
Router#configure terminal

Router(config)#interface fastEthernet1/0
Router(config-if)#ip address 172.16.1.1 255.255.255.0
Router(config-if)#ip nat inside

Router(config-if)#interface Serial1/0
Router(config-if)#ip address 202.102.192.1 255.255.255.0
Router(config-if)#ip nat outside
Router(config-if)#exit

Router(config)#access-list 10 permit 72.16.1.0 0.0.0.255
Router(config)#ip nat pool ruijie 202.102.192.2 202.102.192.8 netmask
255.255.255.0
Router(config)#ip nat inside source list 10 pool ruijie
Router(config)#end

Router#show ip nat translations
…… ……
```

13.6　配置 NAPT

图 13-12 所示的是某私人办公网络接入互联网的场景，企业网使用私有地址进行规划，申请到 202.102.192.2 这个公有 IP 地址，希望通过动态 NAPT 技术接入互联网中。

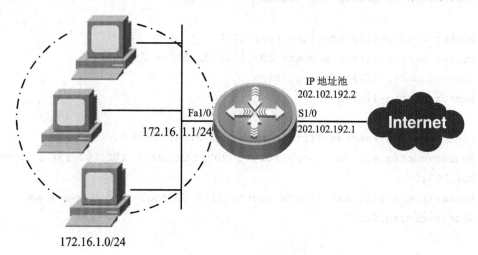

图 13-12　动态 NAPT 的应用场景

配置 NAPT（PAT）的步骤和配置动态 NAT 的过程基本相似。

步骤 1：配置路由器基本信息（同上）。

步骤 2：指定内部接口和外部接口（同上）。

步骤 3：定义 IP ACL（同上）。

步骤 4：定义合法 IP 地址池（同上）。

步骤 5：配置动态 NAPT 重载转换条目。

由于配置 NAPT（PAT）的前面 4 个步骤和配置动态 NAT 的过程基本相似，所以此处不再重复描述，下面重点说说步骤 5 的配置方法，即配置动态 NAPT 重载转换条目。

在全局模式下，使用"ip nat inside source"命令，将符合 ACL 条件的内部本地 IP 地址（私有 IP），转换到地址池中的某个内部全局 IP 地址（公有 IP），并使用"**overload**"重载端口。

```
ip nat inside source list access-list-number { interface interface | pool
pool-name } overload
```

上述命令中，"overload"参数将符合 ACL 条件的内部本地 IP 地址转换到地址池中的内部全局 IP 地址。在配置 NAPT 中，必须使用"overload"关键字，这样路由器才会将源端口也进行转换，达到地址超载的目的。如果不指定"overload"，路由器将执行动态 NAT。

示例 13-3 说明了通过动态 NAPT 技术，使用一个公网 IP 地址，把企业网络接入互联网中。

示例 13-3　配置动态 NAPT 重载转换条目

```
！配置 NAPT（PAT）
Router#configure terminal
Router(config)#interface fastEthernet1/0
Router(config-if)#ip address 172.16.1.1 255.255.255.0
Router(config-if)#ip nat inside

Router(config-if)#interface Serial1/0
Router(config-if)#ip address 202.102.192.1 255.255.255.0
Router(config-if)#ip nat outside
Router(config-if)#exit

Router(config)#access-list 10 permit 172.16.1.0 0.0.0.255
Router(config)#ip nat pool ruijie 202.102.192.1 202.102.192.1 netmask
255.255.255.0
Router(config)#ip nat inside source list 10 pool ruijie overload
Router(config)#end

Router#show ip nat translations
…… ……
```

13.7　验证和诊断 NAT

验证和诊断 NAT 的内容包括以下几个方面，而相关命令如表 13-2 所示。

① 使用 "**show**" 命令查看 NAT 运行的状态。

② 使用 "**debug**" 命令对 NAT 的转换操作进行调试。

③ 使用 "**clear**" 命令清除特定的或所有的 NAT 转换条目。

表 13-2　验证和诊断 NAT 的命令

命令	描述
"show ip nat translations [access-list-number | icmp | tcp | udp] [verbose]"	显示活动的转换条目
"show ip nat statistics"	显示转换的统计信息
"debug ip nat [address | event | rule-match]"	对转换操作进行调试
"clear ip nat translation *"	清除所有的转换条目
"clear ip nat statistics"	清除 NAT 统计信息

13.8　认证测试

以下每道选择题中，都有一个正确答案或者是最优答案，请选择出正确答案。

1. 某公司维护它自己的公共 Web 服务器，并打算实现 NAT，应该为该 Web 服务器使用（　　）类型的 NAT。

　　A．动态　　　　　　B．静态　　　　　　C．PAT　　　　　　D．不用使用 NAT

2. （　　）的时候需要 NAPT。

　　A．缺乏全局 IP 地址

　　B．没有专门申请的全局 IP 地址，只有一个连接 ISP 的全局 IP 地址

　　C．内部网要求上网的主机数很多

　　D．提高内网的安全性

3. 对 NAT 技术产生的目的的描述准确的是（　　）。

　　A．为了隐藏局域网内部服务器的真实 IP 地址

　　B．为了缓解 IP 地址空间枯竭的速度

　　C．IPv4 向 IPv6 过渡时期的手段

　　D．一项专有技术，为了增加网络的可利用率而开发

4. 常以私有地址出现在 NAT 技术当中的地址概念为（　　）。

　　A．内部本地　　　　B．内部全局　　　　C．外部本地　　　　D．转换地址

5. 将内部地址映射到外部网络的一个 IP 地址的不同接口上的技术是（　　）。

　　A．静态 NAT　　　　B．动态 NAT　　　　C．NAPT　　　　　　D．一对一映射

6. 关于静态 NAPT，下列说法错误的是（　　）。

　　A．需要有向外网提供信息服务的主机

　　B．永久的一对一 "IP 地址 + 端口" 映射关系

  C.　临时的一对一"IP 地址 + 端口"映射关系

  D.　固定转换端口

7.　将内部地址 192.168.1.2 转换为外部地址 192.1.1.3 正确的配置为（　　　　）。

  A.　"Router(config)#ip nat source static 192.168.1.2 192.1.1.3"

  B.　"Router(config)#ip nat static 192.168.1.2 192.1.1.3"

  C.　"Router#ip nat source static 192.168.1.2 192.1.1.3"

  D.　"Router#ip nat static 192.168.1.2"

8.　查看静态 NAT 映射条目的命令为（　　　　）。

  A.　"show ip nat statistics"　　　　　　B.　"show nat ip statistics"

  C.　"show ip interface"　　　　　　　　D.　"show ip nat route"

9.　下列配置中，属于 NAPT 的是（　　　　）。

  A.　"Ra(config)#ip nat inside source list 10 pool abc"

  B.　"Ra(config)#ip nat inside source 1.1.1.1 2.2.2.2"

  C.　"Ra(config)#ip nat inside source list 10 pool abc overload"

  D.　"Ra(config)#ip nat inside source tcp 1.1.1.1 1024 2.2.2.2 1024"

10.　NAT 可以配置在很多场合，但一般不会出现在下列载体中的（　　　　）上。

  A.　纯软件 NAT　　　　　　　　　　B.　防火墙 NAT

  C.　路由器 NAT　　　　　　　　　　D.　二层交换 NAT

13.9　科技之光：中国天眼，口径最大的射电望远镜

【扫码阅读】中国天眼，口径最大的射电望远镜

第 ⑭ 章 无线局域网技术

【本章背景】

中山大学的校园网二期扩容、改造，把很多的校园网中的设备，特别是学生宿舍网络中的计算机接入到互联网络中，满足了教育信息化的建设需求。

在校园网二期改造中，还有很多地方无法进行大规划的网络接入施工：学院的会议室、体育馆由于空间开阔，无法进行有线网络的布线施工；旧的行政楼由于墙面问题，也无法进行布线施工。学校还希望在所有的阶梯教室中，都能够有校园网络的接入。

针对以上问题，二期网络施工工程师及时提出了校园无线局域网（Wireless Local Area Networks，WLAN）的规划方案，专门针对学校内部这些需要提供网络接入服务，又无法开展有线网络布线施工的地方。

无线校园网络不使用通信电缆将计算机与网络连接，而通过无线方式，组网更加灵活。本章知识发生在以下网络场景中。

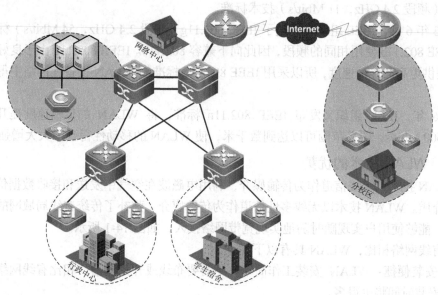

【学习目标】

◆ 了解 WLAN 基础协议
◆ 配置 WLAN 校园 AP 设备、AC 设备
◆ 了解 WLAN 体系结构
◆ 实施 WLAN 安全

WLAN 指使用无线通信技术，将网络互联起来，构成可以互相通信和实现资源共享的无线网络体系。WLAN 技术除具有传统有线网络技术的特点外，还在网络设备的移动性上提供了巨大便利，因此获得了使用者的青睐。

14.1 WLAN 技术概述

WLAN 是计算机网络技术与无线通信技术相结合的产物，使用无线通信技术将计算机互联起来，构成可以互相通信的网络体系，从而实现资源共享。WLAN 的本质特点是，不使用通信电缆将计算机与网络连接，而通过无线方式连接。

14.1.1 WLAN 的发展历程

早期各厂商开发 WLAN 技术，只能提供 1 Mbit/s~2 Mbit/s 的带宽。尽管如此，WLAN 技术还是得到了一定程度的应用，如零售业中使用无线射频（Radio Frequency，RF）设备扫描条形码，对物品进行信息收集和统计，医院使用 RF 设备对病人进行信息收集。

1991 年，无线通信厂商联合成立无线以太网兼容性联盟（Wireless Ethernet Compatibility Alliance，WECA），后来更名为 Wi-Fi 联盟，和 IEEE 组织一起成为 WLAN 技术和标准制定的推动者。

1997 年，IEEE 组织发布了无线局域网 IEEE 802.11 技术标准。

1999 年，IEEE 组织批准了 IEEE 802.11a（频段 5 GHz，54 Mbit/s）技术标准和 IEEE 802.11b（频段 2.4 GHz，11 Mbit/s）技术标准。

2003 年 6 月，IEEE 组织又通过了 IEEE 802.11g（频段 2.4 GHz，54 Mbit/s）标准，由于和 IEEE 802.11b 使用相同的频段，因此向下兼容 802.11b。IEEE 802.11g 由于良好的兼容性，且提供更高的传输速度，所以采用 IEEE 802.11g 标准的 WLAN 设备在网络中得到广泛应用。

2006 年，IEEE 组织又发布 IEEE 802.11n 标准，将 WLAN 的传输速度提升到 300 Mbit/s~600 Mbit/s，覆盖范围可以达到数千米，使 WLAN 的移动性得到了大大增强。

14.1.2 WLAN 技术的优势

WLAN 技术以无线信道作为传输媒介，利用电磁波在空气中发送和接收数据信号，无需线缆介质。WLAN 技术以无线多址信道作为传输媒介，弥补了传统有线局域网的传输不足功能，能够使用户实现随时随地实现宽带网络接入，如图 14-1 所示。

与有线网络相比，WLAN 具有以下优点。

① 安装便捷：WLAN 安装工作简单，不需要布线或开挖沟槽。相比有线网络安装，WLAN 安装时间将少得多。

② 覆盖范围广：在有线网络中，设备安放受网络硬件信息点位置限制。而 WLAN 的通信范围不受环境条件限制，网络传输范围大大拓宽。

③ 经济节约：有线网络规划时要求网络规划者尽可能考虑未来发展需要，往往预设了大量利用率低的信息点。一旦网络发展超出规划范围，要花费较多费用进行网络改造。WLAN 不受布线点位置限制，具有传统局域网无法比拟的灵活性。

④ 易于扩展：WLAN 有多种配置方式，能够根据需要灵活选择。这样，WLAN 就能

胜任从只有几个用户的小型无线网络到上千用户的大型无线网络，并且能够提供如"漫游"（Roaming）等有线网络无法提供的服务。

⑤ **传输速率高**：WLAN 的数据传输速率现在已经能够与以太网相媲美，而且传输距离可远至 20km 以上。

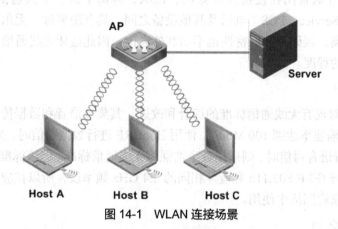

图 14-1　WLAN 连接场景

WLAN 由于具有多方面的优点，得到十分迅速的发展。在最近几年里，WLAN 已经在医院、商店、工厂和学校等不适合网络布线的场合得到了广泛应用。

14.1.3　WLAN 传输技术

WLAN 传输系统利用 RF 技术，如红外线、微波等无线技术进行信息传输，取代典型的有线介质双绞线，省去有线局域网中传输线缆施工的麻烦，使得构建完成的局域网具有良好的移动性。

无线信号使用在空气中传播的电磁波，不需要任何物理介质。从专业角度讲，WLAN 传输利用无线信号具有的无线多址信道，支持网络中的计算机之间的通信，并为这些设备通信的移动化和个性化应用提供了可能。通过天线等加强无线电波发射功率，使 WLAN 不仅能够穿透墙体，还能够覆盖较大的范围，所以 WLAN 技术成为一种主要的接入网络组建网络的通用方法。

WLAN 无线射频信号主要运行在 2.4 GHz、5.4 GHz 频段，图 14-2 所示为无线频谱图。

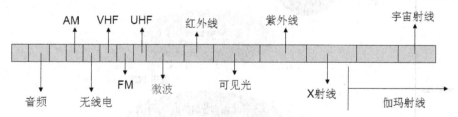

图 14-2　WLAN 无线信号频谱

1. 红外

红外数据协会（Infrared Data Association，IrDA）是 1993 年 6 月成立的国际性组织，专门制定和推进低成本红外（Infrared）数据互联标准。随着红外通信技术发展，其通信速率也不断提高，IrDA 1.1 支持的通信速率达到 4 Mbit/s，通信距离也从 1 米扩展到几十米。

2. 蓝牙

蓝牙（Bluetooth）系统使用扩频（Spread Spectrum）技术，实现短距离无线通信连接，提供数据传输及语音传输。蓝牙技术使用 3 个并行传输的 64 kbit/s 的 PCM 通道，提供 1 Mbit/s 流量。蓝牙通常用在便携式计算机、PDA、蜂窝手机、个人通信服务（Personal Communications Service，PCS）电话及其他设备之间，具有距离远、无角度限制等优点，但速率低且成本高，误码率和保密性也不如红外通信，因此蓝牙无线通信技术还未达到完全替代红外通信的程度。

3. HomeRF

HomeRF 是对现有无线通信标准的综合和改进，其集成语音和数据传送技术，工作频段为 10 GHz，传输速率达到 100 Mbit/s。使用 HomeRF 进行数据通信时，采用 IEEE 802.11 规范传输；当进行语音通信时，则采用数字增强型无绳通信标准。但该标准与 IEEE 802.11b 不兼容，并占据与 IEEE 802.11b 和蓝牙相同的 2.4 GHz 频率段，所以在应用范围上有很大局限性，更多在家庭网络中使用。

4. IEEE 802.11

IEEE 802.11 无线网络标准于 1997 年颁布，包括诸如介质接入控制层功能、漫游功能、自动速率选择、电源消耗管理和数据保密功能等的标准。1999 年，无线网络国际标准的更新及完善，进一步规范了不同频段产品及更高网络速率产品的开发和应用。

图 14-3 为不同无线数据技术的传输距离及数据速率的对比图。

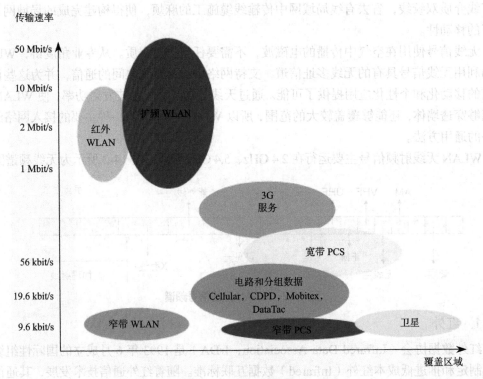

图 14-3　WLAN 传输技术

14.2　WLAN 传输协议

14.2.1　CSMA/CA 工作机制

无线局域网采用载波侦听多路访问（Carrier Sense Multiple Access，CSMA）方式，控制无线网络中的信息传送。不同于以太网传输的是，WLAN IEEE 802.11 标准中引进冲突避免（Collision Avoidance，CA）技术。

CSMA/CA 协议的工作流程是，一台工作站希望在 WLAN 中传送数据，如果没有探测到网络中正在传送数据，在等待一段时间后，再随机选择一个时间片继续探测，如果 WLAN 中仍旧没有活动的话，就将数据发送出去。接收端的工作站，如果收到发送端发送出的完整数据，则发回一个 ACK 数据包，如果这个 ACK 数据包被接收端收到，则这个数据发送过程完成，如果发送端没有收到 ACK 数据包，则发送数据没有被完整地收到，或者 ACK 信号发送失败。

14.2.2　IEEE 802.11 标准

在 1997 年，IEEE 发布了 IEEE 802.11 协议。这是 WLAN 第一个国际协议。该标准定义了物理层和媒体访问控制（MAC）协议的规范，允许无线设备制造商在一定范围内建立相互操作的网络。

在 1999 年 9 月，IEEE 组织又提出 IEEE 802.11b 协议，用来对 IEEE 802.11 协议进行补充，速率增加到 11 Mbit/s。利用 IEEE 802.11b 协议，移动用户能够获得同以太网一样的性能、网络吞吐率、可用性，满足其商业用户和其他用户的需求。

1．IEEE 802.11

该标准采用直接序列扩频（Direct Sequence Spread Spectrum，DSSS）技术或跳频扩频（Frequency Hopping Spread Spectrum，FHSS）技术，工作在 RF 频段 2.4 GHz，提供 1 Mbit/s、2 Mbit/s 的传输速率。

2．IEEE 802.11a

该标准的工作频段为 5 GHz，最大数据传输速率可达到 54 Mbit/s。根据实际需要，传输速率可降低为 48 Mbit/s、36 Mbit/s、24 Mbit/s、18 Mbit/s、12 Mbit/s、9 Mbit/s 或 6 Mbit/s。

3．IEEE 802.11b

IEEE 802.11b 标准工作于 2.4 GHz 频段，带宽最高为 11 Mbit/s，传输速率是 IEEE 802.11 标准的 5 倍，IEEE 802.11b 使用的是开放的 2.4 GHz 频段，不需要申请就可使用。

4．IEEE 802.11g

IEEE 802.11g 标准从 2001 年 11 月开始草拟，工作频段为 2.4 GHz，提供与 IEEE 802.11a 标准相同的 54 Mbit/s 数据传输速率，提供对 IEEE 802.11b 设备的兼容性。这意味着 IEEE 802.11b 客户端可以与 IEEE 802.11g 接入点配合使用，因为 IEEE 802.11g 和 IEEE 802.11b 都是工作在 2.4 GHz 频段，所以对于那些已经采用了 IEEE 802.11b 无线基础设施的企业来说，无缝地移植到 IEEE 802.11g 将是一种合理选择。

5．IEEE 802.11n

此规范将 IEEE 802.11a/gWLAN 的传输速率提升了一倍。IEEE 802.11n 标准支持 2.4

GHz 和 5 GHz 两个工作频段信号传输，最大数据传输速率可达到 600 Mbit/s，支持 IEEE 802.11n 标准的设备能够向后兼容 IEEE 802.11a/b/g 标准。

表 14-1 所示为各无线标准在工作频段、传输速率、传输距离等方面的对比。

表 14-1   WLAN 标准对比表

无线技术	IEEE 802.11	IEEE 802.11a	IEEE 802.11b	IEEE 802.11g	IEEE 802.11n	蓝牙
推出时间	1997 年	1999 年	1999 年	2002 年	2006 年	1994 年
工作频段	2.4 GHz	5 GHz	2.4 GHz	2.4 GHz	2.4 GHz 和 5 GHz	2.4 GHz
最高传输速率	2 Mbit/s	54 Mbit/s	11 Mbit/s	54 Mbit/s	108 Mbit/s 以上	2 Mbit/s
实际传输速率	低于 2 Mbit/s	31 Mbit/s	6 Mbit/s	20 Mbit/s	大于 30 Mbit/s	低于 1 Mbit/s
传输距离	100 m	80 m	100 m	150 m 以上	100 Mm 以上	10 Mm~30 Mm
主要业务	数据	数据、图像、语音	数据、图像	数据、图像、语音	数据、语音、高清图像	语音、数据
成本	高	低	低	低	低	低

14.2.3   IEEE 802.11 与 OSI 模型

IEEE 802.11 标准主要对 WLAN 中的物理层和媒介访问控制层做规定，保证厂商产品在同一物理层上可以实现互相操作，保持各种不同的无线产品在逻辑链路控制层是一致的，且 MAC 层以下对网络应用是透明的。

在 MAC 层以下，IEEE 802.11 规定了 3 种发送及接收技术，分别为扩频（Spread Spectrum）技术、红外（Infrared）技术、窄带（Narrow Band）技术。其中，扩频技术分为直接序列扩频（Direct Sequence，DS）和跳频（Frequency Hopping，FH）技术。图 14-4 所示为 IEEE 802.11 与 ISO 模型。

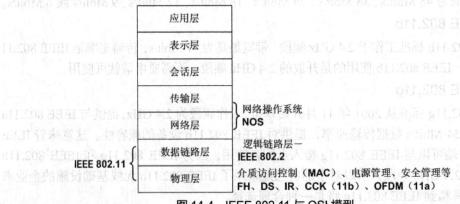

图 14-4   IEEE 802.11 与 OSI 模型

IEEE 802 局域网体系结构定义了媒体访问控制（MAC）和物理层（PHY）的操作，如图 14-5 所示。

图 14-5　IEEE 802 WLAN 标准系列

14.3　WLAN 组件

WLAN 常见的组件有无线网卡、无线接入点（AP）、无线控制器（AC）和天线。

14.3.1　无线网卡

无线网卡作为无线网络的接口，实现与 WLAN 连接，和有线网络中的以太网网卡相同。根据接口类型不同，无线网卡又分为 3 种，分别为 PCMCIA 无线网卡、PCI 接口无线网卡和 USB 接口无线网卡。

个人计算机存储卡国际协会（Personal Cornputer Memory Card International Association，PCMCIA）无线网卡仅适用于便携式计算机，支持热插拔，可以方便地实现移动式无线接入。外围设备互联（Peripheral Component Interconnect，PCI）接口无线网卡适用于台式机使用，安装起来相对复杂。

图 14-6　RG-WG54U IEEE 802.11g WLANUSB 接口无线网卡

通用串行总线（Universal Serial Bus，USB）接口无线网卡安装更简单，即插即用，得到用户的青睐，如图 14-6 所示。

14.3.2　访问接入点

无线接入点

1.　什么是 AP

无线接入点（Wireless Access Point，AP）的作用是提供无线终端接入功能，类似于以太网中的集线器设备，可以延展和扩展网络的覆盖范围。当网络中增加一台无线 AP 之后，WLAN 覆盖的无线范围可扩大几十米至上百米。

一台无线 AP 设备最多可支持多达 30 台智能无线终端接入，推荐为 25 台以下。通常无线 AP 设备拥有一个以太网接口，与有线网络连接，使无线终端能够访问有线网络。部分无线 AP 设备还具有接入点客户端模式（AP client），可以和其他 AP 设备进行无线连接，如图 14-7 所示。

图 14-7　室内型 WLAN AP

2. 胖 AP 与瘦 AP

（1）胖 AP

在无线交换机应用之前，WLAN 通过胖 AP（Fat AP）组建 WLAN，使用管理软件来管理无线网络。这种 AP 称为胖 AP 或智能 AP。胖 AP 结构复杂、价格昂贵，并且网络中安装胖 AP 越多，管理费用就越高。由于每台 AP 平均能够支持 10~20 个用户数，所以大型企业可能需要几百台胖 AP 才能让无线网络覆盖到所有用户，耗费巨大。

（2）瘦 AP

瘦 AP（Fit AP）是指需要无线控制器进行管理和控制的 AP 设备。瘦 AP 自身不能配置，不能独立开展工作。这种产品仅是一个 WLAN 系统的一部分，需要和其他组件一起工作，如无线控制器（Wireless Access Point Controller，AC），组建 Fit AP+AC 无线网络。

关于胖 AP 与瘦 AP 的主要区别如表 14-2 所示。

表 14-2　胖 AP 与瘦 AP 的区别

区别	胖 AP	瘦 AP
安全性	单点安全，无整网统一安全能力	统一的安全防护体系，AP 与 AC 间通过数字证书进行认证，支持二层、三层安全机制
配置管理	每个 AP 需要单独配置，管理复杂	AP 零配置管理，统一由 AC 集中配置
自动 RF 调节	没有 RF 自动调节能力	通过自动的 RF 调整能力，自动调整信道、功率等无线参数，实现自动优化无线网络配置
网络恢复	网络无法独自恢复，AP 故障会造成无线覆盖漏洞	无需人工干扰，网络具有自恢复能力，自动弥补无线漏洞，自动进行 AC 切换
容量	容量小，每个 AP 独自工作	支持最多 64 个 AC 堆叠，最多支持 3600 个 AP 无缝漫游
漫游能力	支持二层漫游，三层漫游须通过其他技术，如 Mobile IP，实现复杂，客户端需安装软件	支持二层、三层快速安全漫游，三层漫游通过基于瘦 AP 体系架构里的无线接入点的控制和配置协议（Control And Provisioning of Wireless Access Points Protocol Spepcification，CAPWAP）标准中的隧道技术实现
可扩展性	无扩展能力	方便扩展，对于新增 AP 无需任何配置管理
一体化网络	室内、室外的 AP 产品需要分别单独部署，无统一配置管理能力	统一 AC、无线网管支持基于集中式无线网络架构的室内、室外 AP、MESH（无线网格网络）产品
高级功能	对于基于 Wi-Fi 的高级功能，如安全、语音等支持能力很差	专门针对无线增值系统设计，支持丰富的无线高级功能，如安全、语音、位置业务、个性化页面推送、基于用户的业务/完全/服务质量控制等
网络管理能力	管理能力较弱，需要固定硬件支持	可视化的网管系统，可以实时监控无线网络 RF 状态，支持在网络部署之前模拟真实情况进行无线网络设计

3. AP 的工作模式

根据不同 WLAN 的组网环境需求，AP 设备可支持以下几种组网方式。

① **AP 模式**：又被称为基础架构（Infrastructure）模式，由 AP、无线工作站及分布式系统（DSS）构成，覆盖的区域称为基本服务集（BSS）。AP 用于在无线工作站和有线网络之间接收和转发数据，所有的无线通信都经过 AP 转发完成，AP 可以提供和有线局域网络的连接，并把自身无线覆盖区域的无线终端接入到有线网络中，如图 14-8 所示。

② **桥接模式**：两个 WLAN 之间通过两台高功率 AP 连接在一起，实现两个 WLAN 之间通过无线方式的互联，并可实现有线局域网络的延伸和扩展。通过点对多点的无线 AP 的桥接，可以把多个离散的网络连成一体。无线 AP 桥接模式，通常以一个网络为中心点，该中心的 AP 发送无线信号，其他 AP 进行信号接收，如图 14-9 所示。

图 14-8　RG-P-720 双路双频三模无线 AP　　　图 14-9　RG-P-780 双路双频三模室外无线 AP

③ **无线中继模式**：无线中继模式通过 AP 设备实现信号的中继和放大，从而延伸无线网络的覆盖范围。无线分布式系统（Wireless Distribution System，WDS）通过无线中继模式，提供了全新的无线组网模式，适用于场地开阔、不便于铺设网线的场所，如大型开放式办公区域、仓库、码头等。

④ **无线混合模式**：无线分布式系统（WDS）中的无线混合模式，可以支持在点对点、点对多点、中继应用模式下的 AP 组网连接。可以同时工作在两种工作模式，即桥接模式 +AP 模式。这种无线混合模式充分体现了灵活、简便的组网特点。

14.3.3　AC

AC

AC 是 WLAN 的核心，通过有线网络与 AP 相连，负责管理和集中管理控制 WLAN 中的无线 AP 设备。AC 设备对 AP 的管理内容包括下发配置、修改相关配置参数、RF 智能管理、接入安全控制，如图 14-10 所示。

图 14-10　AC

传统的 WLAN 里的 Fit AP+AC，没有集中管理控制设备，所有胖 AP 设备都只能通过交换机连接。每台胖 AP 单独负担 RF、通信、身份验证、加密等工作，因此，需要对每一台胖 AP 都进行独立配置，难以实现全局、统一管理和集中的 RF、接入和安全策略设置。

在基于 AC 的 Fit AP+AC 解决方案中，AC 能够出色地解决这些问题。在该方案中，所有胖 AP 都减肥为瘦 AP（Fit AP），每台 Fit AP 只负责 RF 通信工作，其作用就是一个简单、基于硬件 RF 底层的传感设备。所有 Fit AP 在接收到 RF 信号，经过 IEEE 802.11 编码后，随即通过不同厂商制定加密隧道协议，穿过以太网传送给 AC 设备，进而由 AC 集中对编码流进行加密、验证、安全控制等无线配置信息的处理工作。

如今的 Wi-Fi 网络覆盖，多采用 Fit AP+AC 的覆盖组网方式，WLAN 中包含一台 AC、多台 Fit AP（收发信号）。此模式应用于大中型企业中的无线网络组建，有利于 WLAN 的集中管理，多台无线发射器能统一发射一个信号，即服务集标识（Service Set Identifier，SSID），并且支持无缝漫游和 AP RF 的智能管理。

14.3.4　天线

当无线工作站与无线 AP 相距较远时，随着信号的减弱，无线的传输速率会下降，或者根本无法实现通信。此时，就必须借助于天线对所接收或发送的 WLAN 信号进行增强。无线天线有许多类型，常见的有两种，分别为室内天线和室外天线。

室外天线的类型比较多，一种是锅状的定向天线，另一种则是棒状的全向天线。一些天线产品如图 14-11 所示。

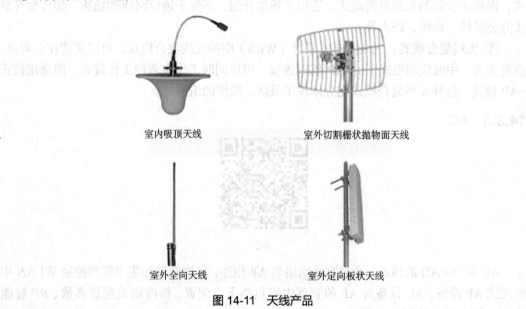

室内吸顶天线　　　　　　　　　室外切割栅状抛物面天线

室外全向天线　　　　　　　　　室外定向板状天线

图 14-11　天线产品

14.4　WLAN 拓扑结构

组建 WLAN 网络的拓扑结构只有两种，一种是类似于对等网的 Ad-Hoc 模式，另一种则是类似于有线局域网中星形结构的 Infrastructure（基础结构）模式。

14.4.1　Ad-Hoc 模式

组建 Ad-Hoc 模式 WLAN

Ad-Hoc 模式是点对点的无线对等网络结构，相当于有线网络中的两台计算机直接通过网卡互联，该模式中间没有集中接入的 AP 设备，信号直接在两个通信端点对点传输，如图 14-12 所示。

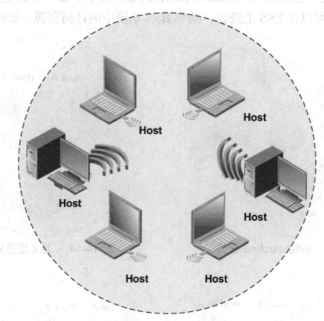

图 14-12　Ad-Hoc 模式

由于 Ad-Hoc 对等结构的网络通信中没有一台信号交换设备，网络通信效率较低，所以仅适用于数量较少的无线网络中节点之间的临时互联（通常是在 5 台主机以内）。同时，由于这一模式没有中心管理设备，网络在可管理性和扩展性方面受到一定的限制，连接性能也不是很好。该模式下的各无线节点之间只能进行单点通信，不能实现交换连接。就像有线网络中的对等网一样，这种模式只适用临时无线应用环境，如小型会议室，SOHO 家庭无线网络等。

14.4.2　Infrastructure 模式

Infrastructure（基础结构）模式与有线网络中的星形网络拓扑结构相似，也属于集中式结构。无线 AP 相当于有线网络中的交换机或集线器，起集中连接无线节点和中心数据交换的作用。通常无线 AP 都提供一个以太网接口，与有线网络中的交换机连接。Infrastructure 模式网络如图 14-13 所示。

网络互联技术（理论篇）

Infrastructure 模式特点主要表现在，集中组建的网络易于扩展、便于集中管理、能提供用户身份验证等优势，另外，其数据传输性能也明显高于 Ad-Hoc 模式。

在 Infrastructure 模式中，AP 和无线网卡还可针对具体网络环境，调整网络连接速率，以发挥其在相应网络环境下的最佳连接性能。在实际的应用环境中，连接性能往往受到诸多方面因素的影响，所以实际连接速率要远低于理论速率。

如支持 IEEE 802.11a 或 IEEE 802.11g 的 AP，速率可达到 54 Mbit/s，单个 AP 理论连接节点数在 100 个以上，但实际应用中连接用户数最好在 20 个以内，同时要求单台 AP 连接的无线节点要在其有效覆盖范围内，通常为室内 100 米左右，室外则可达 300 米左右。

通过一台 AP 设备覆盖的 WLAN 范围，称为一个基本服务集（Basic Service Set，BSS），如图 14-14 所示。一个 BSS 可通过 AP 来扩展，当有超过一个以上的 BSS 连接到有线网络时，就形成了一个扩展服务集（Extended Service Set，ESS），即一个以上的 BSS 可被定义成一个 ESS。用户可以在 ESS 上漫游，共享 BSS 系统中的任何资源，如图 14-15 所示。

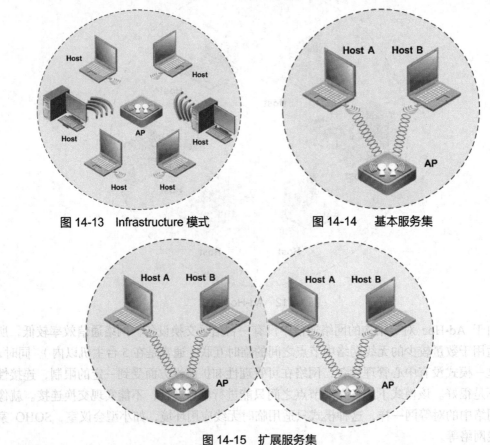

图 14-13　Infrastructure 模式　　　　　图 14-14　　基本服务集

图 14-15　扩展服务集

Infrastructure 模式下的 WLAN 网络中，每台 AP 必须配置一个 ESSID（Extended Service Set Identifier）。ESSID 可以称作无线网络的名称，ESSID 无线局域网名称最多可以有 32 个字符，每个客户端必须具有与 AP 相同的 ESSID 匹配，才能接入到无线网络中。ESSID 也可以简写为 SSID（Service Set Identifier），用来区分不同的 WLAN 网络。无线局域网中的网卡通过设置不同的 SSID 号，就可以接入不同的网络。SSID 通常由 AP 或无线路由器在组建的 WLAN 中以广播方式发出。

　　如果单台 AP 不能覆盖指定的无线范围,可以增加任意多的单元 AP 来扩展覆盖的区域,建议相互邻接的 BSS 单元存在 10%~15% 的重叠,如图 14-16 所示。这样可以允许远程用户进行漫游而不丢失 RF 连接。为了确保最好的性能,位于网络边缘的单元应该规划不同的通信信道。

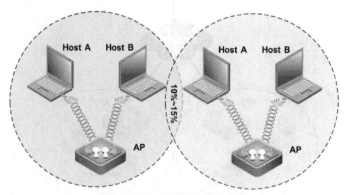

图 14-16　扩展服务集的重叠

　　另外,Infrastructure 模式的 WLAN 不仅可以应用于独立 WLAN 中,如小型办公室无线网络、SOHO 家庭无线网络;也可以作为基本网络结构单元,组建成更庞大的 WLAN 系统。

　　图 14-17 所示是一家宾馆的无线网络方案,宾馆中各楼层的无线用户,通过接入该楼层与有线网络相连接的无线 AP,实现与 Internet 的连接。

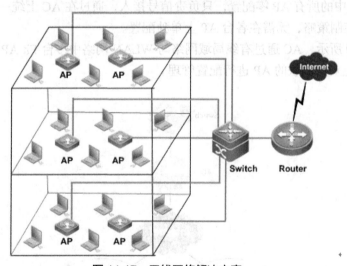

图 14-17　无线网络解决方案

14.5　WLAN 网络体系结构

14.5.1　胖 AP 网络架构

　　早期的 WLAN 网络主要采用有线交换机+胖 AP 的组网方式。这里的胖 AP,可以自行组建无线网络,控制接入的无线终端,并实施相应的管理策略,如图 14-18 所示。

随着网络规模的不断扩大，原有的以胖 AP 为核心的 WLAN 技术已无法适应现有的网络发展需要，新的以瘦 AP 网络架构为核心的技术应运而生。

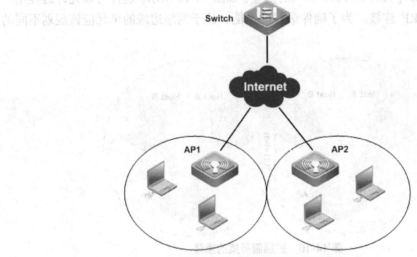

图 14-18　胖 AP 组网拓扑结构

14.5.2　瘦 AP 网络架构

瘦 AP WLAN 构建技术，采用有线交换机+AC+瘦 AP 的组网方式，即 Fit AP 作为无线接入点，零配置，不具备管理控制功能。整个 WLAN 的管理主要通过 AC 统一管理，安装在 WLAN 网络中的所有 AP 零配置，只负责信号接入，通过在 AC 上统一配置完成后再向指定 AP 下发控制策略，无需在各台 AP 上单独配置。

如图 14-19 所示，AC 通过有线局域网络与 WLAN 网络中多台 Fit AP 相连，网络管理员只需在 AC 上对所关联的 AP 进行配置管理。

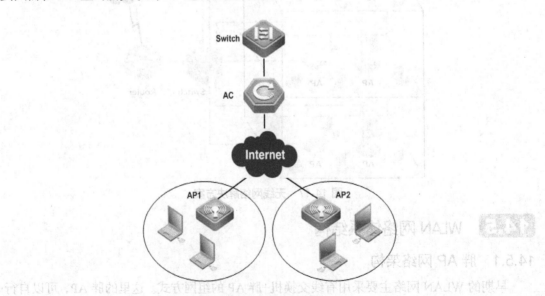

图 14-19　瘦 AP 网络架构

14.6 WLAN 安全

由于 WLAN 采用公共的电磁波作为载体，任何人都可以接入无线中，有条件窃听或干扰信号，所以对越权窃听的行为也更不容易防备。安全专家指出，WLAN 将成为黑客攻击的另一块热土。

常见的 WLAN 安全保护技术有以下几种。

14.6.1 SSID 隐藏

WLAN 中对多台无线 AP，设置不同的服务集标识符（SSID），并要求无线工作站出示正确 SSID 才能访问 AP，这样就可以允许不同群组的用户接入，并对资源访问的权限进行区别限制。因此，可以认为 SSID 是一个简单口令，能保证一定网络安全。但如果配置的 AP 向外广播其 SSID，那么安全程度还将下降。

由于用户自己配置客户端系统，所以很多人都知道该 SSID，很容易共享给非法用户，因此加强 SSID 的管理意识，对于保证 WLAN 安全非常重要。如果配置无线 AP 的 SSID 为不广播的模式，就能阻止外来人员随意访问。

14.6.2 MAC 地址过滤

由于每台无线工作站的无线网卡都有唯一的物理地址，所以可以在 AP 中手工维护一组允许访问的 MAC 地址列表，实现 MAC 地址过滤。这个方案要求 AP 中的 MAC 地址列表必须随时更新。

使用手工方式对 MAC 地址列表进行添加和删除操作，可扩展性差，而且 MAC 地址在理论上可以伪造，因此这也是较低级别的安全技术。MAC 地址过滤属于硬件认证，而不是用户认证，因此只适合于小型的无线网络。

14.6.3 WEP

有线对等保密（Wired Equivalent Privacy，WEP）技术，在链路层采用 RC4 对称加密，用户的加密密钥与 AP 的密钥相同时，才能接入到 WLAN。WEP 提供 40 位（有时也称为 64 位）和 128 位长度的密钥机制保护 WLAN 安全。

但它仍存在许多缺陷，如一个服务区内所有用户都共享同一个密钥，如果一个用户密钥泄露，将会影响到整个 WLAN 网络安全，而且 40 位的密钥在今天很容易被破解。此外，WEP 中使用静态的密钥，需要手工维护，扩展能力差。为了提高安全性，建议采用 128 位的密钥。

WEP 对在两台设备间传输的数据，采用加密的方式，用以防止非法用户窃听或侵入无线局域网络。而无线保护接入技术（Wi-Fi Protected Access，WPA），在技术上改变了密钥的生成方式，加强了密钥的生成算法，采用更频繁地变换密钥方式来获得更高的安全，因此 WPA 加密就有效地解决了 WEP 加密应用中的不足。

14.6.4　WPA

无线保护接入（Wi-Fi Protected Access，WPA）技术是继承了 WEP 基本原理且又解决了 WEP 缺点的一种新的安全技术，是一种比 WEP 更为强大的安全机制。WPA 加强了生成加密密钥算法，黑客即便收集到分组信息，并对其进行解析，也几乎无法计算出通用密钥。WPA 的工作原理是，使用动态密钥，根据通用密钥，配合 MAC 地址和分组信息顺序号的编号，分别为每个分组生成不同密钥，然后与 WEP 一样，将此密钥用于 RC4 加密处理。

通过这种处理，所有客户端所交换的数据，将由不同的密钥加密而成。无论收集到多少数据，要想破解出原始的通用密钥几乎是不可能。WPA 还追加了防止数据中途被篡改的功能。由于具备这些功能，此前 WEP 中备受指责的缺点得以全部解决。

完整的 WPA 安全认证，包含了认证、加密和数据完整性校验等 3 个组成部分，是一个完整的安全性方案。

14.6.5　IEEE 802.1x

IEEE 802.1x 也是一种增强 WLAN 网络安全性解决方案。当无线工作站与 AP 关联后，是否可以使用 AP 的服务，取决于安装在 WLAN 的服务器的 IEEE 802.1x 认证结果。如果认证通过，则 AP 为无线工作站打开这个逻辑端口，否则不允许用户访问网络资源。

IEEE 802.1x 认证安全，要求网络中的无线工作站安装 IEEE 802.1x 客户端软件，无线 AP 要支持 IEEE 802.1x 认证代理。同时，它还作为 RADIUS 客户端，将用户的认证信息转发给 WLAN 中的 RADIUS 服务器。IEEE 802.1x 除了提供端口访问控制能力之外，还提供基于用户的认证及计费，特别适合于公共无线接入解决方案。

14.6.6　WLAN 安全防范措施

以下为在 WLAN 中，推荐使用的安全技术及安全操作。通过采用以下安全措施，可以有效地增强 WLAN 的安全性，避免非法用户接入网络并保护网络资源。以下安全措施，能够在一定程度上提高 WLAN 的安全性。

① 采用 IEEE 802.1x 进行控制，防止非法用户接入和访问网络。

② 采用 128 位 WEP 加密技术，40 位的密钥容易遭到破解。

③ 对于密度等级高的网络采用 VPN 进行连接。

④ 对 AP 和无线网卡设置复杂的 SSID。

⑤ 禁止 AP 向外广播其 SSID。

⑥ 修改默认的 AP 管理密码。

⑦ 布置 AP 时要在公司办公区域以外进行检查，防止 AP 覆盖范围超出办公区域。

⑧ 禁止用户私自安装 AP，通过扫描方式可以检测非法 AP 的存在。

⑨ 配置设备检查非法进入网络的 2.4 GHz 电磁波发生器，防止被干扰。

⑩ 制定无线网络管理规定，规定员工不得传播相关内容给外部人员，禁止设置点对点 Ad-Hoc 模式。

⑪ 跟踪无线网络技术，特别是安全技术，对网络管理人员进行知识培训。

14.7　配置 WLAN 中的 AC 设备

在 WLAN 中，对瘦 AP 的控制管理统一集中配置在 AC 上。用户可以通过 AC 的控制台配置管理 AC 和 AP，进而对 WLAN 进行规划部署。

1. WLAN 配置模式

（1）AC 配置模式

在该模式下，对 AC 自身的功能属性及指定 AP 的部分功能属性进行配置。

（2）AP 配置模式

在该模式下，对指定 AP 的功能属性进行配置。该配置模式下的配置不会影响其他 AP。

（3）AP 组配置模式

用户可以将多台 AP 划分在一个 AP 组内，并在该 AP 组配置模式下，配置这些 AP 的相关属性。在该配置模式下配置，会对该 AP 组内的所有 AP 生效。

（4）WLAN 配置模式

用户可以在 AC 上创建 WLAN，并进入指定 WLAN 配置模式。在该模式下可以对指定 WLAN 的功能属性进行配置。

2. 进入 AC 配置模式

执行如下命令，进入 AC 配置模式。

```
Ruijie(config)#
Ruijie(config)#ac-controller                    ! 进入 AC 配置模式
Ruijie(config-ac)#
```

3. 配置 AC 名称

默认情况下，系统默认的 AC 名称为 "Ruijie_Ac_V0001"。为方便用户在 WLAN 中识别、管理 AC，可以为各台 AC 指定名称。

在 AC 配置模式下，配置如下命令。

```
Ruijie(config)#
Ruijie(config)#ac-controller
Ruijie(config-ac)#ac-name ac-name
! 配置 AC 名称，ac-name 为 AC 名称描述符
Ruijie(config-ac)#no ac-name                    ! 恢复至默认配置。
Ruijie(config-ac)#exit

Ruijie(config)#show ac-config                   ! 查看配置的 AC 名称
……
```

4. 配置 AC 位置信息

默认情况下，系统默认的 AC 位置信息为 "Ruijie_COM"。用户可以根据实际环境，为各台 AC 配置位置信息，方便用户在 WLAN 中，定位查看 AC 的接入位置。

在 AC 配置模式下，配置如下命令。

```
Ruijie(config)#
Ruijie(config)#ac-controller
Ruijie(config-ac)#location location
! 配置 AC 位置，location 为 AC 位置描述符，最多可配置 255 个字符
! 使用 "no" 命令，可以恢复至默认配置

Ruijie(config)#show ac-config              ! 查看 AC 的位置信息
......
```

5. 配置网络 RF 工作频段

WLAN 默认允许无线设备工作在 2.4 GHz 或 5 GHz 频段下，用户可以配置允许或禁止网络中无线设备的工作频段，具体配置如下。

```
Ruijie(config)#
Ruijie(config)#ac-controller
Ruijie(config-ac )# { 802.11a | 802.11b } network {disable | enable}
! 配置网络 RF 工作频段，其中，802.11a 表示 5 GHz 工作频段；802.11b 表示 2.4 GHz 工
作频段

Ruijie(config)# show ac-config { 802.11a |802.11b }     ! 查看配置结果
......
```

需要注意的是，如果禁止无线设备工作在某频段下，将导致网络中连接在该频段下的无线用户离线。

6. 配置 AC 可以连接的最大 AP 数

在 WLAN 中，一台 AC 可以关联多台 AP。用户可以配置指定 AC 可关联的最大 AP 数，配置命令如下。

```
Ruijie(config)#
Ruijie(config)#ac-controller
Ruijie(config-ac)#wtp-limit max-num
! 配置该 AC 可以连接的最大 AP 数，max-num 是可连接的最大 AP 数
! WS5302 系列的取值范围为 1~64，默认值为 8
! WS5708 系列的取值范围为 1~768，默认值为 128
Ruijie(config-ac)#no wtp-limit              ! 恢复至默认配置

Ruijie(config)#show ac-config              ! 查看配置信息
......
```

7. 配置 AC 可以连接的最大无线用户数

在 WLAN 中，一台 AC 可以关联多台 AP，一台 AP 又可以连接多个无线用户数。用户可以配置指定 AC 的服务范围内，最多可连接多少个无线用户数。

在 AC 配置模式下，如下命令可配置 AC 可以连接的最大无线用户数。

```
Ruijie(config)#
```

```
Ruijie(config)#ac-controller
Ruijie(config-ac)# sta-limit max-num
! 配置 AC 可以连接的最大无线用户数，max-num 是可连接的最大无线用户数
! WS5302 系列的取值范围为 1~24000，默认值为 2048
! W5708 系列的取值范围为 1~196608，默认值为 32768
Ruijie(config-ac)#no sta-limit      ! 恢复至默认配置

Ruijie(config)#show ac-config       ! 查看配置信息
......
```

8. 配置删除指定无线用户

如果管理员在非法用户已加入 AC 后才配置用户黑名单，则黑名单过滤策略对已经进入的用户无效。管理员可以在 AC 配置模式下，删除指定无线用户的 MAC 地址，需执行如下命令。

```
Ruijie(config)#
Ruijie(config)#ac-controller
Ruijie(config-ac)# client-kick sta-mac
! 删除指定无线用户，sta-mac 是无线用户的 MAC 地址
```

例如，删除 MAC 地址为 "aaaa.bbbb.cccc" 的无线用户，需配置如下命令。

```
Ruijie(config)#
Ruijie(config)# ac-controller
Ruijie(config-ac)#client-kick aaaaa.bbbbb.ccccc
```

9. 配置 AP 复位

用户可以在 AC 配置模式下，对 AP 进行复位，相关命令如下。

```
Ruijie(config)#
Ruijie(config)#ac-controller
Ruijie(config-ac )# reset all               !复位所有的 AP

Ruijie(config-ac )#reset updated            !复位所有更新过软件版本的 AP

Ruijie(config-ac )#reset single ap-name
! 复位指定的 AP，ap-name 是指定的某个 AP 名称
```

14.8　配置 WLAN 中 AP 设备

组建胖 AP 模式 WLAN

配置胖 AP 模式 WLAN（多 SSID 配置）

1. 特定 AP 复位

如上节所述，用户可以在 AC 配置模式下，对特定的 AP 进行复位，命令如下。

```
Ruijie(config)#
Ruijie(config)# ap-config ap-name
！进入指定 AP 的配置模式，ap-name 是指定 AP 的名称
```

用户可以通过 "ap-config all" 命令进入所有 AP 的配置模式。在该模式下的配置将会对与本 AC 关联的所有 AP 生效。

2. 配置 AP 的名称

一旦 AP 与 AC 关联，AC 默认以 AP 的 MAC 地址作为该 AP 的名称。为方便用户识别管理，可以自行为 AP 重新命名，相关命令如下。

```
Ruijie(config)#
Ruijie(config)#ap-config  ap-name     ！进入指定 AP 的配置模式
Ruijie(config-ap)#ap-name name
！配置 AP 的名称，name 是配置 AP 的名称描述符，不能带空格
Ruijie(config-ap)#exit

Ruijie(config)#show ap-config inventory ap-name
……          ！查看指定 AP 的名称
```

3. 配置指定 AP 的频段

目前 AP 可支持 2.4 GHz 和 5 GHz 两个频段的 RF 传输，用户可以指定 AP 的 RF 支持的频段，相关命令如下。

```
Ruijie(config)#
Ruijie(config)#ap-config ap-name     ！进入指定 AP 的配置模式
Ruijie(config-ap)#radio-type radio-id { 802.11a |802.11b }
！配置指定 AP 的 Radio 频段，radio-id 是指定射频号
！ IEEE 802.11a 支持 5 GHz 的频段
！ IEEE 802.11b 支持 2.4 GHz 的频段
！默认情况下，单频 AP 支持 2.4 GHz 频段
！双频 AP 的 Radio 1 支持 2.4 GHz，Radio 2 支持 5 GHz
Ruijie(config)#show ap-config radio radio-id
……              ！"status ap-name" 命令用于查看指定 AP 指定 radio 的配置信息
```

4. 配置指定 AP 可连接的最大无线用户数

在 WLAN 中，一台 AP 可连接多个无线用户数，管理员可以配置指定 AP 可连接的最大用户数，相关命令如下。

```
Ruijie(config)#
Ruijie(config)#ap-config ap-name              ！进入指定 AP 的配置模式
Ruijie(config-ap)#sta-limit max-num
！配置指定 AP 可连接的最大用户数
```

```
! max-num 代表支持的最大用户数，取值范围为 1~32，默认值为 32
Ruijie(config-ap)#no sta-limit              ! 使用 "no" 命令恢复至默认值

Ruijie(config)#show ap-config cb ap-name
......
! 查看指定 AP 的状态信息
```

5. 配置指定 AP 的 DHCP 模式

AP 接入 WLAN 之前，通过 DHCP 服务器动态获取自身的 IP 地址，并发送 DHCP 请求报文中携带的相关 Option 信息，来获取 AC 的 IP 地址。根据携带的 Option 信息不同，将获取 AC 的 IP 地址分为标准和私有两种。

① 标准模式：在该模式下，请求报文中携带 DHCP Option 138 和 Option 52 信息，服务器根据对应的 Option 信息返回 AC 的 IPv4 和 IPv6 地址。

② 私有模式：在该模式下，请求报文中携带 DHCP Option 43 和 Option 60 信息，服务器根据对应的 Option 信息返回 AC 对应厂商设备的信息。

用户可以配置指定 AP 获取 AC 的 IP 地址的 DHCP 模式，具体配置如下。

```
Ruijie(config)#
Ruijie(config)#ap-config ap-name  ! 进入指定 AP 的配置模式
Ruijie(config-ap)#ip dhcp capwap option {standard | private}
! 配置指定 AP 的 DHCP 模式，"standard" 表示采用 DHCP 标准模式获取 AC 的 IP 地址
! private 表示采用 DHCP 私有模式获取 AC 的 IP 地址。默认情况下支持标准模式

Ruijie(config)#show ap-config  cb ap-name
......
! 查看指定 AP 的状态信息
```

14.9　认证测试

以下每道选择题中，都有一个正确答案或者是最优答案，请选择出正确答案。

1. IEEE 802.11a、IEEE 802.11b 和 IEEE 802.11g 的区别是（　　）。

    A. IEEE 802.11a 和 IEEE 802.11b 都工作在 2.4 GHz 频段，而 IEEE 802.11g 工作在 5GHz 频段

    B. IEEE 802.11a 具有最大 54 Mbit/s 带宽，而 IEEE 802.11b 和 IEEE 802.11g 只有 11 Mbit/s 带宽

    C. IEEE 802.11a 的传输距离最远，其次是 IEEE 802.11b，传输距离最短的是 IEEE 802.11g

    D. IEEE 802.11g 可以兼容 IEEE 802.11b，但 IEEE 802.11a 和 IEEE 802.11b 不能兼容

2. WLAN 技术是采用（　　）进行通信的。

    A. 双绞线　　　　B. 无线电波　　C. 广播　　　　　D. 电缆

3. 在 IEEE 802.11g 协议标准下，有（　　　）互不重叠的信道。

    A. 2个   B. 3个   C. 4个   D. 没有

4. 下列协议标准中，（　　　）标准的传输速率是最快的。

    A. IEEE 802.11a   B. IEEE 802.11g

    C. IEEE 802.11n   D. IEEE 802.11b

5. 在 WLAN 中，（　　　）方式是用于对无线数据进行加密的。

    A. SSID 隐藏   B. MAC 地址过滤

    C. WEP   D. IEEE 802.1x

6. 无线网络中使用的通信原理是（　　　）。

    A. CSMA   B. CSMA/CD   C. CSMA   D. CSMA/CA

7. 无线接入设备 AP 是互联无线工作站设备，其功能相当于有线互联设备的（　　　）。

    A. HUB   B. Bridge   C. Switch   D. Router

8. 无线网络中使用的 SSID 是（　　　）。

    A. 无线网络的设备名称   B. 无线网络的标识符号

    C. 无线网络的入网口令   D. 无线网络的加密符号

9. 组建 Infrastructure 模式的无线网络（　　　）。

    A. 只需要无线网卡

    B. 需要无线网卡和无线接入 AP

    C. 需要无线网卡、无线接入 AP 和交换机

    D. 需要无线网卡、无线接入 AP 和 Utility

10. WLAN 的最初协议是（　　　）。

    A. IEEE 802.11   B. IEEE 802.5   C. IEEE 802.3   D. IEEE 802.1

14.10　科技之光：中国高铁建设成就世界第一，成就中国速度传奇

【扫码阅读】中国高铁建设成就世界第一，成就中国速度传奇

第 ⑮ 章 广域网基础

【本章背景】

中山大学的校园网络经过二期扩容、改造之后，把校园网中更多的设备接入到互联网中，实现校园网高带宽访问互联网的需求。

在校园网接入互联网二期施工中，网络中心的架构也进行了改造，实施了双核心万兆架构。在校园网的出口处，通过出口设备，借助电信运营商提供的光纤专线技术，把校园网以专线方式接入到互联网中。

本章知识发生在以下网络场景中。

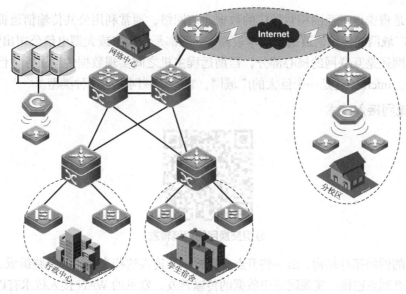

【学习目标】

- ◆ 了解广域网接入技术
- ◆ 配置路由器 PPP
- ◆ 配置 PAP
- ◆ 配置 CHAP
- ◆ PPPoE 接入技术

网络划分最常见的是按网络的范围和距离划分，有局域网、广域网和城域网等几种类型。

广域网也称远程网，通常覆盖范围从几十千米到几千千米，连接多个城市或国家，或横跨几个洲，并能提供远距离通信，形成国际性网络。

本章将介绍接入广域网的接入技术，并了解 WLAN 安全接入认证的技术。

15.1 广域网技术基础

1. 广域网概述

广域网连接拓扑结构

广域网连接场景

局域网只能在一个短距离内实现通信，当主机之间距离较远时，如相隔几十或几百千米，甚至几千千米，局域网就无法完成主机之间的通信任务，这时就需要另一种结构的网络，即广域网。广域网的地理覆盖范围可以从数千米到数千千米，可以连接若干个城市，甚至跨越国界。

广域网是覆盖地理范围相对较广的数据通信网络，通常利用公共传输信道提供远距离传输。由于广域网的传输信道造价成本较高，一般都是由国家或大型电信公司出资建造的。此外，广域网还是互联网的核心部分，帮助远程主机之间实现数据传输服务。但广域网不等于互联网，Internet 就是一个巨大的广域网，它是广域网中的一种类型。

2. 广域网接入技术

分组交换网的存储转发

广域网的网络拓扑结构，由一些节点交换机以及连接这些交换机的链路组成。节点交换机之间使用点到点连接，实现网络中数据的传输转发。常见的 WAN 接入技术有以下几种。

（1）点对点链路

点对点链路提供一条预先建立的，从客户端经过运营商网络到达目标网络的通信路径。网络运营商负责点对点链路的维护和管理。一条点对点链路通常是一条租用的专线，可以在数据收发双方之间建立起永久性的固定连接。

点对点链路可以提供两种数据传送方式。一种是数据报传送方式，该方式将数据分割成一个一个小的数据帧进行传送，每一个数据帧都带有自己的地址，在传输过程中进行地址校验。另外一种是数据流方式，与数据报传送方式不同，该方式用数据流取代一个一个的数据帧作为数据发送单位，整个流数据使用一个地址信息，只需要进行一次地址校验即可实现通信。图 15-1 所示的就是一个典型的跨越广域网的点对点链路。

图 15-1　广域网点对点链路

（2）电路交换

电路交换技术是广域网传输中经常使用的一种交换方式。电路交换过程通过运营商网络为每一次会话过程建立、维持和终止一条专用物理电路。电路交换也可以提供数据包和数据流两种转送方式。电路交换在电信运营商的网络中被广泛使用，其操作过程与普通的电话拨叫过程非常相似。综合业务数字网（Integrated Services Digital Network，ISDN）就是一种采用电路交换技术的广域网技术。

（3）虚电路

虚电路也是广域网传输中经常使用的一种方式。和电路交换技术中使用的物理电路连接传输不同的是，虚电路是一种逻辑电路，在两台网络设备之间建立一条虚拟连接，实现可靠通信。虚电路有两种不同形式，分别是交换虚拟电路（Switching Virtual Circuit，SVC）和永久虚拟电路（Permanent Virtual Circuit，PVC）。

SVC 是一种按照需求，动态建立的虚电路。当数据传送结束时，电路将会被自动终止。SVC 主要包括 3 个阶段，即电路创建、数据传送和电路终止，其中，电路创建阶段主要在通信双方设备之间建立虚电路，数据传输阶段通过虚拟电路在设备之间传送数据，电路终止阶段则撤销在通信设备之间建立起来的虚电路。SVC 主要用于非经常性的数据传输网络，这是因为在电路创建和终止阶段，SVC 需要占用更多的网络宽带。不过，相对于 PVC 来说，SVC 的传输成本较低。

PVC 是一种永久建立的虚拟电路，只有数据报传输一种模式。PVC 可以应用于数据传输频繁的网络环境，这是因为 PVC 不需要频繁创建或终止电路，并由此产生并占用额外带宽，所以对带宽的利用率更高。不过在网络中，建立 PVC 的成本较高。

（4）包交换

包交换也是广域网上经常使用的交换技术。通过包交换，运营商网络在设备之间进行数据包的传递，网络设备可以共享一条点对点链路。包交换主要采用统计复用技术，在多台设备之间，实现电路共享。ATM、帧中继、SMDS 以及 X.25 等都是采用包交换技术。

3. 广域网数据链路层协议

广域网也是 OSI 分层协议模型体系架构之一。由于广域网主要承担传输工作，对应于 OSI 参考模型底下三层，分别为物理层、数据链路层和网络层，其主要设备及工作协议都位于底二层，即物理层和数据链路层。物理层主要定义了广域网各种接口形态的机械、物理和电气特性。

广域网数据链路层将数据传输到远程站点，定义了数据封装的规则。广域网数据链路层协议描述了帧如何在系统之间的单一数据路径上进行传输，数据帧如何传送，包括点对点、多点和多路访问交换服务所设计的协议。

（1）点到点协议

点到点协议（Point to Point Protocol，PPP）是目前较为流行的数据链路层协议，它是一个面向连接的，不可靠的，面向字节的通信。PPP 为在点对点连接上传输多协议数据包提供了一个标准方法。

（2）高级数据链路控制协议

高级数据链路控制（High Level Data Link Control，HDLC）协议是数据链路层协议，保证上一层数据在传输过程中，能够准确地被接收。HDLC 协议不依赖于任何一种字符编码集，数据报文可透明传输。HDLC 协议的另一个重要功能是流量控制，换句话说，一旦接收端收到数据，便能立即进行传输。

（3）帧中继

帧中继（Frame Relay）主要用在公共或专用网上的局域网互联及广域网连接。大多数 ISP 都提供帧中继服务，把它作为建立高性能的虚拟广域连接的一种途径。帧中继仅完成物理层和数据链路层的核心功能，将流量控制、纠错等功能留给智能终端设备完成。这样大大地简化了节点之间的协议。帧中继采用虚电路技术，能充分地利用网络资源，使帧中继具有延时小、吞吐量大的优势，适合突发性业务。

4. 常见的广域网类型

下面介绍几种常见的广域网类型，包括公用电话交换网、分组交换网、数字数据网、帧中继和异步传输模式。

（1）公共电话交换网

公共电话交换网（Public Switched Telephone Network，PSTN）是以电路交换技术为基础的广域网类型，主要用于传输模拟话音的电话网络。PSTN 是一种电路交换网络，可看作是物理层的一个延伸。在 PSTN 内部并没有上层协议进行差错控制。通信双方建立连接后，电路交换方式独占一条信道，当通信双方无信息时，该信道也不能被其他用户所利用。

PSTN 网络

PSTN 网络介绍

PSTN 用户使用普通拨号电话线，或租用一条电话专线进行数据传输，使用 PSTN 实现计算机之间的数据通信的成本较低。但由于 PSTN 线路的传输质量较差，而且带宽有限，再加上 PSTN 交换机没有存储功能，所以 PSTN 技术只能用于对通信质量要求不高的场合。

通过 PSTN 进行数据通信的最高速率不超过 56 kbit/s，目前已很少使用。

（2）分组交换网

分组交换网 X.25 是在 20 世纪 70 年代，由国际电报电话咨询委员会（CCITT）组织制定的，是"在公用数据网上，以分组方式工作的数据终端设备（DTE）和数据电路设备（DC）之间的接口"。X.25 对应于 OSI 参考模型底下三层，分别为物理层、数据链路层和网络层。

X.25 的物理层协议定义了主机与物理网络之间的物理、电气、功能及过程特性。目前，支持该物理层标准的公用网非常少，原因是该标准要求用户在电话线路上使用数字信号，而不能使用模拟信号。

X.25 网络是在物理链路传输质量很差的环境下开发出来的，为了保障数据传输的可靠性，它在每一段链路上都要执行差错校验和出错重传。这种复杂的差错校验机制使它的传输速率受到限制，但确实为用户数据的安全传输提供了很好的保障。

X.25 网络的突出优点是，可以在一条物理电路上，同时开放多条虚电路供多个用户同时使用，可以满足不同速率和不同型号的终端与计算机之间、计算机与计算机之间及局域网之间的数据通信。X.25 网络提供的数据传输速率一般为 64 kbit/s。

（3）数字数据网

数字数据网（Digital Data Network，DDN）是一种利用数字信道，提供数据通信的传输网，主要提供点到点及点到多点的数字专线或专网。DDN 为用户提供的基本业务是点到点的专线。从用户角度来看，租用一条点到点的专线就是租用了一条高质量、高带宽的数字信道。

DDN 由数字通道、DDN 节点、网管系统和用户环路组成。DDN 的传输介质主要有光纤、数字微波、卫星信道等。DDN 采用数字交叉连接（Data Cross Connection，DXC）技术，为用户提供半永久性连接电路，即 DDN 提供的信道是非交换、用户独占的永久虚拟电路（PVC）。

DDN 专网

一旦用户提出申请，网络管理员便可以通过软件命令，改变用户专线的路由或专网结构，而无须经过物理线路的改造扩建工程，因此 DDN 极易根据用户的需要，在约定的时间内接通所需带宽的线路。

（4）帧中继

帧中继（Frame Relay，FR）技术是由 X.25 分组交换技术演变而来的。帧中继的引入源于过去 20 年来通信技术的改变。20 年前，人们使用慢速、模拟和不可靠的电话线路进行通信。当时计算机的处理速度很慢且价格比较昂贵，结果是需要在网络内部使用很复杂的协议来处理传输差错，以避免用户计算机来处理差错恢复工作。

帧中继网络场景

随着光纤通信的广泛使用，通信线路的传输率越来越高，而误码率却越来越低。为了提高网络的传输率，帧中继技术省去了 X.25 分组交换网中的差错控制和流量控制功能。这就意味着帧中继网在传送数据时，可以使用更简单的通信协议，而把某些工作留给用户端去完成。这样使得帧中继网的性能优于 X.25 网，其可以提供 1.5 Mbit/s 的数据传输速率。

可以把帧中继看作一条虚拟专线，用户在两节点之间租用一条 PVC，并通过该虚电路发送数据帧，用户也可以在多个节点之间，通过租用多条 PVC 进行通信。

（5）异步传输模式

异步传输模式（Asynchronous Transmission Mode，ATM）技术的基本思想是让网络中传输的所有信息，都以一种长度较小且大小固定的信元（Cell）进行传输。信元的长度为 53 个字节，其中，信元头是 5 个字节，有效载荷部分占 48 个字节。

ATM 网络是面向连接的通信。它首先发送一个报文进行呼叫，请求建立一条链接，后来的信元沿着相同的路径去往目的节点。ATM 不保证信元一定能到达目的节点，但信元一定是按先后顺序到达的。假设发送方依次发送信元 1 和信元 2，如果两个信元都到达目的节点，则一定是信元 1 先到，信元 2 后到。

相对于电话网络中的传统电路交换技术，信元交换技术是一个巨大飞跃，具有以下的优点。

① 信元交换既适合处理固定速率业务（如电话），又适合处理可变速率业务（如数据传输）。

② 在数据传输率极高的情况下，信元交换比传统的多路复用技术更易于实现。

③ 信元交换提供广播机制，使得它能够支持需要广播的业务，而电路交换做不到。

ATM 网络

ATM 网络的结构与传统的广域网一样，由电缆和交换机构成。ATM 网络目前支持的数据传输率主要是 155 Mbit/s 和 622 Mbit/s 两种，今后可能达到 10 Gbit/s 数量级的传输速率。

15.2　E1 数字链路

1. E1 链路的基本概念

E1 是由 CCITT 颁布的数字链路，通俗的称呼为"一次群信号"。E1 是一种物理线路上的数据传输规范，一般用于电信级业务的传输中，传输速率为 2048 kbit/s。

目前常说的 E1 专线可以简单理解为，由 ISP 使用 SDH/PDH 技术为企业远程节点之间实现互联，提供标准速率为 2.048 Mbit/s，物理层协议标准默认为 G.703 的 WAN 链路技术，如图 15-2 所示。

图 15-2　E1 数字链路

2. PCM 机制

E1 这个概念起源于脉冲编码调制（Pulse Code Modulation，PCM）机制，是 PCM 机制的一种复用标准。

当连接到数字端局的一个电话用户打电话时，从本地回路出现的信号是普通模拟信号，这个模拟信号在端局被编码解码器（Codec）数字化，产生 7 bit 或 8 bit 的组成数。从某种意义上来说，编码器和调制解调器相反，后者将数字位串转换为被调制的模拟信号，前者将连续的模拟信号转换为数字位串。编码解码器每秒进行 8 000 次抽样（125μs/样本），因为根据奈奎斯特（Nyquist）原理，这个抽样速度足以从 4 kHz 的带宽中捕获所有信息。这个技术叫做脉码调制，如图 15-3 所示。

图 15-3　PCM 工作机制

为了将模拟电话信号转为数字信号，必须先对电话信号进行取样。根据取样定理，只要取样频率不低于电话信号最高频率的两倍，就可以从取样脉冲信号中无失真地恢复出原来的电话信号。标准电话信号的最高频率为 3.4 kHz，为了方便起见，取样频率就定为 8 kHz，相当于取样周期为 125 μs。

一个话路的模拟信号，经模数转换后，就变为每秒 8 000 个脉冲信号，每个脉冲信号再变为 8 位二进制码。一次一个标准话路的 PCM 信号速率为 64 kbit/s。

现在的数字传输系统都采用 PCM 体制。PCM 最初并不是为传送计算机数据使用的，它是为了使电话局之间的一条中继线不只传送一路电话，而可以传送几十路电话。

由于历史原因，PCM 有两个互不兼容的国际标准，即北美 24 路 PCM（简称 T1）和欧洲 30 路 PCM（简称 E1）。我国采用的是欧洲的 E1 标准。T1 的速率是 1.544 Mbit/s，E1 的速率是 2.048 Mbit/s。

3. E1 技术特点

E1 最初用在语音交换机的数字中继时，把一条 E1 作为 32 个 64k 通道来用，由于使用时隙 0（TSo）和时隙 15（TS15）传输控制信令，所以一条 E1 可以传 30 路话音。今天的

E1 更多作为数字链路传输数字信号。

E1 是高速数据传输的另一种标准，通常用于在远程站点间进行高带宽高速率传输的大型组织。一条 E1 可以同时有多条并发信道，每条信道都是一个独立的连接。

E1 数字链路技术的主要特点如下。

① 一条 E1 是 2.048 Mbit/s 的链路，用 PCM 编码。

② 一个 E1 的帧长为 256 bit，分为 32 个时隙，一个时隙为 8 bit。

③ 每秒有 8k 个 E1 的帧通过接口，即 8k*256=2 048k。

④ 每个时隙在 E1 帧中占 8 bit，8*8k=64k，即一条 E1 中含有 32 个 64k。

需要注意的是，时隙为电信传输网中的基本速率单位，E1 的速率值为 64 kbit/s。

4．E1 帧结构

在 E1 传输信道的帧结构中，E1 信道中的每 8 bit 组成一个时隙（TS），由 32 个时隙组成一个帧（F），16 个帧组成一个复帧（MF）。根据时隙所承载的数据类型及这些数据的不同目的地，可将 E1 分为非成帧、成帧、成复帧。

① 非成帧：所有 32 路时隙（TS0~TS31）为一条整体链路，用来承载到达同一目的地的用户数据，这种 E1 帧也叫非信道化 E1（E1）。

② 成帧：TS0 承载同步信息，TS1~TS31 可以随机逻辑绑定，组成一条或多条逻辑链路，承载到达不同目的地的用户数据，这种 E1 帧也叫信道化 E1（CE1）。

③ 成复帧：TS0 承载同步信息，TS16 承载控制信息，TS1~TS15、TS17~TS31 可以随机逻辑绑定，组成一条或多条逻辑链路，承载到达不同目的地的用户数据，这种 E1 帧也属于 CE1 的一种。

在 E1 专线中，主要用的是成帧和非成帧这两种结构，成复帧主要用于综合业务数字网（Integrated Services Digital Network，ISDN）中，平常所说的 ISDN 基群速率接口（Primary Rate Interface，PRI）实际上就是 E1 的成复帧。

5．E1 接口的物理连接

路由器上的 E1 接口模块分成帧和非成帧两种，E1 接口模块只能做非信道化 E1 的配置。而 CE1 接口模块既支持成帧的配置，也支持非成帧的配置。E1/CE1 接口均支持 PPP、HDLC、FR 等主流数据链路层协议，如图 15-4 所示。

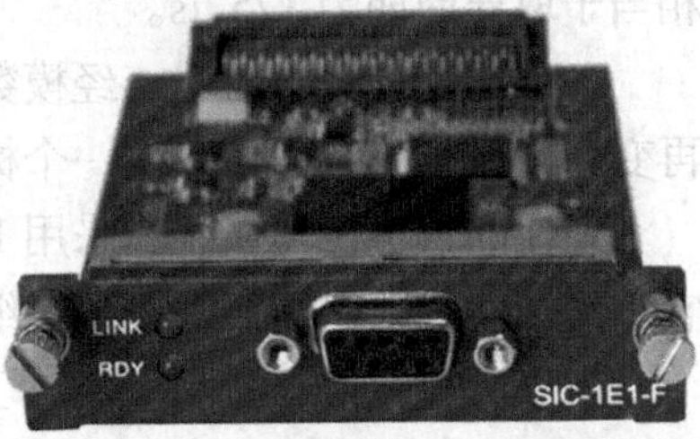

6．配置 E1 接口

E1 接口的配置任务包括以下几部分。

① 配置 E1 接口的物理参数：包括帧校验方式、线路编解码格式和线路时钟、回环传输模式等。一般采用默认参数即可。

图 15-4　路由器上 E1 物理接口

② 信道化（Channelized）的 E1 接口：E1 接口要求配置"channel-group"参数，确定时隙捆绑方式。接口在物理上分为 32 个时隙，可以任意地将全部时隙分成若干组，每组时隙捆绑以后作为一个接口使用，其逻辑特性与同步串口相同，支持 PPP、帧中继、LAPB 和 X.25 等链路层协议。

③ 非信道化（Unchannelized）的 E1 接口：E1 接口不需配置"channel-group"参数。

接口在物理上作为一个 2 Mbit/s 速率的 G.703 同步串口，支持 PPP、帧中继、LAPB 和 X.25 等链路层协议。

（1）成帧配置

配置 E1 接口，首先必须在全局配置状态下输入 "controller E1" 命令，如下所示。

```
Router（config）# controller E1 0/0/0
Router（config-contr）# linecode {ami | hdb3}
! 可选配置，默认为 HDB3
Router（config-contr）# framing {crc4 | no-crc4}
! 可选配置，默认为 CRC4
Router（config-contr）#channel-group 0 timeslots 1-4, 6-7
Router（config-contr）#channel-group 1 timeslots 9-10
Router（Config-contr）#exit

Router（config）#int S0/0/0: 0
Router（config-if）#encap ppp
Router（config-if）# ip add 10.1.1.1 255.255.255.252
Router（config-if）#no shutdown
```

（2）非成帧配置

```
Router（config）# controller E1 0/0/0
Router（config-contr）# linecode {ami | hdb3}
! 可选配置，默认为 HDB3
Router（config-contr）# framing {crc4 | no-crc4}
! 可选配置，默认为 CRC4
Router（config-contr）#channel-group 0 unframed
Router（Config-contr）#exit

Router（config）#int S0/0/0: 0
Router（config-if）#encap ppp
Router（config-if）# ip add 10.1.1.1 255.255.255.252
Router（config-if）#no shutdown
! 注：通信双方 CE1 接口的帧结构模式必须一致
```

（3）监控与调测

```
Router（config）# show controllers e1
```

上述命令可显示所有 CE1 接口的状态信息，除了包括物理状态、帧结构、帧校验方式、线路编解码格式及阻抗等信息外，还包括接口自联通以来的流量的统计信息。

```
Router（config）# show interface serial 0/0/0:0
```

上述命令可显示指定 "Channel-group" 逻辑接口的状态信息，包括物理状态、链路状态、封装格式、收发报文统计信息、时隙占用情况等。

15.3 数字用户线路

1. 什么是 DSL

数字用户线路（Digital Subscriber Line，DSL）是一种宽带接入技术，是以电话线为传输介质的传输技术组合。

DSL 是一种以铜制电话双绞线为传输介质的传输技术，其在公用电话网络的用户环路上支持对称和非对称传输模式，解决了经常发生在 ISP 和最终用户间的"最后一公里"的传输瓶颈问题，图 15-5 所示为数字用户线路的工作场景。

采用铜线接入 DSL 技术的主要优点如下。

① 网络的覆盖面广，规模大。

② 投资节省，无需线路材料和铺设施工的投入。

③ 网络是现成的，可立即为用户开通高速业务。

④ 开通宽带业务的同时，一般不影响原有话音业务。

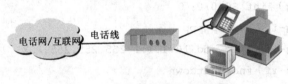

图 15-5 数字用户线路工作场景

由于电话环路大量铺设，充分利用现有铜缆资源，通过铜质双绞线实现高速接入就成为了业界研究的重点，所以 DSL 技术出现后很快就得到重视，并在一些国家和地区得到大量应用。

2. DSL 的分类

DSL 技术基于普通电话线的宽带实现接入，其在同一铜线上分别传送数据和语音信号，数据信号并不通过电话交换机设备，减轻了电话交换机的负荷，并且不需要拨号，一直在线，属于专线上网方式。

DSL 是一组标准的统称，也称为 xDSL，包括非对称数字用户线（Asymmetric Digital Subscriber Line，ADSL）、RADSL、HDSL 和 VDSL 等。

DSL 按照上行和下行的数据速率来区分，可分为对称型和非对称型 DSL，其中，非对称型 DSL（Asymmetric）宽度接入技术的主要特点如下。

① 下行速率远大于上行速率。

② 支持数据和普通语音信号同传。

③ 适用于普通用户上网接入。

表 15-1 所示为目前应用中的各种不同的 DSL 传输标准。

3. ADSL 概述

ADSL 是一种新的数据传输方式，它因为上行和下行带宽不对称，所以被称为非对称数字用户线环路。它采用频分复用技术把普通的电话线分成了电话、上行和下行等 3 个相对独立的信道，从而避免了相互之间的干扰。即使边打电话边上网，也不会发生上网速率和通话质量下降的情况。通常 ADSL 在不影响正常电话通信的情况下，可以提供最高 3.5 Mbit/s 的上行速度和最高 24 Mbit/s 的下行速度。

表 15-1 各种不同的 DSL 传输标准

技术名称	传输方式	最大上行速率	最大下行速率	最大传输距离	传输媒介
HDSL	对称	2.32 Mbit/s	2.32 Mbit/s	5 km	1~3 对双绞线
SDSL	对称	2.32 Mbit/s	2.32 Mbit/s	3 km	1 对双绞线
SHDSL	对称	5.7 Mbit/s	5.7 Mbit/s	7 km	1~2 对双绞线
VDSL	非对称	2.3 Mbit/s	55 Mbit/s	2 km	1 对双绞线
ADSL	非对称	1 Mbit/s	8 Mbit/s	5 km	1 对双绞线

ADSL 是目前世界上应用最广的一种宽带接入技术，占据了宽带接入市场一半以上的份额，主要的特点如下。

① 带宽高速率快：下行带宽 8 Mbit/s、上行带宽 1 Mbit/s。

② 上网、打电话互不干扰。

③ 独享带宽、安全可靠：星形网络拓扑结构。

④ 安装快捷方便：可直接利用现有的用户电话线。

⑤ 价格实惠：使用 ADSL 上网只需要为数据通信付账，并不需要缴付另外的电话费。

4. ADSL 网络基本结构

ADSL 是一种异步传输模式（ATM）。ISP 端将每条开通 ADSL 业务的电话线路连接在数字用户线路访问多路复用器（Digital Subscriber Line Access Multiplexer，DSLAM）上。而在用户端，用户需要使用一台 ADSL 终端（也称调制解调器，即 Modem，俗称"猫"）来连接电话线路，如图 15-6 所示。

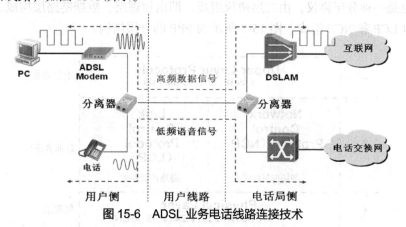

图 15-6 ADSL 业务电话线路连接技术

由于 ADSL 使用高频信号，所以在两端还都要使用 ADSL 信号分离器，将 ADSL 数据信号和普通音频电话信号分离出来，避免打电话的时候出现噪音干扰。通常 ADSL 终端有一个电话 Line-In 口、一个以太网口，有些终端集成 ADSL 信号分离器，提供一个连接电话的接口。

15.4 PPP

串行线路网际协议（Serial Line Internet Protocol，SLIP）是在点对点链路上封装 IP 数据报的简单协议。20 世纪 80 年代末，SLIP 广泛用于 RS232 串口计算机和调制解调器的连接，实现 Internet 通信。

由于 SLIP 是 Internet 非标准协议，且 SLIP 帧封装格式简单，仅支持一种网络层协议（IP）在串行链路上发送，没有在数据帧尾部加上 CRC 校验，简单的噪音干扰就会使传送的数据包内容无法在接收端的数据链路层中发现，正是这些缺点，导致 SLIP 很快被 PPP 所替代。

15.4.1 PPP 简介

1. PPP 概述

1992 年 IETF 组织制定点到点数据链路协议（PPP）标准。PPP 为了在对等单元之间传输数据链路层协议，需按照一定顺序传递数据包，提供全双工操作。在点对点链路上，PPP 提供封装多协议数据报（IP、IPX 和 AppleTalk）的标准方法，它具有以下特性。

① 能够控制数据链路的建立。

② 能够对 IP 地址进行分配和使用。

③ 允许同时采用多种网络层协议。

④ 能够配置和测试数据链路。

⑤ 能够进行错误检测。

⑥ 支持身份验证。

⑦ 有协商选项，能够对网络层的地址和数据压缩等进行协商。

2. PPP 分层结构

PPP 也是一种分层协议，由二层协议组成，即由物理层、数据链路层构成，其中，数据链路层由 LCP 和 NCP 组成。图 15-7 所示为 PPP 的分层结构。

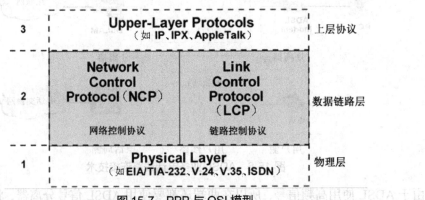

图 15-7 PPP 与 OSI 模型

① 物理层：实现点到点连接，将 IP 数据报封装到串行链路上。

② 数据链路层：实现链接建立，其中，链路控制协议（Link Control Protocol，LCP）

建立、配置和测试，协商双方通信选项；网络控制协议（Network Control Protocol，NCP）实现不同网络层协议支持，如 IP、OSI 网络层等。

3. PPP 组件

PPP 组件主要包括 3 部分，分别为 PPP 封装方式、LCP 协商过程和 NCP 协商过程，其中，物理层完成物理链接，自动匹配链路两端的封装格式，LCP 位于物理层之上，通过 LCP 在链路上协商和设置选项，NCP 对多种网络层协议进行封装及选项协商。

最初，由 LCP 发起链路建立、配置和测试，在 LCP 初始化后，才通过网络控制协议（NCP）传送特定协议族通信，如图 15-8 所示。

① 身份验证（Authentication）：使用两种验证确保呼叫者身份合法。这两种验证分别为密码认证协议（Password Authentication Protocol，PAP）和询问握手认证协议（Challenge Handshake Authentication Protocol，CHAP）。

② 压缩（Compression）：通过减少链路中数据帧的大小，提高 PPP 线路吞吐量。到达目的地后，协议对数据帧进行解压缩。

③ 错误检测（Error-Detection）：错误检测机制使进程能够识别错误情形。

④ 多链路（Multilink）：使用路由器接口提供负荷均衡功能。

⑤ PPP 回拨（PPP Callback）：进一步提高网络安全。在 LCP 选项作用下，路由器扮演回拨客户或回拨服务器的角色。客户发起一个初始呼叫，请求回拨，并且终止本次初始呼叫。

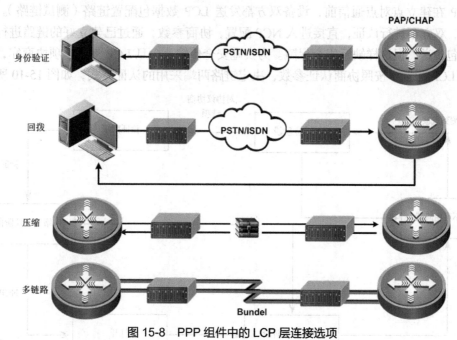

图 15-8 PPP 组件中的 LCP 层连接选项

15.4.2 PPP 帧结构

PPP 帧格式和 HDLC 帧格式相似，前 3 个字段和最后两个字段与 HDLC 格式一样，只比 HDLC 多两个字节的协议字段，如图 15-9 所示。

1Byte	1Byte	1Byte	1Byte	不超过 1500 Byte	2Byte	1Byte
标志	地址	控制	协议	信息	帧校验序列	标志

IP 报文

图 15-9 PPP 帧格式

PPP 数据帧中，用长度为两个字节的"协议字段"标识被封装在帧中的数据字段协议类型，其中，当协议字段为"0x0021"时，信息字段就是 IP 数据报，若为"0xC021"，信息字段就是链路控制数据，表示这是网络控制数据。

此外，在传输安全上，PPP 比 HDLC 协议具有更复杂的安全控制机制，HDLC 协议在连接与断开时，采取双方握手协议，PPP 使用鉴别认证机制，双方通过连接、协商、身份鉴别、LCP 安全配置，到通信结束完成整个过程，耗费时间比 HDLC 协议要多。

在安全方面，PPP 比 HDLC 协议更胜一筹。PPP 的身份验证机制，可以根据安全要求对接收到的数据进行检测，通过鉴定后才把数据转发，否则丢弃掉。但在数据传输时，由于 HDLC 协议在传输中不需安全检查，所以具有更高的传输速度。

15.4.3 PPP 工作过程

PPP 在建立点对点通信前，设备双方都发送 LCP 数据包配置链路（测试链路）。默认情况下，双方不进行认证，直接进入 NCP 配置，协商参数，通过已建立好的链路进行网络层数据包传送，但这样缺乏安全保障。为实施安全传输，一旦 LCP 参数选项协商完，双方就根据 LCP 配置，按照协商认证参数，决定链路两端采用的认证方式，如图 15-10 所示。

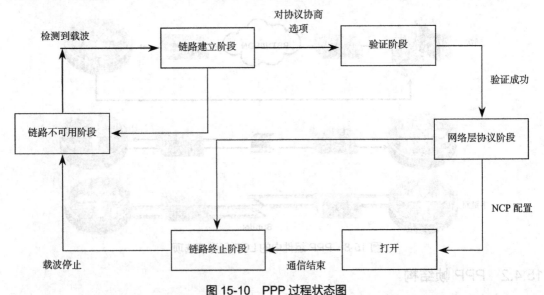

图 15-10 PPP 过程状态图

在点对点链路配置、维护和终止过程中，PPP 安全传输需经历以下几个阶段。

1. 链路不可用阶段

此阶段也称物理层不可用阶段，当通信双方检测到物理线路激活（检测链路载波信号）时，就从当前这个阶段进入链路建立阶段。

在这个阶段，通过 LCP 进行链路参数配置。当链路不可用时，LCP 状态处于 initial（初始化）或 starting（准备启动），一旦检测到物理线路可用，则 LCP 状态发生改变。

2. 链路建立阶段

该阶段主要发送配置报文配置数据链路。当链路处于不可用阶段时，LCP 状态处于 initial 或 starting，当检测到链路可用时，则物理层向链路层发送一个 UP 事件，链路层将 LCP 状态从当前状态改变为 Request-Sent（请求发送状态）。

LCP 开始发送 Config-Request（配置请求）报文来配置数据链路，收到后发送 Config-Ack（配置确认）报文，LCP 状态改变为 Opened。收到 Config-Ack（配置确认）报文的一方则完成当前阶段的设置，向下一个阶段跃迁。

3. 验证阶段

多数情况下，链路两端需要经过认证才能进入网络层进行传输。默认情况下，链路两端不进行认证。

该阶段支持 PAP 和 CHAP 两种认证方式，验证方式依据链路建立阶段，双方协商选择结果。

4. 网络层协议阶段

完成前面阶段后，每种网络层协议（IP、IPX 和 AppleTalk）通过各自的网络控制协议进行配置。

当一个 NCP 状态变成 Opened 时，就开始在链路上加载网络层数据包。如果在这个阶段收到 Config-Request（配置请求）报文，则又会返回链路建立阶段。

5. 网络终止阶段

PPP 能在任何时候终止链路。当载波丢失、授权失败、链路质量检测失败或人为关闭链路等时，均会导致链路终止。链路建立阶段，通过交换 LCP 链路终止报文关闭链路。链路关闭时，链路层会通知网络层做相应操作，通过物理层强制关闭链路。

15.4.4 PAP 和 CHAP 认证

默认情况下，PPP 通信两端不进行认证。但为了安全起见，在 LCP 的请求报文中，可选两者之一进行认证：PAP 安全认证（默认）和 CHAP 安全认证。

1. 密码验证

密码验证协议（Password Authentication Protocol，PAP）通过两次握手机制，为远程节点提供简单认证方法。

PAP 认证过程非常简单，发起方为被认证方，使用明文格式发送用户名和密码，可以做无限次的尝试（暴力破解）。只在链路建立阶段进行 PAP 认证，一旦链路建立成功，将不再进行认证。目前，该机制在 PPPoE 拨号环境中的应用比较常见。

PAP 安全验证

首先被验证方向验证方发送认证请求（包含用户名和密码），验证方接到认证请求后，再根据被验证方发来的用户名，到数据库认证"用户名+密码"是否正确。

如果数据库中有与用户名和密码一致的选项，则会向对方返回一个认证请求响应，告诉对方认证已通过。如果用户名与密码不符，则向对方返回验证不通过响应报文。

图 15-11 所示为 PAP 验证二次握手的认证过程。

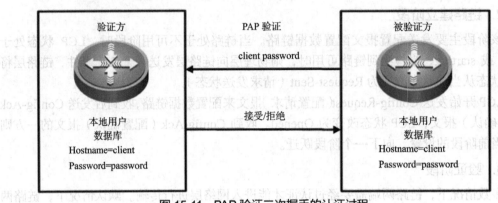

图 15-11　PAP 验证二次握手的认证过程

在 PPP 链路建立后，PAP 被验证方重复向验证方发送用户名和密码，直到验证通过或链路终止。身份验证在链路上以明文格式发送，而且由于验证重试频率和次数由远程节点控制，所以不能防止回放攻击和重复尝试攻击，因此这不是一种健康的身份验证协议。

2. 挑战握手验证

验证一开始，若由验证方向被验证方发送一段随机报文，并加上自己的主机名，则统称这个过程叫做挑战。挑战握手验证协议（Challenge Hand Authentication Protocol，CHAP）使用三次握手机制，为远程节点提供安全认证。

DES 加密过程

与 PAP 认证比起来，CHAP 认证更具安全性。CHAP 认证过程比较复杂，为 3 次握手机制。在认证过程中，CHAP 认证使用密文格式发送 CHAP 认证信息，只在网络上传送用户名而不传送口令，因此安全性比 PAP 高。验证过程也由认证方发起 CHAP 认证，有效避免了"暴力破解"。

当被验证方收到验证方的验证请求时，会提取验证方发来的主机名，并根据该主机名在后台数据库中查找，找到该用户名对应的密钥、报文 ID 后，和验证方发送的随机报文一起，使用消息摘要算法第五版（Message Digest Algorithm5，MD5）生成应答，将应答和自己的主机名送回。

验证方收到被验证方发送的回应后，也提取被验证方的用户名，查找本地数据库，找到与被验证方一致的用户名所对应的密钥、报文 ID，和随机报文一起，使用 MD5 加密算法生成结果。

之后，验证方再和被验证方返回的应答比较，若相同，则返回 Ack（配置确认），否则返回 Nak（配置否认）。图 15-12 所示为 CHAP 的认证过程。

如果是 CHAP 验证方式，则在 PPP 链路建立后，验证方发送一个挑战消息到被验证方。

远程节点使用一个数值来回应挑战。这个数值由单向哈希函数（如 MD5）基于密码和挑战消息计算得出，因此其认证过程具有非常高的安全性，目前在企业网远程接入环境中比较常见。

图 15-12 所示是 CHAP 的验证过程，其中，Router A 为验证方，Router B 为被验证方。

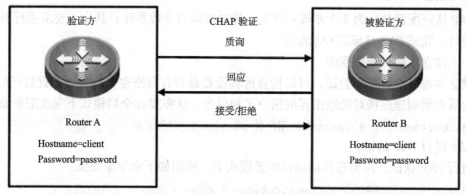

图 15-12 CHAP 验证过程

① Router A 向 Router B 发起 PPP 连接请求。

② Router B 向 Router A 声明，要求对 Router A 进行 CHAP 验证。

③ Router A 向 Router B 声明，同意验证。

④ Router B 把"用户 ID，随机数"发给 Router A。

⑤ Router A 用收到的"用户 ID 和随机数"与"自己的密码"做散列运算。

⑥ Router A 把"用户 ID、随机数、散列结果"发给 Router B。

⑦ Router B 用收到的"用户 ID、随机数"与"自己的密码"做散列运算，把散列运算结果与"Router A 发过来的散列运算结果"进行比较，如果结果一样，验证成功，如果结果不一样，验证失败。

15.4.5 配置 PPP

1. 配置 Serial 接口时钟

由于 PPP 运用在广域网链接，所以在配置 PPP 封装时，两台路由器之间使用串行链路，需要在 DCE 路由器上设置时钟频率，为 DTE 路由器提供时钟。

在使用 DCE 电缆连接的路由器接口上配置时钟频率，而连接 DTE 端的路由器不需要配置时钟频率，配置命令格式如下。

```
Router(config-if)# clock rate bit/s
```

路由器的 Serial 接口支持 EIT/TIA-232、V.35 等电缆，其中，使用 DCE 电缆线提供内部时钟供串口连接。如果是 DCE 电缆线，则必须配置时钟参数，时钟速率取值可以是 1 200、2 400、4 800、9 600、19 200、38 400、57 600、64 000、115 200、128 000、256 000、512 000、1 024 000、2 048 000、4 096 000、8 192 000。

2. 配置 PPP 封装

路由器的 Serial 接口在默认情况下，其链路层封装的是 HDLC 协议。如果要封装 PPP，需要在接口模式下使用命令配置完成，配置命令如下。

```
Router(config-if) # encapsulation encapsulation-type
```

通信双方必须使用相同的封装协议，如果一端使用 HDLC 协议封装，而另一端使用 PPP 封装，则双方封装协议不对等，协商将失败，通信无法进行。

3. 配置 PAP 验证

PAP 认证配置共分为 3 个步骤：首先，建立本地口令数据库；其次，要求进行 PAP 认证；最后，完成 PAP 认证客户端配置。

（1）建立本地口令数据库

建立本地口令数据库验证，可以检查远程设备是否有资格建立连接。配置验证时，每个路由器必须创建连接对端路由器的用户名和口令。这需要在全局模式下完成配置命令。

```
Router(config) # username 用户名 password 口令文本
```

（2）进行 PAP 认证。

进行 PAP 认证，需要在相应接口配置模式下，使用如下命令来完成。

```
Router(config)#ppp authentication { chap | pap } [ callin ]
```

上述命令中，"chap" 是在接口上启用 CHAP 认证，PAP 是在接口上启用 PAP 认证；"Callin" 表示只有对端作为拨入端时才允许单向 CHAP 认证或者 PAP 认证，该参数只用于异步拨号接口。

（3）PAP 认证客户端的配置

PAP 认证客户端配置，需要一条命令将用户名和口令发送到对端，配置命令如下。

```
Router(config)#ppp pap sent-username username password
```

上述命令中，参数 "username" 是 PAP 身份认证中发送的用户名，"password" 是 PAP 认证中发送的口令。

4. 配置 CHAP 验证

CHAP 一方认证的配置共分为两个步骤：首先，建立本地口令数据库；其次，要求进行 CHAP 认证。

（1）配置验证所需的用户名和密码

```
Router（config）# username 用户名 password 密码
！用户名为对方设备使用 hostname 设置的设备名。密码两端设备应配置相同
```

（2）启用 CHAP 验证

```
Router (config-if) # ppp authentication chap
！在广域网端口上启用 CHAP 认证
```

15.4.6 PPP 安全认证应用

1. 配置 PPP PAP 认证

图 15-13 所示的是某企业网通过 Router B，使用 V35 专线连接电信路由器 Router A，需要实施 PPP PAP 安全认证。

电信接入端 Router A 的配置过程如下。

```
RouterA(config)#
RouterA(config)# interface serial 1/0
```

第⑮章　广域网基础

```
RouterA(config-if)#clock rate 64000              ! 配置电信端设备时钟
RouterA(config-if)#ip adderss 202.102.192.1 255.255.255.0
RouterA(config-if)# encapsulation  PPP           ! WAN 接口上封装 PPP
RouterA(config-if)#no shutdown
RouterA(config-if)#exit

RouterA(config)# show interface serial 1/0       ! 查看接口配置信息及工作状态
......
```

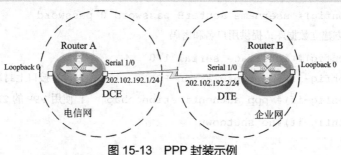

图 15-13　PPP 封装示例

某企业网 Router B 配置过程如下。

```
RouterB(config)#
RouterB(config)# interface serial 0
RouterB(config-if)#ip adderss 202.102.192.2 255.255.255.0
RouterB(config-if)# encapsulation  PPP           ! WAN 接口上封装 PPP
RouterB(config-if)#no shutdown
RouterB(config-if)#exit

RouterB(config)# show interface serial 1/0       ! 查看接口配置信息及工作状态
......
```

将电信端 Router A 作为"验证方",企业网 Router B 作为"被验证方",使用用户名"user1"及口令"password"进行验证。

```
RouterA(config)# username user1 password 0 password
!  为被验证方建立数据库,提供"用户名和密码"
RouterA(config)# interface serial 1/0
RouterA(config-if)# encapsulation PPP            ! WAN 接口上封装 PPP
RouterA(config-if)# ppp authentication pap       ! 使用 PPP 的 PAP 认证
RouterA(config-if)#no shutdown

RouterB(config)# interface serial  1/0
RouterB(config-if)# encapsulation PPP            ! WAN 接口上封装 PPP
RouterB(config-if)# ppp authentication pap       ! PPP 的 PAP 认证
RouterB(config-if)# ppp pap sent-username user1 password 0 password
!  被验证方发送用户名和密码,接受验证
RouterB(config-if)#no shutdown
```

2. 配置 PPP CHAP 认证

图 15-13 所示某企业网通过 Router B，使用 V35 专线连接电信 Router A，需要实施 PPP CHAP 安全认证。

首先，关于电信网 Router A 和企业网 Router B 的基本配置信息，见上述的 PAP 基本信息配置过程。

接下来，将电信端 Router A 作为"验证方"，企业网 Router B 作为"被验证方"，使用用户名"user1"和口令"password"进行验证，启用 PPP CHAP 认证。

```
RouterA(config)# username RouterB password 0 password
! 为被验证方建立数据库，提供用户名和密码
RouterA(config)# interface serial 1/0
RouterA(config-if)# encapsulation PPP          ! WAN 接口上封装 PPP
RouterA(config-if)# ppp authentication chap    ! 使用 PPP 的 CHAP 认证
RouterA(config-if)#no shutdown


RouterB(config)# username RouterA password 0 password
! 为验证方建立数据库，提供用户名和密码
RouterB(config)# interface serial 1/0
RouterB(config-if)# encapsulation PPP          ! WAN 接口上封装 PPP
RouterB(config-if)# ppp authentication chap    ! 使用 PPP 的 CHAP 认证
RouterB(config-if)#no shutdown
```

通过以上配置，Router A、Router B 将建立起基于 PAP 或 CHAP 的认证。但是认证双方选择的认证方法必须相同，例如，一方选择 PAP，另一方选择 CHAP，这时双方的认证协商将失败。为了避免身份认证过程中出现这样的失败，可以配置路由器使用两种认证方法。当第一种认证协商失败后，可以选择尝试用另一种身份认证方法。

15.5 PPPoE 接入技术

1. 什么是 PPPoE

以太网上的点对点协议（PPP over Ethernet，PPPoE）是通过一台远端接入设备为以太网上的主机提供接入服务，并可以对接入的每台主机实现控制和计费的技术。

人们想通过相同的接入设备来连接到远程站点上的多台主机，同时接入设备能够提供与拨号上网类似的访问控制和计费功能。在众多的接入技术中，把多台主机连接到接入设备的最经济的方法就是以太网，而 PPP 可以提供良好的访问控制和计费功能，于是产生了在以太网上传输 PPP 的方法，即 PPPoE。

PPPoE 的提出，解决了用户上网收费等实际应用问题，得到了宽带接入运营商的认可，并广为采用。

2. PPPoE 的特点

PPPoE 在标准 PPP 报文的前面加上以太网的报头，使得 PPPoE 可通过简单桥接接入设

备连接远端接入设备，并可以利用以太网的共享性连接多台用户主机。在这个模型下，每台用户主机利用自身的 PPP，使用熟悉的界面。接入控制、计费等都可以针对每个用户来进行。

PPPoE 技术的主要特点如下。

① 安装与操作方式类似于以往的拨号网络模式，方便用户使用。

② 允许多个用户共享一条高速数据接入链路。

③ 适应小型企业和远程办公的要求。

④ 终端用户可同时接入多个 ISP。

⑤ 容易创建和提供新的业务。

⑥ 兼容现有所有的 XDSL Modem 和 DSLAM。

3. PPPoE 组网结构

PPPoE 使用 Client/Server 模型，其客户端为 PPPoE Client，服务器端为 PPPoE Server。PPPoE Client 向 PPPoE Server 发起连接请求，两者之间会话协商通过后，PPPoE Server 向 PPPoE Client 提供接入控制、认证等功能。

根据 PPP 会话的起止点所在位置的不同，PPPoE 有两种组网结构。

① 边界路由器做 PPPoE 客户端设备。

② 个人主机做客户端设备。

第一种部署方式在设备之间建立 PPP 会话，所有主机通过同一个 PPP 会话传送数据，主机上不用安装 PPPoE Client 拨号软件，一般是一个企业（公司）共用一个账号。如图 15-14 所示，图中 PPPoE Client 位于企业/公司内部，PPPoE Server 是运营商的设备。

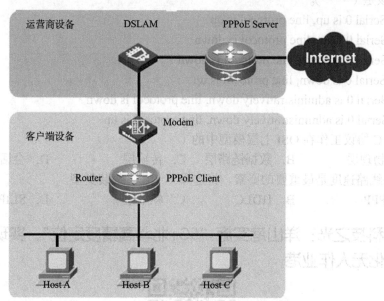

图 15-14　边界路由器做 PPPoE 客户端设备

在第二种部署方式中，PPP 会话建立在 Host 和运营商的路由器之间，为每一个 Host 建立一个 PPP 会话，每个 Host 都是 PPPoE Client，每个 Host 有一个账号，方便运营商对用户进行计费和控制。Host 上必须安装 PPPoE Client 拨号软件，如图 15-15 所示。

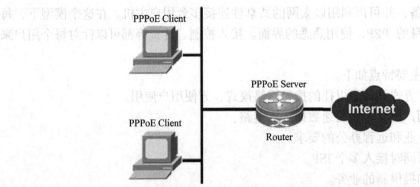

图 15-15　个人主机做 PPPoE Client 设备

15.6　认证测试

以下每道选择题中，都有一个正确答案或者是最优答案，请选择出正确答案。

1. 如果线路速度是最重要的要素，将选择（　　　）封装类型。

    A. PPP　　　　　　　B. HDLC　　　　　　C. 帧中继　　　　　　D. SLIP

2. 下列不属于广域网协议的是（　　　）。

    A. PPP　　　　　　　B. HDLC　　　　　　C. Frame-Relay　　　　D. ISDN

    E. OSPF

3. 当学生 A 用两台 Star-R2624 路由器做路由器广域网端口联通实验时，误将本端路由器的 V.35 线缆的插头插倒了，结果发现 ping 直连的路由器不通，那么此时查看本端路由器的状态应该是（　　　）。

    A. Serial 0 is up, line protocol is up

    B. Serial 0 is up, line protocol is down

    C. Serial 0 is down, line protocol is down

    D. Serial 0 is down, line protocol is up

    E. Serial 0 is administratively down, line protocol is down

    F. Serial 0 is administratively down, line protocol is up

4. HDLC 协议工作在 OSI 七层模型中的（　　　）。

    A. 物理层　　　　　B. 数据链路层　　　C. 传输层　　　　　　D. 会话层

5. 如果线路速度是最重要的要素，将选择（　　　）封装类型。

    A. PPP　　　　　　　B. HDLC　　　　　　C. 帧中继　　　　　　D. SLIP

15.7　科技之光：洋山港实施"5G+北斗高精度定位"，实现全球智能化无人作业港

【扫码阅读】洋山港实施"5G+北斗高精度定位"，实现全球智能化无人作业港